新型职业农民培育系列教材

猪禽养殖技术

安克龙　宋世忠　杨彦军　主编

中国农业科学技术出版社

图书在版编目（CIP）数据

猪禽养殖技术 / 安克龙，宋世忠，杨彦军主编．—北京：中国农业科学技术出版社，2015.12（2021.11重印）

ISBN 978－7－5116－2440－6

Ⅰ.①猪…　Ⅱ.①安…②宋…③杨…　Ⅲ.①养猪学②养禽学　Ⅳ.①S828②S83

中国版本图书馆CIP数据核字（2015）第317386号

责任编辑　闫庆健　段道怀
责任校对　李向荣

出 版 者　中国农业科学技术出版社
北京市中关村南大街12号　邮编：100081
电　　话　(010)82106632(编辑室)　(010)82109704(发行部)
(010)82109709(读者服务部)
传　　真　(010)82106625
网　　址　http://www.castp.cn
经 销 者　各地新华书店
印 刷 者　北京捷迅佳彩印刷有限公司
开　　本　710mm×1 000mm　1/16
印　　张　18.25
字　　数　336千字
版　　次　2015年12月第1版　2021年11月第3次印刷
定　　价　32.00元

大约克夏公猪

大约克夏母猪

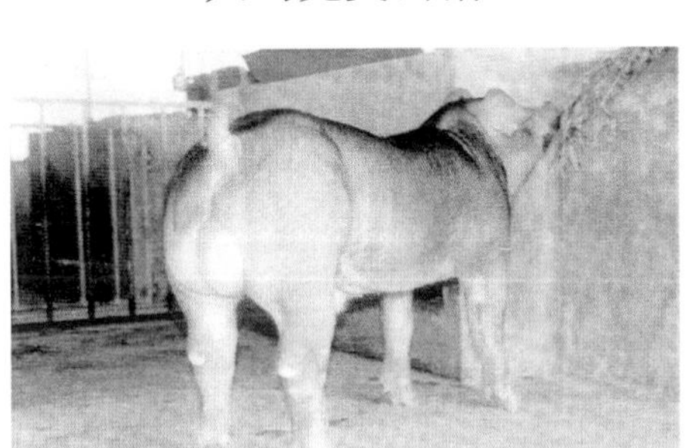

杜洛克公猪

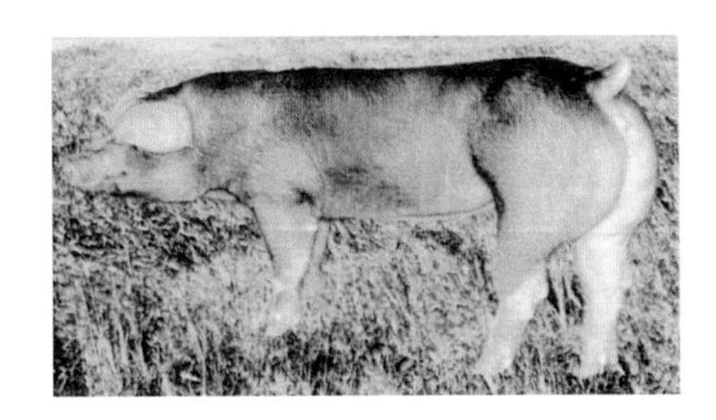

杜洛克母猪

汉普夏公猪

汉普夏母猪

皮特兰公猪

皮特兰母猪

长白公猪

长白母猪

固原鸡白羽乌骨系

固原鸡黑羽系

固原鸡麻羽系

固原鸡生态放养

《猪禽养殖技术》

编委会

主　　任　杨彦军
副 主 任　安克龙
委　　员　许　青　扈志强　宋世忠

主　　编　安克龙　宋世忠　杨彦军
副 主 编　李世臣　惠天虎　虎占武
　　　　　高生珠　权锦钰　刿学梅
编写人员（按姓氏笔画排序）
马天佑　马文武　马成荣　王　万
王弘湖　王　有　王英萍　王　娟
王德刚　兰志诚　权锦钰　朱明俊
任万师　安克龙　安思军　安顺利
安彩霞　祁永琴　杨天平　杨彦军
杨晓春　李小平　李世臣　何治富
宋世忠　张秀玲　张秉臣　虎占武
虎淑娴　周　杰　赵立富　赵志成
赵　宏　姚顺斌　高飞涛　高生珠
刿学梅　曹永斌　康继荣　扈志强
韩占军　韩吉锋　惠天虎　褚万文
薛志江

前　言

依靠科学技术提高劳动者素质，普及现代畜牧养殖技术，提高养殖效益，促进农民增产增收，是全面建成小康社会的关键，也是现阶段“三农”工作之重点。虽然自改革开放以来，我国养殖业有了长足发展，肉、蛋、奶近年来稳居世界第一，但受土地、人口、技术等诸因素制约，我国畜产品的人均占有量和生产效益与世界养殖业发达国家相比，仍存在很大差距。当前彭阳县养殖业的发展与国内养殖业发达省（区）相比也有一定差距，而宁夏回族自治区在今后一段时期内，规模养殖与农村千家万户散养并存模式，将仍是宁夏彭阳县畜牧业发展的必然趋势。

为适应全国实施《新型职业农民培训工程》需要，从彭阳县目前畜牧业发展现状和农村养殖的实际出发，我们组织编写了这本《猪禽养殖技术》，旨在培养能掌握实用农业生产技术的“新型职业农民”，促进畜牧业现有科技成果转化和实用技术的应用，以提高科学技术对农业生产的贡献率，提高养殖效益，促进农业增产农民增收。

本书在编写过程引用了若干文献资料中的有关内容，为此谨向有关作者致以真诚谢意。

由于编者水平有限，书中难免有欠缺或错误之处，恳请广大养殖户和同行斧正和完善。

编　者

2015 年 10 月

目　录

第一篇　养鸡技术

第一章　鸡的品种 …………………………………………………………………（3）
　第一节　鸡的生物学特性及品种分类 ……………………………………（3）
　第二节　鸡的品种 ……………………………………………………………（6）
第二章　鸡的营养与饲料 ………………………………………………………（12）
　第一节　鸡消化系统的特点与消化过程 …………………………………（12）
　第二节　蛋用型鸡与肉用型鸡的代谢与生长规律 ………………………（15）
　第三节　蛋用型鸡与肉用型鸡的营养需要 ………………………………（22）
　第四节　常用饲料原料 ………………………………………………………（46）
第三章　鸡苗孵化技术 …………………………………………………………（61）
　第一节　种蛋 …………………………………………………………………（61）
　第二节　种蛋孵化的条件 ……………………………………………………（65）
　第三节　孵化管理 ……………………………………………………………（68）
　第四节　初生雏的雌雄鉴别 …………………………………………………（75）
第四章　蛋用型鸡的饲养管理 …………………………………………………（78）
　第一节　育雏期的饲养管理 …………………………………………………（78）
　第二节　育成期的饲养管理 …………………………………………………（83）
　第三节　产蛋期的饲养管理 …………………………………………………（85）
第五章　优质肉鸡生产 …………………………………………………………（90）
　第一节　优质肉种鸡的饲养管理 ……………………………………………（90）
　第二节　商品优质肉鸡的饲养管理 …………………………………………（94）
第六章　鸡常见病防治 …………………………………………………………（97）
　第一节　鸡病毒性传染病 ……………………………………………………（97）
　第二节　鸡细菌性传染病……………………………………………………（110）

第三节　鸡寄生虫病与营养代谢病…………………………………………（124）
第四节　常见混合感染及杂病的控制……………………………………（128）
第七章　生物安全体系建设…………………………………………………（133）
第一节　鸡场选址与生物安全生产………………………………………（133）
第二节　鸡舍建筑与场内布局的生物安全生产…………………………（135）
附件一　固原鸡饲养标准……………………………………………………（139）
附件二　蛋鸡饲养管理操作日程……………………………………………（152）

第二篇　养猪技术

第一章　猪的品种介绍………………………………………………………（155）
第二章　猪的营养与饲料……………………………………………………（161）
第一节　猪的营养需要……………………………………………………（161）
第二节　猪常用饲料的分类………………………………………………（177）
第三节　猪常用饲料及其营养特点………………………………………（178）
第四节　各种营养物质间的相互关系……………………………………（192）
第五节　猪的饲养标准与饲粮配合………………………………………（194）
第三章　种猪的饲养管理技术………………………………………………（207）
第一节　猪的生物学特性…………………………………………………（207）
第二节　种猪的选择………………………………………………………（210）
第三节　种猪的饲养管理…………………………………………………（212）
第四章　仔猪后备猪的饲养管理技术………………………………………（224）
第一节　哺乳仔猪的培育及管理…………………………………………（224）
第二节　后备猪的饲养管理………………………………………………（229）
第五章　育肥猪饲养管理技术………………………………………………（232）
第一节　影响育肥猪效果因素……………………………………………（232）
第二节　育肥猪的饲养管理技术…………………………………………（236）
第三节　猪的育肥方法……………………………………………………（239）
第六章　猪的杂交优势利用技术……………………………………………（241）
第一节　杂交的概念与杂种优势的度量…………………………………（241）
第二节　影响杂交优势的因素……………………………………………（242）
第三节　杂交亲本的选择与杂交方式……………………………………（242）

第七章 生猪的防疫保健措施……………………………………………（246）
第一节 猪病的预防控制………………………………………………（246）
第二节 猪常见病的防治………………………………………………（249）
第八章 猪场建设………………………………………………………（265）
第一节 场址的选择……………………………………………………（265）
第二节 场区建设布局…………………………………………………（266）
第九章 猪场环境污染物来源和无害化处理措施……………………（269）
第一节 猪场环境污染物的来源及危害………………………………（269）
第二节 造成养殖场环境污染的原因…………………………………（270）
第三节 养殖场环境污染的防治措施…………………………………（271）
附录一 中国饲料成分及营养价值（摘要） ……………………………（273）
附录二 无公害食品生猪饲养允许使用的抗寄生虫药、抗菌药及使用规定……………………………………………………………………（277）
参考文献…………………………………………………………………（282）

第一篇

养鸡技术

第一章 鸡的品种

第一节 鸡的生物学特性及品种分类

一、鸡的生物学特性

鸡被人类驯养作为经济动物的历史至少在3 000年以上。近100年来由于人类的培育和不断改善生长条件，使其生产能力大为提高。鸡作为鸟类的一员有其固有的生物学特性，就巢性即为其生物学特性之一，但现代的蛋用鸡已不具有这个特性了。把它固有的生物学特性和改造以后的经济性状结合起来考虑，即为鸡的经济生物学特性，其主要内容分述如下。

(一) 体温高，代谢旺盛

鸡的标准体温是41.5℃。心跳很快，每分钟脉搏可达250～350次。鸡的基础代谢通常高于其他动物。

鸡的基础代谢为马、牛等的3倍以上。安静时耗氧量与排出二氧化碳量也高于马、牛等1倍以上。这就是说，鸡的生命之钟转动得快，寿命相对就短。根据这一特性，我们可以尽量为鸡创造良好的生长条件，利用其代谢旺盛的优点，来创造更多的禽产品。

(二) 繁殖潜力大

母鸡的右侧卵巢与输卵管退化消失，仅左侧发达，机能正常。鸡的卵巢用肉眼可见到很多卵泡，在显微镜下则可见到12 000个卵泡（有人估计远高于此数）。高产蛋鸡年产蛋300枚以上，大群年产蛋280枚已经实现，不少蛋鸡产蛋量超过这个水平。每枚蛋就是一个巨大的卵细胞，这些蛋经过孵化如果有70%成为小鸡，则每只母鸡1年可获得200只小鸡。

鸡的繁殖潜力不仅表现在母鸡，公鸡的繁殖能力也很突出。根据观察，1只精力旺盛的公鸡，1天可以交配40次以上，每天交配10次左右是很平常的。1

只公鸡配10～15只母鸡可以获得高受精率，配30～40只母鸡受精率也不低。鸡的精子不像哺乳动物的精子容易衰老死亡，一般在母鸡输卵管内可以存活5～10天，个别可以存活30天以上。不仅如此，受精卵在输卵管中发育到两个胚层的原肠期后，当鸡蛋被排出体外，虽因温度下降，胚胎发育停止，在适宜温度（5～18℃）下，可以贮存10天，长者达30天，仍可孵出小鸡。因此，要发挥其繁殖潜力大的长处，必须实行人工孵化。

（三）对饲料营养要求高

1只高产母鸡1年所产的蛋其全部重量可达15～17kg，其中，蛋白质占11.8%，脂肪占11.0%，矿物质占11.7%，在蛋中还含有丰富的多种维生素。鸡蛋蛋白质含有人体必需的各种氨基酸，其组成比例非常平衡，生物学价值居于各种食品蛋白质的首位。因此，蛋鸡必须采食含丰富营养物质的饲料，而在数量上要远远高于蛋中的营养。鸡的必需氨基酸为11种，各种矿物质、维生素都是不可缺少的。由于鸡的体重小，消化道短，除了盲肠可以消化少量纤维素外，其他部位的消化道不能消化纤维素，所以鸡不能利用粗饲料。

（四）对环境变化敏感

鸡的听觉不如哺乳动物，但听到突如其来的噪音就会惊恐不安，乱飞乱叫。鸡的视觉很灵敏，鸡舍进来陌生人会引起“炸群”。据1976年7月28日唐山地震动物异常调查，鸡对地震的反应敏感程度占第1位。震前异常反应是：鸡不进窝，飞向高处，有的飞到树上，在笼内乱跑乱叫，惊恐不安。鸡的异常行为，在震前几小时发生的占83%，震前1～2天发生的占90%。

（五）抗病能力差

无论家庭副业养鸡或大规模高密度饲养，疫病乃是最大的危害。从鸡的解剖上看，就不难理解鸡抗病性差的原因。鸡的肺脏很小，但连接很多气囊，这些气囊充斥于体内各个部位，甚至进入骨腔中，通过空气传播的病原体可以沿呼吸道进入肺和气囊，从而进入体腔、肌肉、骨骼之中；鸡的生殖孔与排泄孔都开口于泄殖腔，产出的蛋经过泄殖腔，容易受到污染；由于没有横膈膜，腹腔感染则很容易传至胸部的器官。在同样条件下，鸡比鸭、鹅等水禽抗病能力差，成活率低。

（六）鸡能适应工厂化饲养

实践证明，鸡可以高密度机械化饲养，每只鸡占笼底面积400cm^2，即每平方米笼底面积可以容纳25只鸡，如果1～4层重叠起来，每一栋鸡舍可容纳数万只鸡，每一鸡场可以饲养几十万甚至上百万只。鸡之所以能适应这样的群居生活，这可能与鸡的祖先是树栖动物有关。鸡的粪便与尿液比较浓稠，饮水少而又利索，不像鸭子饮水甩得到处都是水，这给高密度饲养管理上带来了有利条件。

鸡的生物学特性对我们有其有利的一面，也有不利的一面。我们要扬长避短，利用其有利的一面，创造条件克服不利的一面，以便生产更多的肉和蛋。

二、标准品种分类

在20世纪中叶以前，一般采用标准品种分类方法。这种分类方法按照4级条目进行分类，即类、型、品种和品变种。国际上较多采用的是《美洲家禽标准品种志》和英国《大不列颠家禽标准品种志》。

1. 类

类的区分主要依据是鸡的原产地所在区域。按照原产地把鸡分为欧洲类、美洲类、亚洲类、地中海类等。

2. 型

型的划分依据是鸡的主要经济用途，包括蛋用型、肉用型、兼用型、玩赏型等。

3. 品种

品种是经过系统选育、具有高的生产性能、相对一致的外貌特征、遗传性能稳定、数量达到一定规模的优良群体。

4. 品变种

品变种也称内种，是在一个品种内根据某种外貌特征方面的差异而区分的群体，这种外貌差异包括鸡冠的形状、羽毛的颜色等。它反映的是一个品种内遗传结构方面的差异。

我国在1979—1982年进行了全国范围的畜禽品种资源普查，在之后出版的《中国家禽品种志》中收录了中国地理品种鸡27个，把鸡分为蛋用型、肉用型、兼用型、药用型、观赏型和其他共6种。在2006年中华人民共和国农业部公告(第662号)《国家级畜禽遗传资源保护名录》中收录的地方鸡品种有23个，分别是：九斤黄鸡、大骨鸡、鲁西斗鸡、吐鲁番斗鸡、西双版纳斗鸡、漳州斗鸡、白耳黄鸡、仙居鸡、北京油鸡、丝羽乌骨鸡、茶花鸡、狼山鸡、清远麻鸡、藏鸡、矮脚鸡、浦东鸡、溧阳鸡、文昌鸡、惠阳胡须鸡、河田鸡、边鸡、金阳丝毛鸡和静原鸡。2007年由农业部牵头组织进行了全国性的畜禽遗传资源调查工作，2011年由中国农业出版社出版了《中国畜禽遗传资源志：家禽志》，包含了国家级畜禽遗传资源（家禽）保护名录和各省市畜禽遗传资源（家禽）保护名录。

三、现代鸡种分类

现代鸡种的分类主要依据是其生产性能和产品特征，根据生产性能把鸡的品种分为蛋用鸡和肉用鸡，然后再根据蛋壳颜色或羽毛、皮肤颜色进行细分。由于现代鸡种绝大多数都是商业杂交配套系，不宜称为品种，多以配套品系命名。

1. 蛋用鸡配套系

主要用于生产鲜蛋，产蛋性能高，一般的配套系平均每只商品代母鸡72周龄产蛋在280个以上（绿壳蛋鸡除外，其年产蛋量仅有180个左右）。根据蛋壳颜色，蛋用鸡配套系可以分为4种。

①褐壳蛋鸡：蛋壳颜色为红褐色。

②白壳蛋鸡：蛋壳颜色为白色。

③粉壳蛋鸡：蛋壳颜色为灰色或奶油色。

④绿壳蛋鸡：蛋壳颜色为青绿色或青蓝色。

2. 肉用鸡配套系

主要用于生产鸡肉。根据羽毛颜色和生长速度可以分为两种。

①白羽快大型肉鸡：羽毛颜色为白色，早期生长速度很快，6周龄末体重能够达到2.3kg以上。

②优质黄羽（麻羽）肉鸡：羽毛颜色为黄色或麻色，生长速度略慢或较慢。根据其生长速度又可分为快大型优质肉鸡（公鸡56日龄体重达到2kg以上、母鸡65日龄体重1.8kg以上）、中速型优质肉鸡（公鸡70日龄体重1.8kg以上、母鸡1.5kg以上）和特优型肉鸡（公鸡90日龄体重1.5kg、母鸡110日龄体重1.5kg）。由于优质肉鸡在国内育种方面存在很多地方需求性特色，这种分类也不能完全概括。

第二节 鸡的品种

一、我国的地方品种资源

我国是家禽地方品种最多的国家。迄今为止，已报道的家禽品种有200多个。1989年出版的《中国家禽品种志》收录了52个地方品种，其中，鸡的品种就有27个。地方品种适应性强，肉质鲜美，具有某项突出特点，但生产性能普遍较低，商品竞争力差，不适宜高密度饲养。

（一）仙居鸡

仙居鸡原产于浙江省仙居县，是著名的蛋用型良种。体形较小，结实，紧凑匀称，动作灵敏，易受惊吓，属神经质型。单冠、眼大、颈长、尾翘、骨细，其外形和体态与来航鸡相似。毛色有黄、白、黑、麻雀斑色等多种。胫色有黄、青及肉色等。有抱窝性，性成熟早，年产蛋180~200枚，平均蛋重43g，蛋壳淡褐色。繁殖性能强，在公母比例高达1：（16~20）的情况下，受精率94.12%。成年公鸡体重约1.5kg，母鸡1.0kg左右。现由科研单位在产区设原种场进行选育，以尽快提高其经济性能。

（二）清远麻鸡

清远麻鸡产于广东省清远市一带，肉用型鸡，以体型小、骨细软、皮薄脆、肉嫩滑与味浓郁而著称。公鸡羽毛金红色，尾羽及主翼羽为黑色，母鸡全身羽毛呈深黄麻色，脚矮而细，头小单冠，喙黄色；胫有青色、黄色两种。成年公鸡平均体重1.7kg，母鸡1.4kg，年产蛋80~100枚，平均蛋重46g，蛋壳浅褐色，就巢性强。

（三）杏花鸡

杏花鸡产于广东省封开县一带，肉用型鸡，属中小型鸡，以肌细肉嫩、骨软皮薄、皮下脂肪均匀与口感鲜香爽滑而备受赞誉。公鸡羽毛金红色，母鸡黄色，喙、胫、脚短，胸肌发达，皮肤浅黄色。成年公鸡平均体重1.9kg，母鸡1.6kg，年产蛋80~90枚，蛋壳浅褐色。

（四）固始鸡

固始鸡原产于河南省固始县，是著名的蛋肉兼用型良种。固始鸡是我国目前品种资源保存最好、群体数量最大的地方鸡种。毛色以黄色、黄麻为主，青腿、青脚、青喙，冠有单冠和复冠两大类。冠、肉髯、耳叶、脸均为红色。尾有长、中、短3种，体形小的多属“直尾型”，体形大者属“佛手尾”。

6~7月龄开始产蛋，年产蛋96~160枚，蛋重48~60g，蛋壳棕褐色。成年公鸡体重2~2.5kg，母鸡1.2~2.4kg。固始鸡具有个体较大、产蛋多、耐粗饲、抗病力强等特点。现由固始县“三高集团”对其开发利用，并培育出了乌骨型的新类群。

（五）萧山鸡

萧山鸡原产于浙江省萧山。萧山鸡体型大，单冠，冠、肉髯、耳叶均为红色。喙、胫黄色，颈羽黄黑相间。此鸡适应性强，6~7月龄开始产蛋，年产蛋130~150枚，蛋重50~55g，蛋壳褐色。成年公鸡体重2.5~3.5kg，母鸡2.1~3.2kg。

（六）寿光鸡

寿光鸡原产于山东省寿光县的肉蛋兼用型良种，以产大蛋而闻名。寿光鸡个体高大，体型有大、中两个类型。头大小适中，单冠，冠、肉髯、耳和脸均为红色，眼大有神，喙、跖、趾为黑色，皮肤白色，羽毛黑色。大型寿光鸡成年平均体重公鸡3.8kg，母鸡3.1kg，年产蛋90～100枚；中型寿光鸡平均体重公鸡3.6kg，母鸡2.5kg，年产蛋120～150枚。一般8～10月龄开始产蛋，蛋重较大，平均65g以上，蛋壳红褐色，厚而致密，不易破损。

（七）狼山鸡

狼山鸡产于江苏省如东县一带。肉蛋兼用型，该鸡种体格健壮，头昂、尾翘，呈元宝形，羽毛有绒黑色、黄色和白色等类型。成年公鸡体重2.8～3.3kg，母鸡2～2.4kg。年产蛋160～180枚，蛋重55～60g，蛋壳浅褐色。觅食力强，易饲养。

（八）边鸡

边鸡分布于内蒙古与山西接壤各县。肉蛋兼用型，体型中等，呈元宝形，羽色以红黑色或黄黑色为主。成年公鸡体重约1.8kg，肉质好；母鸡体重1.5kg，年产蛋100～120枚，蛋重55～60g，蛋壳深褐色，壳厚。就巢性强，适应性好。

（九）浦东鸡

浦东鸡是一种原产于上海市黄浦江以东地区的肉用型鸡。

其体形接近方形，骨粗脚高，体躯硕大，羽毛疏松。母鸡羽毛多为黄色、麻黄色或麻褐色，公鸡多为金黄色或红棕色。主翼羽和尾羽黄色带黑色纹。单冠，喙、脚为黄色或褐色，皮肤黄色。以体大、肉多、皮下脂肪丰满而著称。7～8月龄开产，年产蛋120～150枚，蛋重55～60g，蛋壳红褐色。3月龄体重可达1.25kg，成年公鸡体重4～4.5kg，母鸡2.5～3kg。就巢性强，早期生长慢。与科尼什或白洛克公鸡杂交生产商品肉鸡效果好。

（十）北京油鸡

北京油鸡产于北京郊区，肉用型。根据体型和毛色可分为黄色油鸡和红褐色油鸡两个类型。

黄色油鸡羽毛浅黄色，单冠，冠多皱褶成S型，冠毛少或无，脚爪有羽毛。年产蛋120枚左右，蛋重60g，性成熟期平均264天。成年公鸡体重2.5～3.0kg，母鸡2～2.5kg。红褐色油鸡羽毛红褐色，单冠，冠毛特别发达，常将眼的视线遮住，脚羽亦发达。公鸡体重2～2.5kg，母鸡1.5～2.0kg。蛋重约59g。成熟晚。肉质良好。

（十一）静原鸡

静原鸡产于甘肃省静原县、宁夏回族自治区固原县。肉蛋兼用型鸡，体型中小，羽色深棕色或黑色。成年公鸡体重 1.4 ~ 2kg，母鸡 1.1 ~ 1.5kg。年产蛋 120 ~ 140 枚，蛋重 53 ~ 58g，蛋壳褐色，是黄土高原耐寒、耐旱的鸡种。

（十二）惠阳鸡

惠阳鸡主要产于广东省惠阳、博罗、惠东等县。该鸡为肉用型，黄羽、黄喙、黄脚、黄胡须，短肢。头中等大小，单冠直立。胸较宽深，胸肌丰满。年产蛋 70 ~ 90 枚，蛋重 47g。85 天重达 1.1kg，成年公鸡体重 2kg，母鸡 1.5kg。就巢性较强。

（十三）桃源鸡

桃源鸡原产于湖南省桃源县、三阳港和深水港一带，肉用型。体格高大，近正方形。公鸡羽毛黄红色，母鸡多为黄色，单冠。公鸡头颈直立，胸挺，背平，脚高，尾羽翘起。母鸡头略小，颈较短，羽毛疏松，身躯肥大。

开产日龄 195 ~ 255 天，年产蛋 100 ~ 200 枚，蛋重 57g，蛋壳淡黄色。成年公鸡体重 3.5 ~ 4kg，母鸡 2.5 ~ 3kg。此鸡觅食力强，宜放牧，肉质鲜美，富含脂肪，但生长慢、成熟晚。

（十四）莱芜黑鸡

莱芜黑鸡产于山东省莱芜市，肉蛋兼用型，是莱芜黑鸡育种中心和山东农业大学利用莱芜市本地土杂鸡提纯选育，于 2002 年育成的新品系，分肉用、蛋用两类。黑羽，胫、喙青黑色，皮肤白色，单冠，冠冉红色。莱芜黑鸡肉用系成年公鸡体重 2.4 ~ 2.5kg，母鸡 1.6 ~ 1.7kg，13 周育肥体重公鸡 1.5kg，母鸡 1.2kg，料肉比 3∶1，肉品质优。其中，速型优质黑鸡配套组合 10 周公鸡体重 1.5kg，料肉比 2.8∶1，肉质优良。莱芜黑鸡蛋用系体型轻小，外貌清秀。成年公鸡体重为 2.1 ~ 2.3kg，母鸡为 1.4 ~ 1.5kg。约 19 周开产，72 周产蛋 220 ~ 240 枚，平均蛋重 46g，蛋壳浅褐色，蛋品质优良。其绿壳型配套蛋用组合所产蛋多呈浅绿色，蛋料比（2.4 ~ 2.5）∶1。

（十五）鹿苑鸡

鹿苑鸡主要产于江苏省张家港市（原沙洲县）的鹿苑镇，偏于肉用型，具有"四黄"特征。该鸡具有早期生长快，较早熟，1 ~ 60 日龄平均日增重近 13g，肉质肥美鲜嫩和产蛋性能较好等特点。年产蛋 120 ~ 140 枚，蛋重 52g，蛋壳深褐色。成年公鸡 3kg 左右，成年母鸡 2kg 以上。

二、现代蛋鸡配套系

在原标准品种（或地方品种）的基础上，采用现代育种方法培育出的具有特定商业代号的高产蛋鸡群称为蛋鸡配套系。其特征是产蛋性能显著提高，鸡蛋商品性极强，有特定的商品名称。根据蛋壳颜色的不同，分为白壳蛋鸡、褐壳蛋鸡和粉壳蛋鸡。

（一）白壳蛋鸡

白壳蛋鸡主要是以单冠白来航鸡品种为基础育成的，所产蛋壳为纯白色，鸡羽毛白色，白壳蛋鸡的商品代雏鸡大多数可根据快慢羽自别雌雄。目前，白壳蛋鸡在世界范围内的饲养数量很多，分布地区也很广，但是在我国白壳蛋鸡的份额则较小，主要在黄河以北地区饲养。这种鸡体躯较小，清秀，体型紧凑；开产早、无就巢性、产蛋量高，饲料报酬率高；单位面积的饲养密度大；蛋中血斑和肉斑率很低，适应性强，适宜于集约化笼养管理。不足之处是富于神经质，胆小易惊，抗应激性较差；啄癖较多，特别是开产初期啄肛造成的伤亡率较高，因此一定要注意断喙。

（二）褐壳蛋鸡

褐壳蛋鸡是在蛋肉兼用型品种的基础上经过现代育种技术选育出的高产配套品系，所产蛋的蛋壳颜色为褐色，而且蛋重大，刚开产就比白壳蛋重；蛋的破损率较低，适于运输和保存；褐壳蛋鸡性情温顺，好管理；体重较大，产肉量较高；啄癖少，因而死亡、淘汰率较低；商品代杂交鸡可以根据羽色自别雌雄。由于褐壳蛋鸡体重较大，采食量比白羽蛋鸡多（5～6）g/天，每只鸡所占面积比白壳蛋鸡多15%左右，单位面积产蛋少5%～7%。目前，一些育种公司通过选育已经使褐壳蛋鸡的体重接近白壳蛋鸡。

（三）粉壳蛋鸡

粉壳蛋鸡是由洛岛红品种与白来航品种间正交或反交所产生的杂种鸡，其蛋壳颜色介于褐壳蛋与白壳蛋之间，呈灰色，国内群众都称其为粉壳蛋（或驳壳蛋）。成年母鸡羽色大多以白色为背景，有黄、黑、灰等杂色斑点，与褐壳蛋鸡不同，因此就将其分成粉壳蛋鸡一类。

三、肉鸡配套系

肉鸡配套系是指在原标准品种（或地方品种）的基础上，采用现代育种方法培育出的具有特定商业代号的高产肉鸡群。根据肉鸡生长速度和产品品质分为快大型肉鸡和优质型肉鸡两大类。

（一）快大型肉鸡

快大型肉鸡突出的特点是早期生长速度快、体重大，一般商品肉鸡6周龄平均体重在2kg以上，每千克增重消耗的饲料在2kg左右。快大型肉鸡都是采用四系配套杂交进行制种生产的，父本是来自白色科尼什鸡的高产品系，母本则是由白洛克鸡育成的高产品系，大部分鸡种为白色羽毛，少数鸡种为黄（或红）色羽毛。这类肉鸡在西方和中东地区较受消费者喜爱。肉鸡较容易加工烹调，是主要的快餐食品之一。

（二）优质型肉鸡

优质型肉鸡生产通常使用的是通过杂交育种而育成的优质鸡种，即充分利用我国的地方鸡种作为素材，选育出各具特色的纯系（含合成系），通过配合力测定，筛选出最优杂交组合，以两系、三系或四系杂交模式进行商品优质肉鸡生产。

我国的优质鸡产业始于30年前，尤其是在广东省。最初，优质鸡生产是为了满足香港和澳门市场的需要。后来国内市场的需求量越来越大，刺激了优质鸡商业育种和商品生产的快速发展。目前，全国已有20余个品牌的优质肉鸡，主要分布于沿海一带地区，如广东、福建、江苏和上海等省市，优质肉鸡的育种和生产作为新兴产业正在我国由南向北迅猛发展。

第二章 鸡的营养与饲料

第一节 鸡消化系统的特点与消化过程

一、鸡消化系统的特点

鸡的消化器官由喙、口腔、食管、嗉囊、腺胃、肌胃、肠管、泄殖腔及消化腺（胰、肝）等部分组成，其结构和消化过程与家畜有显著的不同（图 1.2-1）。

（一）口腔

家禽口腔内无唇、齿和软腭，故无咀嚼运动。鸡喙尖而硬，适于采食粒形饲料，可撕裂较大的食物，喙破果壳，捕捉虫类。舌较硬，舌黏膜无味觉乳头。味蕾比家畜少（雏鸡 8 个，3 月龄增至 14 个），味觉不敏感。味蕾触及咸、苦和酸 3 种水溶液时，舌神经产生冲动，但缺乏对甜的感觉。家禽对水温极其敏感，不喜欢饮高于气温的水，但不拒饮冰冷的水。就巢母鸡并不厌弃含有粪便的水。

（二）食管和嗉囊

鸡的食管位于气管右侧，比家畜的食管更具扩展性，故能吞咽较大的食物。食管分为上食管（颈段）和下食管（胸段）两段。食管黏膜上有食管腺，其分泌的黏液起湿润与软化食物的作用。上食管进入胸腔前，其腹侧扩张形成膨大的嗉囊。嗉囊是食物的暂时贮存处，混入的唾液和食管黏液使食入的饲料保持适当的温度和湿度，饲料因之被软化，并在随饲料进入的细菌的作用下发酵。嗉囊的收缩节律和振幅变化很大，受神经状态、饥饿程度、饮料种类和数量等多种因素影响；当鸡极度兴奋、惊恐、挣扎时可抑制或中止嗉囊收缩。通常，上、下食管的收缩间隔期约为 13s 和 50～55s（秒），通过收缩将食物送入胃。当嗉囊和胃充满食物时，食管停止蠕动，再吃入食物时就贮存在嗉囊内。食物在家禽嗉囊内停留 3～4h（小时），最长可达 16～18h。当家禽饥饿时，食物在嗉囊内停留时间极短。健康家禽的嗉囊应当饱满，软化不充气，多种疾病和管理不当会引起嗉囊积食，充气膨大（气囊）或积水（水囊），可借此判断鸡体是否健康（图1.2－1）。

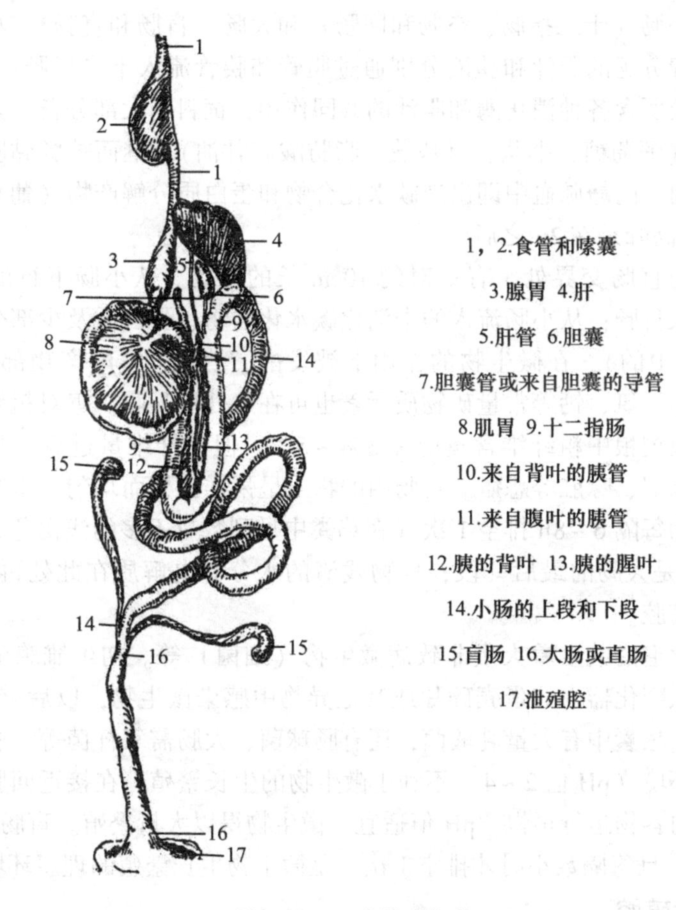

图1.2－1 鸡的消化道

（三）胃

鸡胃分前后两部分。前胃称为腺胃，呈纺锤形，壁软而厚，内腔不大，分泌胃酸和胃蛋白酶；食物混入此胃液后立即进入后胃，即肌胃。肌胃呈扁圆形，黏膜上厚的黄色角质起保护黏膜的作用（此膜可入药，药名为鸡内金）；肌胃内经常有吞食的砂砾，因而也称肌胃为砂囊；通过砂砾和发达肌肉强大的收缩力（收缩压力为13.3～19.6kPa）磨碎和搅拌食物，胃蛋白酶在此处继续作用。若肌胃内无砂砾，可导致饲料消化率大为降低，故应在鸡育雏育成期补饲砂砾。细软食物在肌胃内停留1min（分钟）即送入十二指肠，坚硬食物的停留时间可达数小时之久。

（四）肠管

肠管分小肠（十二指肠、空肠和回肠）和大肠（盲肠和直肠）。小肠分泌肠液，肝和胰腺分泌的胆汁和胰液分别通过胆管和胰管流入十二指肠；在小肠中，受胰液、肠液所含各种消化酶和胆汁的共同作用，饲料的大部分营养素被消化成简单的形式（葡萄糖、小肽、氨基酸、脂肪酸和甘油），继而被肠黏膜吸收。采食后15min内，门静脉血中即出现碳水化合物和蛋白质分解产物（葡萄糖与氨基酸），但吸收高峰是在2h之后。

在小肠与直肠交界处，有一对约10cm长的盲肠。从小肠下行的物质仅有6%～8%进入盲肠；从小肠流入的未消化碳水化合物、蛋白质及少部分纤维物质（主要是谷物中的），在微生物的作用下被发酵、消化，发酵产物部分被吸收，水分和钠、钾、氯、钙等常量矿物质元素也可在此处被吸收。鸡对粗纤维的消化能力较低，故饲粮中粗纤维含量应在3%～5%，但粗纤维量过少，肠蠕动不充分，易发生啄羽、啄肛等恶癖。盲肠内的物质呈粥样，稠而均匀，多半呈巧克力色，其内容物每隔6～8h排空1次（在鸡粪中见到数量不多的浅褐色粪便是盲肠粪）。直肠是大肠的最后一段，食物残渣的水分和电解质在此处再次被吸收，而后进入泄殖腔。

家禽消化道内共生着大量非致病微生物（细菌）等。初生雏鸡消化管内无菌，但很快从孵化器内的蛋壳碎片或其他异物中感染微生物，以后继续从饲料、饮水中获得。嗉囊中有大量乳酸菌，还有肠球菌、大肠需氧杆菌等。腺胃、肌胃内的强酸性环境（pH值2～4）不利于微生物的生长繁殖。在接近回肠、盲肠结合部时，肠内容物运行很慢，pH值适宜，微生物得以大量繁殖。盲肠内的pH值是6.5～7.5，且每隔数小时才排空1次，是微生物生长繁殖的理想环境。

（五）泄殖腔

是消化、泌尿和生殖3个系统末端的共同通道，即尿道、泄殖道和肛道。肛道侧壁有腔上囊（法氏囊），其功能与免疫有关。

二、鸡的消化过程

消化过程涵盖食物在肠内被消化以前所必须经历的各种物理变化和化学变化。其过程包括吞咽、浸润和肌胃中食物的磨碎等。

鸡用喙摄取食物，在口腔以唾液浸润后，则以抬头伸颈的方式，靠重力以及由食管产生的负压将食物和水强行咽下。其消化过程见示意图（图1.2－2）；食物在来自唾液、胃、肠、胰腺的各种消化酶和来自肝的胆汗、胃内产生的盐酸以及细菌的共同作用下被分解。分解的终产物（葡萄糖、小肽、氨基酸、脂肪酸等）主要是在小肠处被吸收。两条发达的盲肠在消化过程中也起一定的作用。

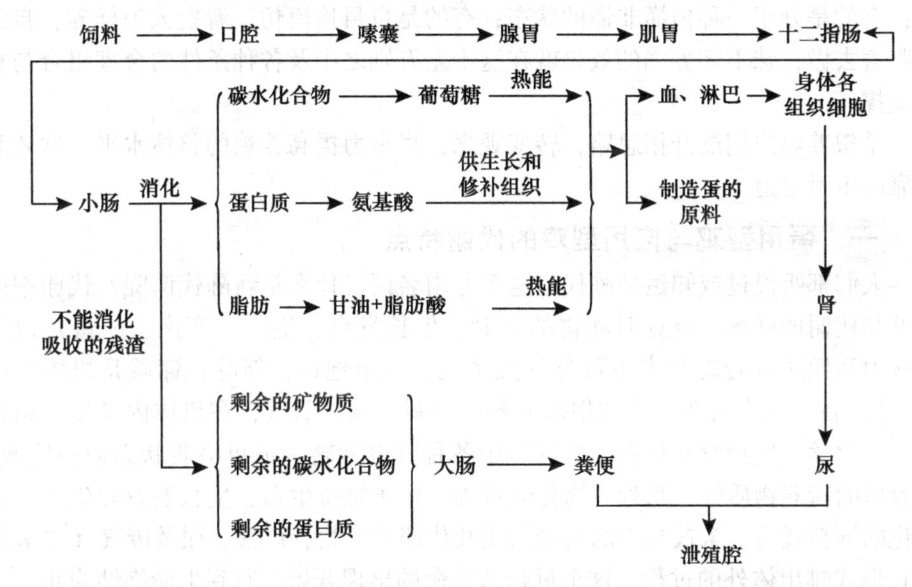

图 1.2－2 鸡的消化过程示意图

食入的碳水化合物必先被分解为单糖（葡萄糖）后才能被吸收；脂肪必须水解为甘油和脂肪酸后才被小肠所吸收。这一作用须由乳化脂肪的胆汁及分解脂肪的脂酶来完成；蛋白质在水解为小肽、氨基酸后，才由肠道加以吸收；不能消化的残渣（剩余的矿物质、碳水化合物和剩余的蛋白质），大部分进入大肠，小部分进入盲肠，在此处残渣中的水分和矿物质再次被吸收后，形成的粪便与经肾排出的尿（家禽为减轻体重，便于飞翔，没有贮存尿的膀胱）共同经泄殖腔排出体外。鸡正常的粪便应为暗绿色，形如帽状，上部附着的白色物质即尿。鸡尿主要含尿酸，腐蚀性强。

第二节 蛋用型鸡与肉用型鸡的代谢与生长规律

在了解鸡消化系统特点与消化过程的基本知识后，有必要进一步知道蛋用型鸡和肉用型鸡（简称蛋鸡、肉鸡）的代谢特点与生长规律。

掌握这些基础知识，能帮助养鸡者正确理解鸡不同生理阶段的营养需要特

点，并有助于饲养好各类型的鸡种和提高其养殖的经济效益。

当前有的饲养户饲养效果不好，其误区之一就是缺乏科学养鸡的知识和技能；有的是处于一种似懂非懂的状态；有的是盲目地模仿，看别人怎样养，自己也跟着去做，殊不知养鸡的效果就在这千差万别之中及各种条件的合理组合与相互支撑。

希望养鸡户们能开拓思路，转变观念，尽全力提高养鸡的整体水平，这才是可靠的生财之道。

一、蛋用型鸡与肉用型鸡的代谢特点

人们都听说过或知道新陈代谢这个专用名词。什么是新陈代谢呢？代谢率的高低与代谢的好坏，究竟对动物的生命、生长发育、生产（产肉、产蛋）以及抗病力和健康有着怎样密不可分的关系呢？简单地说，新陈代谢就是机体不断“吐故纳新”的全过程。即动物摄取各种饲料、水、氧气，在机体内经过一系列物理、化学、生物学变化后，将饲料中各种营养素转变成可吸收状态而被吸收，吸收后的营养物质经一系列生物化学过程，用于维持生命、生长发育和生产，未消化的饲料残渣、未被利用的营养物质及代谢终产物，以粪、尿及废气（二氧化碳）形式排出体外的过程。这个过程从生命的出现开始，直到生命终结为止，其间日复一日，从不间断。新陈代谢过程是极其复杂的生命和生理与生物化学过程，受许多因素的影响和干扰。不同类型的鸡种间或同一类型鸡种的个体间，新陈代谢特性是有差别的，受来自父母的遗传物质控制。新陈代谢率与各自的基础代谢和其生产水平是不可分的。

什么叫基础代谢呢？基础代谢是指动物在吸收后的状态下和在一个温度恒定（25℃）的环境中，在活动强度最低（肌肉松弛）的状况下（人是躺卧；动物是一半时间躺卧，一半时间站立）不受摄食量影响的能量代谢状态。简单地说，基础代谢是维持动物生命活动（心跳、血液循环、呼吸、体温恒定等）最低的能量代谢。在测定基础代谢前要使动物绝食（鸡一般为 1 天），使试验时肠胃中不进行消化吸收，器官、组织也不对吸收的营养物质进行代谢，在最适环境温度（25℃）和肌肉运动强度最小（这时，机体所需能量依靠体内脂肪的氧化）的状况下，机体的能量消耗是最低的，一般被称为基础代谢能量消耗。

下面简要地谈谈影响代谢的主要因素，这有助于理解家禽的营养需要及如何饲喂好蛋鸡与肉鸡。

（一）影响鸡代谢的因素

关于禽类代谢已有不少研究，有的结果与观点并不完全一致。现扼要介绍鸡的代谢及其影响因素。

1. 年龄与代谢率

许多研究者测定了不同年龄鸡的代谢率，其中，多数研究者同意鸡的基础代谢在孵出后的4~5周龄时为最高，以后随年龄增长而下降，直到1周岁。早期较高的代谢率大致和早期较高的生长率是相应的。可以理解为代谢率高时，其生长速度快，即体重增长也快，饲料效率也较高。

2. 1天中代谢率的状况

研究发现，早晨的基础代谢比下午或晚上高。俗话说“早晨要吃好，晚上要吃少”。这句话是对人而言，其原因可能与一天中代谢率的节律变化有关。在生产中观察到鸡的食欲、采食量在1天中也有高峰期，可能与此有关。

3. 性别、类型与代谢率

一般情况下，公鸡代谢率高于母鸡，肉鸡高于蛋鸡，雏鸡高于成年鸡。生产实践中人们可以发现，公鸡体重、采食量大于母鸡；肉鸡营养需要、采食量与体重大于蛋鸡；按单位体重计算，小鸡每千克体重需要的氧气与排出的二氧化碳量均大于成鸡。这些都与代谢率的高低、强弱有关。

4. 活动与代谢率

戴顿与哈奇森（Deighton和Hutchinson，1940）研究了各种活动对鸡代谢率的影响；站立状况下，较静止时的代谢率高（笼养鸡活动受到限制，因而比平养鸡消耗的能量相对略少）；颈部向任何方向伸展以使羽毛扩松时，代谢率增加值较高；当鸡将头藏在翼下睡眠时，代谢率下降；鸡的啼叫、站立起来等动作，都会使代谢率暂时性增高。

5. 生理状况与代谢率

杜克斯（Dukes，1937）根据研究结果指出，产蛋多的母鸡的代谢率比产蛋少的母鸡略高一些。实践中观察到当天产蛋的母鸡采食量高于当天不产蛋的母鸡，此点与代谢有一定关系。有人曾测定夏季、秋季和冬季母鸡的基础代谢，结果显示：秋季换羽期的代谢效率最高为666mL；夏季和冬季分别为460mL和448mL（以每小时每千克体重消耗氧的毫升数表示）。这可能与换羽导致热量散失较多有关。

（二）蛋鸡与肉鸡采食的特点及其调节

1. 蛋鸡采食特点

蛋用型鸡“为能而食”的观点，即在胃肠生理容量范围内，蛋鸡根据饲料能量浓度调节进食量多少的观点，几乎为多数人接受。纽科姆（Newcomb，

1982）研究了给来航鸡和肉仔公鸡饲喂用纤维素稀释的饲料的进食量。当来航鸡的粉状饲料中加入低于10%的纤维素时，母鸡的能量进食量不变；随着饲料中纤维素含量增加，能量进食量下降。将饲料制成颗粒可以提高能量进食量，所以当颗粒饲料中加入20%纤维素时，来航鸡的能量进食仍然不变；当继续提高纤维素水平时，来航鸡的能量采食量变下降。这些试验说明，来航鸡的采食是为了满足能量需要量，而不是满足消化道的容积；但在饲料能量过低时，受消化道容量限制与饲料适口性差的影响，便不能采食到所需要的能量。

2. 肉用仔鸡的采食特点

肉用仔鸡不论饲喂粉料还是颗粒料，肉用仔鸡的进食量都随纤维素的增加而急剧下降。在不加纤维素时，蛋鸡对粉料或颗粒料的采食量基本相似，而肉用仔鸡却是采食粉料时能量进食量低，采食颗粒料时能量进食量高；说明肉鸡采食是以饱为限度，也说明肉鸡调节饲料能量进食量的能力相对较差。纽科姆的试验结果，支持了肉鸡按消化道最大容积采食的观点。有的研究者还指出，肉鸡进食量的多少同时受体积上的满足感（饱感）以及与特定营养素有关的特定信号所制约。就像越胖的人食欲越好，越贪食一样。

3. 鸡采食量的调节

各种家禽的采食量调节能力是不同的。它与采食能力、消化道容积和扩容能力有关。萨默斯和莱森（Suminers 和 Lesson，1984）的试验证实，不同鸡种单位体重的肠道容积大小顺序是：蛋鸡 > 肉鸡 > 火鸡，与调节能力的大小顺序一致。也就是说，采食量调节能力是蛋鸡大于肉鸡，肉鸡又大于火鸡。

（1）蛋用型雏鸡。在蛋用型雏鸡饲料中，纤维水平分别为10%，11%，20%，25%时，仍能完善调节，但需7～10天适应方能达到完善。纽科姆和萨默斯（1984）试验表明，蛋用雏鸡为补偿低能量浓度变化，采食饲料的体积可提高30%～40%，可见其潜力之大。

（2）产蛋母鸡。其调节上限达到饲料纤维水平20%，但需12天适应期。

（3）肉鸡。不同研究者的结果差异甚大，有的报道肉鸡调节上限可达到饲料纤维水平20%，有的报道为10%或5%，或者根本没有完善的调节能力。

家禽采食量调节程度与饲料体积特性或密度有关。以上引用的试验结果，仅仅用来说明不同家禽采食量的调节程度，并不是说蛋鸡、肉鸡饲料中粗纤维可高达20%。

如前所述，在鸡饲料中一般将粗纤维含量控制在3%～5%，因为高纤维饲料代谢能浓度低、体积大、持水性强，遇水膨胀，对家禽不利。饲喂纤维含量高的饲料时，家禽的饮水量和饮水次数都增加，粪便变稀，污染鸡舍环境。

二、蛋用型鸡与肉用型鸡的生长规律

鸡的生长表现为体重增长和体格增大。此处主要从体重增长方面来探讨鸡的生长规律。

（一）蛋用型鸡的生长规律

与肉鸡相比，其生长周期和生产期均比较长。按生理状况将蛋鸡的一生划分为：幼雏（0~6周龄）、中雏（7~14周龄）、大雏（15~20周龄）和产蛋四个阶段；按饲养期分为：育雏期（0~6周龄）、育成期（7~20周龄）和产蛋期（21~72周龄）。目前饲养管理非常好的蛋鸡场中，有的鸡群产蛋期已延至85周龄以上，还能赢利。可见，掌握鸡的生长规律对饲喂好鸡群是何等重要。

0~6周龄是蛋鸡生长发育速度最快的时期，也是重点生长骨骼和内脏的时期，10周龄后生长速度减慢。雏鸡5周龄体重大者，其未来的产蛋性能也好。16周龄鸡的整齐度十分重要。整齐度是指鸡群中个体间在体重大小、体格健壮以及肥度（肥瘦）等方面差异的大小。差异小（接近群体平均数）即鸡群整齐度好；差异大则整齐度不好。整齐度好的鸡群，表明鸡的生长发育好，这样的鸡群开产日期接近，高峰期产蛋率高，维持时间长，并且在产蛋期内淘汰和死亡母鸡也少。

据观察，内脏器官的增长与体重的增加基本是同步的，育成期鸡的生长速度虽然有所下降，但整体生长仍然迅速，各器官生长发育逐渐健全；消化系统迅速生长，消化能力增强，采食量增大。育成期是长骨骼、长肌肉最多的时期。如6周龄雏鸡胫骨长度和体重分别约为20周龄的61%和24%，到10周龄时已分别增至82%和47%左右。实际上，10周龄时骨骼已发育完全，增重很少，而在母鸡开产（21~23周龄）后约34周龄才达体成熟。鸡体脂肪随日龄增长逐渐积累。因此，育成中、后期要控制鸡的体重，以免过肥。

在育成中、后期，母鸡生殖系统发育加快，少数鸡已达性成熟（开始产蛋）。蛋鸡卵巢和输卵管11周龄起逐渐生长发育，16周龄加快，19周龄前后达到高峰。初生小母鸡的卵巢平均重0.03g；未成熟母鸡的卵巢长约15mm，宽约5mm；而在开始性成熟时，卵巢重量增至40~60g。输卵管在静止期（不产蛋时）长度是15.4cm；产蛋期变为65~81cm，重量约41.5g。在开产前期，母鸡体重要增加400~500g，其中，有40%~70%为生殖系统的增重；骨骼增重15~20g，有4~5g为钙的贮备。随着生殖系统生长发育，心脏、肝脏等也增大（有资料介绍，在开产前3~4周，母鸡肝脏增大1倍）。内脏器官的生长是为母鸡开

产后旺盛的代谢服务的。

（二）肉用型鸡的生长规律性

饲养肉用种鸡的目的是为了提供肉用仔鸡。现代肉鸡是指肉用配套品系杂交产生的雏鸡。肉用仔鸡是指8周龄左右的小鸡，体重不超过1.5kg；而9~12周龄体重1.8kg的肉鸡称为炸用仔鸡；烤用仔鸡指4~6月龄、体重为2.95~3.6kg的肉鸡。

肉用种鸡的饲养期较蛋鸡短，饲养难度也较蛋鸡高。因为肉种鸡体重较难控制，易过肥。过肥的公鸡易发生腿病，不仅影响配种，且影响种蛋受精率；种母鸡过肥产蛋量不高，易脱肛，且产蛋期死亡和淘汰数增加。因此，控制不好肉种鸡的体重，就会影响其饲养效果，降低经济效益。研究者们对肉用仔鸡的生长规律曾做过许多探讨，报道也较多，了解与掌握这些规律，是养好肉鸡的前提条件。

1. 肉鸡体重的增长

20世纪初，人们在研究肉用型鸡的生长过程时，发现8周龄是育成期乃至整个生长过程中相对生长速率的转折点，此前生长迅速，而后生长转缓。管镇、陈宏生（1984）通过研究杂交黄羽肉鸡早期增重规律和生长优势，得出初步结论：按4周龄的体重可估测8周龄体重，即4周龄时体重增长快的鸡群或个体，8周龄时的体重也大；各类型鸡种绝对增重的最大值是在6周龄；方差分析（检验被测群体间差异大小的程度，即差异显著还是不显著）表明，各类型鸡种5~6周龄后相对生长速率没有差别，它们的差异主要是在4周龄以前，此时杂交鸡的生长趋势类似于肉用鸡。

为便于肉用仔鸡和肉鸡饲养参考，现将相对增重、绝对增重和饲料转化率的资料摘录于下（表1.2-1，表1.2-2和表1.2-3）。

表1.2-1 肉鸡相对生长速度 （%）

周龄	1	2	3	4	5	6	7	8	9
相对增重	275	163	76	53	37	29	39	19	15

相对增重=（末重-始重）÷始重×100%。如肉鸡初生重约为40g，1周龄末重增至150g，则相对增重率为：（150-40）÷40×100=275%。鸡按周龄计算，即这1周内比上周末体重增加了多少倍。从计算看出，第1周末体重比初生重增加了2.75倍（速度为73.3%）。相对增重这一指标反映出某一阶段内鸡生长速度的快慢，而绝对增重反映的是直接增重效果。绝对增重=末重-始重。按

上例计算为：150 - 40 = 110g，即初生至第1周末每只鸡绝对增重为110g。

表 1.2-2 肉鸡绝对增重 (g)

周龄	1	2	3	4	5	6	7	8	9	10
公鸡绝对增重	110	260	310	400	420	470	510	500	480	460
母鸡绝对增重	110	230	290	330	370	390	400	380	350	310
平均绝对增重	100	245	300	365	395	430	455	440	415	385

表 1.2-3 肉鸡饲料转化率

周龄	1	2	3	4	5	6	7	8	9	10
每周转换率	0.8	1.21	1.49	1.74	2.03	2.32	2.63	2.99	3.39	3.84
累计转换率	0.8	1.05	1.24	1.41	1.58	1.75	1.92	2.09	2.26	2.43

从表1.2-2和表1.2-3中数据可见，每单位增重所消耗的饲料随肉鸡周龄的增大而增加。特点是8周龄以后，绝对增重降低，耗料量继续增加，使饲料转化效率显著下降。

家禽生态适应性选择一直是育种的主要目标之一，任何一个物种到一个新的地区都要产生抗病力、适应性等一系列变化。适应新环境者就生存下来，不适应者自然被淘汰。可以将适应性简单地理解为人们常说的“换水土”。李东等（1991）在研究京星肉鸡杂交D系生态适应性时，发现肉鸡早期增重与生活力呈现负的遗传相关（相关系数为-0.16）。这就是说，要同时提高肉鸡的增重速度和生活力是有一定困难的；换句话说，增重快的肉鸡，其生活力、适应性可能会受到一定影响。张文生（1997）在“鸡免疫遗传研究进展”一文中指出：已在许多试验中显示出鸡的免疫性能与体重呈负相关。哈文斯坦和奎瑞西等（Havenstein和M. A. Qureshi等，1994）的研究表明，现代肉鸡随着生长速度和营养水平的提高，其免疫性能在下降（可以把免疫性能理解为抵抗力、抗病力、生活力的强弱）。以上所述早期增重和生活力、鸡免疫性能与体重之间的负相关关系，除了给肉鸡的选育带来一定困难外，也是在饲养管理中值得重视的问题。肉鸡饲养户应由此意识到，在饲养过程中不要盲目地、一味地追求生长速度，尤其在各种条件相对较差时应特别注意。有关细节及重要环节将在以后的有关章节中介绍。

2. 肉鸡内脏器官的生长规律

刘雨龙等（1994）在现代肉鸡生长阶段的研究中还发现，组织器官的最大生长速度出现最早的是消化道，随后的顺序是内脏器官（指心、肝、脾、肾、胰脏

之总重)、骨骼肌、骨骼、皮和羽毛；达到20周龄重量60%的先后排序是：脑(4周龄末生长基本完成)、腔上囊、消化道、内脏器官、骨骼、肌肉、皮和羽毛。以上顺序说明重要器官优先生长的规律；内脏器官和消化道长度随体重同步变化，且呈一定的规律性。房贝堂等（1997）测得5周龄肉用仔鸡各器官重达到7周龄60%的顺序，表明心、肝、胰和消化道生长较快、脾、肾略慢。内脏器官是动物生命的基础“设施”，其生长发育状况至关重要。

消化道管道部分（食管、腺胃、十二指肠、空肠、回肠和直肠）生长较平稳，达到7周龄长度60%的顺序为：十二指肠（1周龄）、直肠（2周龄）、腺胃、空肠及回肠（3周龄）；消化道的盲袋部分（嗉囊、肌胃、盲肠）的生长大致分为两个阶段，即3周龄以前为增长期，3周龄后为保持期，相对生长势弱，绝对长度变化很小。

以上资料说明，肉鸡生长阶段（0～7周龄）内脏器官生长势的重点在5周龄前，所以在肉鸡生长过程中，应特别注意5周龄前饲料的全价与平衡性，以确保其内脏器官和体重的迅速生长。心、肝等均属机体功能性器官，但由于现代肉鸡选育目标是以体重、生长速度与饲料转化效率为重点，所以使肉鸡的快速生长处于高度“脆弱”的境地；而生长发育良好的内脏器官可增强肉鸡的新陈代谢、抗病力与抗应激能力，并可能保证肉鸡健康、快速地生长。幼小肉仔鸡常发生腹水综合征，且在高营养水平与高海拔地区发病率高，这是因为快速生长时代谢旺盛，对氧的需求量高，而肉仔鸡的心、肺功能不相适应（特别是高海拔地区空气中氧浓度低）所致。

生长规律给予肉鸡营养学提示：肉鸡年龄越小，供生长发育的活性物质（维生素、微量元素和蛋白质）越是重要，略有不足即可导致缺乏症发生；如果雏鸡6周前营养不足，即使外观无明显症状，也会给以后的生长、发育和生产留下隐患，饲养效果和经济效益也不会好。所以，肉鸡6周龄前的饲养是第一个关键时期。其次，肉鸡年龄越小，耗费的饲料成本越低。此时期应用全价平衡饲料，从表面看单价高，但因增重快，实际饲料成本反而较低。无论养蛋鸡与肉鸡，饲养户必须从轻育雏、育成的误区中醒悟过来。

第三节　蛋用型鸡与肉用型鸡的营养需要

现代蛋用型鸡和肉用型鸡都是经过高度选育的鸡种，它们的快速生长与高的产蛋率，必须以充分、合理的营养供应为保障。为此，养鸡者必须了解饲料中各种营养素的作用，以及鸡在不同生理阶段或生产不同产品（肉、蛋）的营养需要量。

一、饲料中的营养素与鸡体、鸡蛋成分的比较

（一）饲料中的营养素

鸡主要利用植物性来源的饲料（如玉米、大麦、小麦、大豆粕、菜籽粕、小麦麸、米糠等），也利用一部分动物性来源（如鱼粉、肉粉、肉骨粉、血粉等）和矿物质性来源的饲料（如食盐、石灰石粉、贝壳粉、磷酸氢钙等）。每一种来源中包括许多种营养价值不等的饲料，但一些饲料间在营养组成上有共同特点。

1. 植物性饲料的营养素

可概括为六大组分，即水分、粗蛋白质、粗脂肪、粗纤维、无氮浸出物和粗灰分。粗脂肪、粗纤维和无氮浸出物由碳、氢、氧组成，而蛋白质除碳、氢、氧外，还含有氮及少量的磷、硫等。表 1.2－4 列出鸡常用植物性饲料的营养成分。

表 1.2－4 鸡常用植物性饲料的营养成分 （%）

饲料	水分	粗蛋白质	粗脂肪	粗纤维	无氮浸出物	粗灰分
玉米	14.0	7.8	3.5	1.6	71.8	1.3
大麦	13.0	13.0	2.1	2.0	67.7	2.2
小麦	13.0	13.9	1.7	1.9	67.6	1.9
小麦麸	13.0	14.3	4.0	6.8	57.1	4.8
米糠	13.0	12.8	16.5	5.7	44.5	7.5
大豆粕	11.0	47.9	1.0	4.0	31.2	4.9
菜籽粕	12.0	35.7	7.4	11.4	26.3	7.2
甘薯粉	13.0	4.0	0.8	2.8	76.4	3.9
优质苜蓿草粉	13.0	17.2	2.6	25.6	33.3	8.3
	13.0	14.3	2.1	29.8	33.8	10.0

（1）水分。各种饲料均含有一定量的水分。表 1.2－4 所列饲料的水分含量在 10% 左右，它们实际处于空气干燥状态（或风干状态）。当前，肉鸡或蛋鸡规模化饲养中多以风干状态的饲料配制成全价饲料；但采用散养方式养鸡时，也常饲喂一些青绿多汁饲料（青苜蓿等各种牧草、各种蔬菜、胡萝卜等），水分含量在 70% ~95%。水是鸡必需的营养素，饲料中的水分是鸡获得水的来源之一；但饲料中水分过多，可能会使鸡采食的干物质（饲料中除水分以外的各种营养物质的总和）、代谢能和粗蛋白质、无氮浸出物等营养素满足不了鸡的需要（鸡的消

化道容量较小）。

（2）粗蛋白质。粗蛋白质是饲料中含氮物质的总称，包括真蛋白质（或称纯蛋白质）和非蛋白质含氮物质（又称氨化物）。真蛋白质是由各种氨基酸结合组成的，而非蛋白质含氮物质是由单个的氨基酸和其他含氮的化合物（如硝酸盐、酰胺等）组成。植物的营养器官（叶与茎）中含较多的非蛋白质含氮物质，特别是在植物快速生长阶段；而植物种子中含真蛋白质较高。饲料发酵过程中，一部分真蛋白质被分解，因而会使非蛋白质含氮化合物的比例增大。鸡常用不同种类植物性饲料中的粗蛋白质含量不等，谷类饲料及副产品为10%左右，豆类在20%以上，饼粕类在30%以上、甚至高达47%。

（3）粗脂肪。在进行饲料中脂肪测定时，是用乙醚进行提取，故粗脂肪是溶解在乙醚的其他物质，也称醚浸出物。其中包括真脂肪和各种可溶于乙醚的其他物质，如色素（叶绿素、胡萝卜素、叶黄素等）、蜡质、角质等。各种植物性饲料中都含有少量粗脂肪。大豆和其他油料籽实中粗脂肪含量高，如大豆含粗脂肪17%，油菜籽为40%～41.5%，棉籽为24.7%。但一般很少直接饲喂油菜籽，而是用榨油剩余的菜籽或菜籽粕作饲料。与油菜籽相比，菜籽饼和菜籽粕中所含粗脂肪与代谢能较低，而粗蛋白质等其他的营养素含量较高。

（4）粗纤维。是构成植物细胞壁的物质，常常称它们为结构性碳水化合物。这类物质不易被畜禽消化，特别是鸡消化粗纤维的能力很差，故按消化性也常称其为不易消化的碳水化合物。

（5）无氮浸出物。是存在于细胞内容物中的碳水化合物，主要由糖和淀粉组成。淀粉是植物贮存能量的物质，而易被各种动物消化，常将其称为贮备性碳水化合物或易消化碳水化合物。

（6）粗灰分。这是饲料被彻底燃烧后剩余的无机物质，包括对畜禽具有营养作用的各种矿物质元素（如钙、磷、钠、钾、硫、镁、铁、铜、锌等）和混入饲料中的砂石、泥土等。

2. 动物性饲料的营养素

此类饲料不含粗纤维，无氮浸出物低（可忽略），其主要成分为水分、粗蛋白质、粗脂肪和粗灰分（表1.2－5）。

表1.2－5　鸡饲养中常用动物性饲料的营养成分　（%）

饲料	水分	粗蛋白质	粗脂肪	粗纤维	无氮浸出物	粗灰分
鱼粉（国产）	10.0	53.5	10.0	0.8	4.9	20.8
鱼粉（进口）	10.0	62.5	4.0	0.5	11.6	12.8

（续表）

饲料	水分	粗蛋白质	粗脂肪	粗纤维	无氮浸出物	粗灰分
肉骨粉	7.0	50.0	8.5	2.8	—	31.7
蚕蛹（全脂）	9.0	53.9	22.8	—	—	2.9
蚕蛹（脱脂）	10.7	64.8	3.9	—	—	4.7
血粉（喷雾）	12.0	82.8	0.4	0.0	1.6	3.2

摘自中国饲料成分及营养价值

3. *矿物饲料的营养素*

一般水分含量低，主要含动物所需要的钙、磷、钠、氯、镁、铁、铜、钴、锰、锌等矿物质元素及其他无机物。只有极少数矿物质饲料含少量有机物质（如蛋壳粉）。

（二）鸡体和鸡蛋中的营养物质

鸡和其他动物一样，必须从饲料中获得营养物质，并在体内转化成具有本身特点的营养物质（蛋白质、脂肪和矿物质），以支持其组织、器官生长发育或形成蛋。

总的来说，鸡体和鸡蛋均主要由水分、蛋白质、脂肪和矿物质（灰分）组成，碳水化合物含量极少，不含粗纤维。

从各种营养素所占比例而言，鸡体和鸡蛋各有其特点。表 1.2－6 列出鸡体和鸡蛋的组成成分。

表 1.2－6　鸡体与鸡蛋的组成成分　（%）

类　别	水分	蛋白质	脂肪	碳水化合物	灰分
小鸡（体重 0.03kg）	76.0	17.3	4.7	—	2.0
当年母鸡（体重 1.8kg）	55.8	19.2	20.0	—	3.1
鸡蛋（可食部分）	74.1	13.3	8.8	2.8	1.0

注：鸡体为除去胃肠内容物，鸡蛋为可食部分（其蛋壳占全蛋的 12%）。

上表中未列出鸡体的碳水化合物含量，根据其他资料，动物体中碳水化合物含量均在 1% 以下。表中鸡蛋的成分为中国食物成分表中鸡蛋的平均值，其中碳水化合物的含量较其他试验测定的值高。

从表 1.2－6 看出，小鸡体水分与鸡蛋可食部分很接近，蛋白质与灰分含量高于鸡蛋，脂肪较鸡蛋低；母鸡体水分显著较低，而蛋白质、灰分，特别是脂肪含量较高。鸡和其他动物一样，以脂肪作为能量贮备，随着年龄与肥度增长，主要以植物性饲料中的碳水化合物为原料转变而来。饲料蛋白质可转化为鸡体蛋白质，食入的过量蛋白质也可转化为鸡体脂肪。鸡体的水分来自饮水、饲料水及体内代谢过程中产生的水。鸡体的灰分也需从饲料（包括矿物质饲料）中摄取。母鸡为形成鸡蛋中的水分、蛋白质、脂肪和灰分（含蛋壳中的灰分）也必须由饲料中获取相应的原料。

二、能量需要

（一）能量是鸡生命活动的动力

鸡与其他动物的生命活动（如消化、呼吸、心跳、血液循环、维持体温、随意活动等）及其提供经济利益有关的性状（如产肉、产蛋、产奶、做工等），都必须消耗一定的能量，并将一部分能量贮存在产品中。鸡本能地从外界摄取饲料与营养，特别是蛋用鸡摄入的能量相当恒定，并往往受环境对能量需要的影响而改变采食量。实践已证明，保持鸡饲料中一定的能量浓度，是确保其健康、快速生长与高产蛋力的最重要条件。

（二）鸡的能量需要量

1. 衡量能量的单位

过去均以热能的单位，即卡、千卡和兆卡来衡量能量的多少和需要。1 卡为 1g 水从 14. 5℃上升到 15. 5℃所吸收的热量。近年，国际营养科学协会及国际生理科学协会确认以焦（J）、千焦（kJ）、兆焦（MJ）作为营养代谢和生理研究中使用的能量单位。卡与焦耳可互相转换，其互换关系为：1 卡 =4. 184 焦（耳）。

2. 鸡的能量来源及常用有效能单位

饲料中碳水化合物（包括粗纤维和无氮浸出物）、粗蛋白质与粗脂肪中含有可利用的能量，在机体内进行生理氧化时，可分别释放出能量 16. 74kJ/g 干物质、16. 74kJ/g 干物质和 37. 66kJ/g 干物质。虽然脂肪所含能量高于碳水化合物和蛋白质（各是 2. 25 倍），但组成鸡饲料的主要原料是植物性饲料，其中碳水化合物占干物质的 50% ~80%，仅含少量脂肪，所以鸡主要的能量来源是碳水化合物。

在动物营养研究与实践中，将饲料完全氧化（全部燃烧成灰）释放的热值称为总能，它是饲料中碳水化合物、粗蛋白质和粗脂肪所含化学能的总和；动物食入饲料后，按其能量在机体内的消化代谢与利用过程，可区分为消化能、代谢能与净能；通常也将这三种能量统称为有效能（即可利用能）。国内外在鸡营养中，普遍采用代谢能衡量鸡的能量需要及表示饲料的有效能值。代谢能 = 饲料总能 - 粪能 - 尿能 - 肠胃甲烷气能。

用特制的氧弹式测热器可测出饲料总能、粪能与尿能。从饲料总能中减去粪能可得消化能，它是动物摄入饲料后，被消化、吸收的3类有机物质所含能量之和。因鸡的粪与尿通过泄殖腔口一同排出，且其肠胃中微生物发酵产生的甲烷很少，其损失可忽略不计，故测定鸡饲料的代谢能值很方便。测定消化能反而费事（需采用手术方法将粪尿排放分开），测定净能也很麻烦、费力。

3. 鸡不同生理阶段的代谢能需要量

一般将畜禽的总营养需要划分为维持需要与生产需要。维持需要就是畜禽维持生命活动（健康地活着）所需要的营养物质量，如耕牛休闲（不干活）及成年母鸡休产时的营养需要。生产需要则是畜禽进行生长发育、生产离体产品（乳、蛋）、做工等额外需要的营养物质。畜禽在获得的营养物质量较少的情况下，首先供维持需要，多余的才供生长或生产乳、蛋。在畜禽生产的遗传潜力范围内，所供给的营养物质超过维持需要的剩余量越多，畜禽的生产水平就可能越高。

蛋鸡和肉种鸡的雏鸡、育成鸡与肉仔鸡处于生长阶段，在营养供给充足时，体重与体格均随年龄增长而增大。它们的营养需要包括维持需要与生长需要，对代谢能总需要量即为维持需要与生长（增重、体格增大）需要量之和。维持需要量与体格大小有关，体重越大，维持的代谢能需要量越多。已查明鸡的代谢能维持需要量与体重的0.75次方（或$W^{0.75}$，称此为代谢体重）呈线性关系（每1kg代谢体重的代谢能维持需要量相对恒定）。生长的能量需要决定于每日增重量和增重中所含能量。通过试验可测出生长鸡每千克代谢体重每日的维持代谢能需要量和每克增重的代谢能需要量，按上可计算出不同体重、不同增重量生长鸡的总代谢能需要量。

对产蛋鸡（包括蛋鸡和肉种鸡），除维持需要与生长需要（产蛋开始时还在生长，一般约在34周龄达到体成熟）外，总需要量中还需计入产蛋的代谢能需要量。其维持需要与生长需要的测定及表示方法与生长鸡相同；产蛋的代谢能需要量决定于每日产蛋量和蛋的能值，均可通过试验测出，如测出体重2kg蛋用型产蛋母鸡在笼养、平养条件下，每日维持需要的代谢能相应为1.03MJ或1.13MJ；体成熟前小母鸡每日增重1g约需代谢能12.4kJ；产1枚50～60g的蛋（包括蛋壳），需要代谢能515～620kJ。

以上叙述还启示我们，产蛋鸡和肉种母鸡的体重越大，不产生回报的维持消耗越高，就会降低养鸡的饲料效率（即单位增重或蛋重消耗的饲料量增加）。所以，现代家禽育种的一个倾向是逐渐降低鸡的体重，体型小、耗料少、产蛋多的母鸡才是最经济的。曾有人测定同一鸡群不同体重蛋鸡的产蛋量，结果是中等体重的鸡产蛋率最高。

饲养标准中以代谢能浓度（即每千克饲料中所含代谢能，MJ/kg）表示鸡的能量需要，是由每只鸡每日代谢能总需要量和日饲料采食量计算得出的（只日代谢能总需要量/采食量）。按此配制的含一定代谢能浓度的饲料，饲喂时应控制到相应的采食量，采食过量、不足都不能获得良好的效果。

三、碳水化合物和脂肪需要

如前所述，饲料碳水化合物是鸡的主要能量来源，饲料脂肪也提供部分能量。除作为能源物质外，这两种营养素还具其他营养作用或生理功能。因此，养鸡者也应明白鸡对这两种营养素的需要量。

（一）碳水化合物的需要量

碳水化合物包括粗纤维和无氮浸出物。实际上，无氮浸出物（淀粉为主）才是鸡的主要能量来源，因为鸡消化粗纤维的能力很差，其饲料主要由粗纤维含量低的谷物类、饼粕类等粗饲料组成。在消化过程中，无氮浸出物被分解为葡萄糖的形式吸收。被吸收的一部分葡萄糖可在体内氧化释放能量，以维持鸡体内氧化释放能量，以维持鸡体体温及正常生命活动之需；一部分葡萄糖合成糖原（肝糖原与肌糖原）作为暂时的能量贮备；糖原形式的贮备是有限度的，超过需要的大量葡萄糖将转化为脂肪，并在体内贮存起来，所以，无氮浸出物也是鸡体形成脂肪的主要原料；也有一小部分葡萄糖形成产品，已知蛋中含少量葡萄糖。鸡饲料中能量浓度符合要求时，无氮浸出物必然充足，一般不规定其需要量。

虽然鸡消化粗纤维的能力很差，但饲料中含有一定量的粗纤维，对保持消化道正常蠕动及粪便的正常形成与排出都是必需的；同时可在一定程度上满足鸡啄食的天性，减少啄癖的发生。曾有试验报道，饲料中不含粗纤维时，雏鸡的育成均不成功。一般认为，蛋鸡和肉鸡饲料的粗纤维含量在2.5%～5%较为合适，雏鸡可低些（2.5%～3%），肉仔鸡、母鸡可高些（3%～5%）。

（二）脂肪的需要量

脂肪除作为能量来源外，还有其重要的不可替代的营养作用，如供给鸡必需脂肪酸，作为脂溶性维生素的溶剂等。

1. 必需脂肪酸

真脂肪是由各种脂肪酸与甘油结合而成。在众多种类的脂肪酸中，有3种脂肪酸，即亚油酸（十八碳二烯酸）、亚麻酸（十八碳三烯酸）和花生四烯酸（二十碳四烯酸）是鸡体本身不能合成的，必须从饲料中获得；但花生四烯酸可从亚油酸转变而来，故鸡的必须脂肪酸是亚油酸与亚麻酸。也有些试验证明亚麻酸不是鸡的必需脂肪酸，故有人认为鸡必需的脂肪酸只有亚油酸。当饲料中供应的必需脂肪酸的数量不能满足需要时，可产生缺乏症，表现为皮肤中出现角质鳞片，皮肤受损致使皮肤损失的水分增加，毛细血管脆弱，免疫力下降；生长发育受阻，繁殖性能下降；严重缺乏亚油酸可导致鸡死亡。产蛋鸡缺乏亚油酸时产蛋力降低，蛋重小，受精率稍有降低，种蛋孵化期间胚胎早期死亡率增高。为了获得最高的产蛋率、蛋的受精率与孵化率，饲料中亚油酸的含量应为饲料的1%～1.5%，而为获得最大蛋重的亚油酸的含量应为饲料的1.5%～2%。在亚油酸严重缺乏时，成年母鸡所产蛋的重量只有40g，而对照母鸡产的蛋重为60g。种蛋中亚油酸含量能影响雏禽的生长和生活力。种蛋含足够的亚油酸时，即使饲料中亚油酸缺乏，仔鸡也能正常生长到2～3周龄。幼禽饲料中亚油酸含量应为饲料的1.5%～2%。

2. 脂肪需要量

一般植物性饲料的脂肪中含丰富的亚油酸与亚麻酸，只要饲料中含有一定量的脂肪，即能供给所需数量的必需脂肪酸，特别是亚油酸。脂肪和必需脂肪酸需要量受很多饲料或鸡本身存在的内在因素与外在因素的影响。在以小麦、大麦和少量玉米组成饲料的条件下，制订出的鸡脂肪需要量为：肉用雏鸡8%，种用雏鸡3%，产蛋鸡（生产和种用）5%。饲料中含有上述含量的脂肪，一般可提供所需亚油酸，对脂溶性维生素的吸收也有良好作用。试验表明，鸡饲料中含0.07%脂肪时，胡萝卜素吸收率仅20%；饲料脂肪提高至4%时，其吸收率升高到60%。

3. 鸡饲料中添加脂肪

与碳水化合物和蛋白质相比，脂肪所含能量在鸡体内的利用率较高。当生长动物的饲料中含有较高的脂肪时，与喂以低脂饲料的动物相比，摄入能量的利用效率提高。在养鸡（特别是肉仔鸡生长快，代谢能需要量高，采食量受胃肠容量限制）生产中，为提高饲料的能量浓度与饲料利用率，常常在其中添加一定比例的油脂（植物油或猪油、牛脂与羊脂等，或油脂工业的下脚料）。加入脂肪可使肉仔鸡增重提高，产蛋鸡的产蛋率提高5%～10%，同时使单位产品的饲料消耗减少6%～12%；可提高年幼母鸡的蛋重，且有助于热应激条件下持续产蛋。按推荐的标准加入脂肪，即仔鸡饲料中加入5%～8%和产蛋鸡饲料中加入3%～5%的饲用脂肪，使脂肪提供的能量达到仔鸡饲料代谢能的20%～30%及产蛋鸡饲料代谢能的15%～20%时，能够获得最高的生产力和饲料利用率。苏联学者报道，在饲料中添加脂肪1% ~2%，肉鸡增重提高50 ~100g，饲料转化效率提高4% ~9%。美国学者哈里斯（Harris）等也报道，饲料中添加脂肪8%，肉鸡8周龄增重提高10%，饲料转化效率提高18%。

四、蛋白质需要

（一）蛋白质对鸡的生命活动和生产的作用

蛋白质是鸡需要量最大的营养素。它是含氮的物质，其在动物体内的独特作用是碳水化合物与脂肪不可替代的。蛋白质是构成鸡体细胞、组织、器官（羽毛、皮肤、肌肉、骨骼、神经、内脏等）的基本原料，是机体功能物质（酶、激素、核酸、抗体）的主要成分，鸡体正常生命活动、生长发育和修补、更新组织都需要蛋白质。蛋白质也是其产品（肉和蛋）的主要成分，供给鸡的蛋白质数量与质量影响鸡的产肉与产蛋性能。多余的、未能被鸡体利用的蛋白质可在体内脱氨并转变成尿酸随尿排出；其非氮部分可转化为脂肪，或氧化分解释放与供能。蛋白质是昂贵的营养素，而且其转化为可利用能的效率低于脂肪和碳水化合物，故以蛋白质供能是不经济的。同时，过量蛋白质的含氮部分必须在肝脏中转化为尿酸，通过肾脏排出。这个过程需消耗能量，且增加肝、肾的负担。

鸡饲料中蛋白质不足时，生长鸡生长受阻，食欲减退，羽毛长势和光泽不佳或换羽缓慢，免疫力下降，对疾病的抵抗力弱；母鸡性成熟延迟，产蛋率（量）不高，蛋重小，受精率与孵化率也低。饲料蛋白质、氨基酸的供应水平是影响蛋重的最重要因素之一。因为蛋的干物质大约50%是蛋白质，用于蛋白质合成的氨基酸供给对于鸡蛋生产至关重要。当一种或几种氨基酸供给不足时，会影响鸡蛋蛋白质的合成或使其不能合成。在轻微缺乏时，蛋白质合成量可能减少；严重缺乏时，鸡蛋蛋白质合成可能完全停止，将会降低蛋重或完全停止产蛋。

（二）氨基酸平衡与蛋白质营养

氨基酸是构成蛋白质的基本单位，组成动植物蛋白质的氨基酸有20种。这些氨基酸以不同数量、比例和排列顺序构成动物体与植物体的各种蛋白质。植物可合成所有的氨基酸，而动物不同。动物在有足够氮源与能量供应情况下，体内可合成一些种类的氨基酸，并能满足自身需要，不依赖从外界供应，称这些氨基酸为非必需氨基酸；有一些氨基酸是动物体内不能合成或合成速率不能满足需要的，必须依赖从外界获取，被称为必需氨基酸。对鸡而言，有13种必需氨基酸，即蛋氨酸、赖氨酸、色氨酸、精氨酸、组氨酸、亮氨酸、异亮氨酸、苏氨酸、缬氨酸、苯丙氨酸、甘氨酸、胱氨酸和酪氨酸。

用植物性的饲料喂鸡，常不能满足鸡对必需氨基酸的需要；动物性饲料的必需氨基酸含量较高、较平衡，能较好地满足鸡的需要。喂鸡的饲料中最常缺乏的必需氨基酸依次为蛋氨酸、赖氨酸和色氨酸，常称它们为第一、第二和第三限制性氨基酸；它们的不足会限制其他氨基酸和蛋白质的利用，降低其利用效率，导致较多的氮从粪便中排出，造成蛋白质饲料的浪费，也严重污染环境。根据大量研究结果，在氨基酸平衡较好的情况下，饲料蛋白质水平降低 2 ~ 3 个百分点对动物的生产性能无明显影响，且可减少随粪尿（以氨、尿素、尿酸或其他含氮物形式）排出的氮量。有试验表明，粗蛋白质每降低 1%，总氮的排出量约减少 8%。

（三）鸡的蛋白质与氨基酸需要量

生长鸡的需要量包括维持、增重和羽毛生长的需要。产蛋鸡与肉种鸡的蛋白质与氨基酸需要量还包括产蛋的需要。鸡体组织的蛋白质含量一般为 18%，羽毛含蛋白质 82% 左右，每千克体重的氮维持需要为 0.2 ~ 0.25g，体重越大，维持的蛋白质需要量越高。下面以轻型来航鸡产蛋期为例，计算其蛋白质的总需要量。

1. 维持需要

可将其产蛋期分为前后两个阶段，即 21 ~ 42 周龄和 42 周龄以后。在前阶段的体重平均按 1.5kg 计，每天排出氮 273mg，折合粗蛋白质 1.7g，产蛋鸡对饲料蛋白质的利用率以 55% 计，则每天维持需要摄入粗蛋白质 3.1g（0.273g × 6.25 ÷ 0.55）；同法计算出产蛋后期维持需要采食粗蛋白质 3.4g/天。

2. 产蛋需要

若产蛋前期 1 枚蛋的重量为 50g，后期为 60g，其中所含蛋白质分别为 6g 和 7.2g；饲料蛋白质沉积为鸡蛋蛋白质的效率约为 50%，则产蛋前后阶段每产一枚蛋需要蛋白质 12g 和 14.4g。

3. 增重需要

若 21 周龄时蛋鸡的体重为 1.35kg，体成熟时增长为 1.8kg，此期间每天增重为 4.3g，以 55% 的利用效率折算出每天增重的蛋白质需要为 1.4g（4.3g × 18% ÷ 0.55）；后期增重很少，每天需要 0.1g 蛋白质。

4. 蛋白质总需要量

将上述三项合计，即得出 1 只轻型蛋鸡每天的粗蛋白质总需要量。

产蛋前期蛋白质总需要量（g）= 3.1 + 12 + 1.4 = 16.5

产蛋后期蛋白质总需要量（g）= 3.4 + 14.4 + 0.1 = 17.9

也可以用相同的方法计算鸡的氨基酸需要量（表 1.2 - 7）。

表 1.2－7　产蛋鸡赖氨酸和蛋氨酸需要量的计算

项　目	蛋氨酸	赖氨酸
维持	31	128
组织生长	14	58
羽毛生长与更新	2	6
蛋中沉积（100%产蛋率）	229	483
合计	276	675
利用率	76	84
实际需要量	363	804

从上面的叙述可以看出，鸡对蛋白质、氨基酸（及其他营养素）的需要量是一个绝对量，以克、毫克（或微克）表示。但因实际生产中蛋鸡和肉鸡都是群体饲养，不可能给每只鸡配餐（日粮），而是根据群体的营养素平均需要量和平均采食量换算成各营养素在饲料中的浓度（% 或 g/kg 饲料、mg/kg 饲料、μg/kg饲料），并依此配成饲料饲喂鸡。所以，鸡饲养标准中是以饲料中浓度（%）形式分别列出了生长鸡与产蛋鸡对蛋白质和各种氨基酸的总需要量。

（四）蛋白－能量比

养鸡者可能经常听到这一名词，但对其含义理解不够，故在养鸡生产中没有对此给予足够的重视，也往往因此对生产带来负面影响。比如，在配产蛋鸡的饲料配方时，因为产蛋鸡形成蛋壳需要大量钙，石灰石粉或贝壳粉在饲料中必须占有较高的比例（8%左右），使能量饲料和蛋白质饲料所占的比例限制在 90% 左右。在这种情况下，常常会不能同时使饲料的代谢能和蛋白质都达到标准要求。这时，一些人宁愿代谢能低些，也要使蛋白质达标（或再高一些）。这样做可能适得其反。因为鸡体内蛋白质和氨基酸的利用（分解与合成）过程与能量的利用相伴随，各种氨基酸相互结合形成蛋白质以及过量蛋白质、氨基酸脱氨形成尿酸与排出的过程必须消耗能量。代谢能供给不足时必然影响蛋白质和氨基酸的利用，导致其利用率下降。正确的选择是使代谢能、蛋白质水平都低一些，但要保持两者间适宜的比例；或通过添加适量脂肪使代谢能与蛋白质水平都达到或接近标准。在鸡的饲养中通常计算蛋白－能量比，即每 1MJ 代谢能相对应的蛋白质的克数。例如，我国蛋用鸡饲养标准推荐 0～6 周龄生长鸡饲料中应含代谢能 11.92MJ/kg，粗蛋白质 18%，可按以下步骤计算其蛋白－能量比。

第一步：计算每 kg 饲料所含的蛋白质克数：

1 000g × 18% ＝180g。

第二步：计算饲料的蛋白－能量比：

180g ÷ 11.92MJ = 15.1g 蛋白质/MJ 代谢能。

有些鸡饲养标准已列出蛋白－能量比，可直接查阅。

常常也用百分数（%）表示氨基酸的需要量，但更合理的表示方法也是要考虑其与能量的关系。在我国鸡饲养标准中同时以这两种方式列出氨基酸的需要量（%和 g/MJ）。

五、矿物质需要

鸡体组织和蛋所含的矿物质元素有常量元素（钙、磷、钾、钠、硫、镁、氯）和微量元素（铁、铜、钴、锰、锌、钼、硒、碘等）。这些元素中，有的是构成鸡体组织的重要原料，如钙、磷；钠、钾、氯与磷酸盐和碳酸盐一起维持体内环境稳恒，如调节机体酸碱平衡与身体各部分的渗透关系；各种微量元素或作为一些激素或酶的组成部分，或作为一些酶的激活剂，而对鸡体的正常代谢起重要作用。所以，为维持鸡体健康、正常生理功能、生长发育、产肉和产蛋，必须给鸡供应各种矿物质元素。

（一）常量矿物质元素的需要

在必需的矿物质常量元素中，鸡需要量较大、常用饲料中不能满足、需经常添加的为钙、磷、钠。

1. 钙与磷

（1）钙。是构成鸡体骨骼及硬组织的重要成分。鸡体所含钙总量的90%以上存在于骨骼中，脱钙于骨中钙约占1/3，主要由磷酸钙组成；约10%的钙含在软组织中，对维持肌肉与神经的兴奋性、正常凝血过程等起重要作用。

生长鸡骨骼生长迅速，需要从饲料中获得较多的钙，否则会影响骨的生长和钙沉积，引起缺钙佝偻病；表现长骨（腿、脊柱）弯曲，关节增大，食欲不振，生长迟缓。成年产蛋鸡骨骼生长虽已完成，但为维持骨质仍需要从饲料中获得钙的供应；若不能获得足够的钙，则骨中钙被动员释出，以满足其他功能的需要，因而使骨脱钙，导致骨软症，骨质变软或疏松（缺钙时，骨灰分和钙含量约降到正常鸡的1/2）。骨质疏松的高产母鸡易发生骨折；笼养产蛋鸡（特别是高产鸡）疲劳症是骨质疏松的一种类型，特征是不仅从髓骨（母鸡开产前在长骨中形成的贮存钙的部分）也从密质骨（结构骨）抽出磷酸钙，骨变得很薄，易断裂；超急性型可能无明显症状而突然死亡，急性型表现瘫痪、不能站立、产蛋停止。

产蛋鸡钙的需要量是非产蛋鸡的4～5倍。鸡蛋内容物中含一定量钙，蛋壳的成分主要是碳酸钙，一枚蛋约含钙2.28g，每产一枚蛋约需供给4g钙。虽然产

蛋母鸡髓骨中贮存的钙可供给形成蛋壳，但其贮量仅够形成6枚蛋；而母鸡从蛋中损失的钙量非常可观，整个产蛋季节排出的总钙量可达500g，大概是母鸡开始产蛋时贮备量的20倍。因此，必须经常从饲料中供给产蛋鸡足够的钙。当饲料中缺钙时，母鸡产蛋率与蛋的孵化率降低，产出沙皮蛋、薄壳蛋、软壳蛋，破蛋率显著升高。据报道，保证良好产蛋率的最低饲料钙浓度为2.25%，也有报道认为饲料钙含量在2.8%以上才能满足最高的产蛋率，3%以上方能获得优质蛋壳（饲料中钙吸收率为50%～60%）。一般认为，产蛋鸡每日食入钙不应超过4.5g，饲料适宜含钙量为3.5%～4%（不应超过4%）。将钙需要量的1/3～1/2以颗粒状钙（石灰石粒或贝壳砾）供给，可使母鸡全天24小时内获得钙的良好供应，有利于提高蛋壳质量。

饲料中钙量过高也是不利的。1～3周龄雏鸡消化道对饲料钙水平极为敏感，高钙水平使肠道pH值升高到6.5，甚至更高。这时锰形成不溶解的复合物而不能被吸收，锌也同植酸结合成雏鸡不能利用的络合物，磷的吸收也受阻。21日龄后，幼雏已能忍受高钙水平，但仍不应采用高钙，因高钙会抵制控制钙反馈机制的腺体或器官（主要是甲状旁腺）的发育。将幼雏期饲料钙控制在仅能满足需要的水平（0.8%～1%）会使这些腺体和器官正常发育，以便幼雏鸡长成产蛋鸡进入产蛋阶段需要从骨中动员钙贮备形成蛋壳时，机体能受其控制。

给育成鸡喂高钙饲料可导致肾脏病变、内脏痛风、输卵管结石、生长受阻、性成熟推迟、死亡率提高，其不良后果一直持续到产蛋期间。有的试验证明，给育成期小母鸡喂过量的钙可引起“潜伏性”的肾脏损伤，到母鸡成熟后可发展为尿石症。所以，不应给14周龄前的小母鸡喂蛋鸡饲料。蛋鸡饲料中钙水平过高会减轻蛋重（饲料钙每增加1%，蛋重减轻0.4g）。饲料中钙、磷浓度高可显著降低锰吸收率而使家禽发生胫骨短粗症（滑腱症）。还曾见报道，因钙供应过高造成产蛋母鸡大量脱肛。

（2）磷。是鸡体中含量仅次于钙的矿物质元素。磷也是构成鸡骨骼的主要原料，鸡体磷总量的80%左右存在于骨中，其他磷含于软组织中，是构成软组织中某些物质和体液中缓冲体系的成分，并对机体代谢产生重要的作用。因而，鸡饲料中必须含有一定数量的磷。

缺磷或相对于钙水平的磷过低，通常使饲料转化率降低，食欲明显下降或拒食，增重减慢；严重缺磷时出现异食癖，可引起生长鸡胫骨发育不良或缺磷佝偻症（症状与缺钙佝偻症相似）。饲料中磷严重缺乏或磷的可利用性极差时，很快导致鸡食欲丧失，衰弱，在10～12天内死亡；产蛋鸡表现产蛋量下降，蛋重变小，孵化率降低，骨质疏松。开产前饲料必须含足量的磷，减少有效磷就会增加因钙过多造成的肾损伤。

鸡常用饲料原料中，禾谷类籽实、饼粕、小麦麸、米糠等含磷量高，但这些饲料中的磷主要以植酸磷形式存在，家禽对这种形式的磷利用能力差。因此，在鸡饲料中，必须供应一定数量的无机磷。家禽磷需要量或供给量可以用总磷和有效磷表示。总磷包括植物性饲料中非植酸磷和无机磷组成；以有效磷形式表示，能更合理地满足鸡对磷的需要。已查明每只产蛋鸡每日需要有效磷400mg，饲料中总磷与有效磷含量一般相应为0.5%～0.6%和0.4%。

饲料中磷过高也有不良影响。过多的磷会影响钙吸收（由于磷酸钙盐的形成与排出），容易出现肋骨软化、骨折、跛行和腹泻。肋骨软化会影响正常呼吸，严重时导致窒息而死；母鸡饲料中含过多的磷会导致蛋壳品质下降。一些研究表明，饲料中含有效磷0.3%～0.35%和钙3.5%时，钙在产蛋量和蛋壳强度方面能产生最佳效果。

（3）钙磷比。与钙相比，磷的需要量较低。饲料中钙、磷的含量应适宜，而且二者间须保持最佳的比例。因钙过多影响磷吸收，磷过高又反过来影响钙的吸收。生长鸡饲料中钙与总磷的比例范围在（1.1～2.2）：1，一般为（1.4～1.5）：1，产蛋鸡饲料的钙与总磷比例应在（5～6）：1。形成蛋壳需要的磷比钙低得多，故产蛋鸡在一般饲养条件下很少发生缺磷现象。一个鸡蛋壳中含磷仅20mg，蛋黄中含磷为130～140mg，一枚蛋总含磷量约为160mg；一只年产蛋300枚的母鸡，蛋中磷的沉积量约41g。

钙、磷供应失衡也是引起肉仔鸡腿疾的重要原因。赫兰（Hulan，1986）的试验表明，肉鸡育雏和肥育饲料中钙与有效磷比值分别在1.75～2.22和2.5～3.03时腿异常发生率最低。

2. 钠、钾、氯

钠组成血浆和细胞间液阳离子的90%以上，氯是体液中主要的阴离子，钾是细胞内主要的阳离子。3种元素在维持机体渗透压方面起重要作用，是构成机体缓冲体系最重要的元素，也是电解质平衡中作用最强的元素，对维持机体内酸碱平衡起关键作用。钠和氯的盐与蛋白质、脂肪、碳水化合物及水代谢关系密切；钾离子也参与碳水化合物与蛋白质代谢，且为正常心脏活动所必须。氯是鸡腺胃中盐酸的组成成分，可提供胃蛋白酶活性最适宜的pH值，并有杀菌作用。

（1）钠的缺乏与过量。饲料中钠不足，可降低鸡的食欲、采食量、能量与蛋白质利用率；影响雏鸡生长发育，使成鸡体重下降和生殖功能减退，表现产蛋

率降低，蛋重减轻。持续地严重缺钠可最终使产蛋停止，并易形成啄癖。缺钠还可能使骨骼变软，角膜角质化，肾上腺肥大，细胞功能变化等。植物性饲料中含钠量低，通常用食盐补钠。食盐系氯化钠（NaCl），故补加食盐同时补充了钠和氯。

家禽对食盐过多甚为敏感，雏鸡饲料中食盐达2%便可能死亡，成鸡饲料中含食盐4%可中毒致死。中毒症状为强烈口渴，饮水量增多，粪便变稀，姿态不稳，或伴有神经症状，产蛋母鸡产蛋量突然下降，黏膜趋向紫色（发绀），呼吸困难，24～48h内死亡。也有资料认为，鸡或其他动物饲料中钠中等过量，通常不致引起伤害，鸡可通过增加饮水量排出过多的盐。若饮水中含盐则危害较大。成年鸡饮水中含盐0.5%以上，即可引起中毒；幼雏饮水含盐0.9%时，在5天之内死亡率达到100%。

（2）钾的缺乏。植物性饲料中含钾量丰富，故一般不发生缺钾的情况。但在严重应激条件下易发生低钾血症，其主要症状为全部肌肉弱软。表现为四肢无力、肠管膨胀、心脏及与呼吸有关的肌肉软弱，以至发生功能障碍。当适应应激条件后，肌肉中血流量增加，开始恢复其损失的钾。

（3）氯的缺乏。植物性饲料中一般不缺氯，故未见鸡缺氯的报道。用人工合成的低氯纯养分饲料喂鸡，雏鸡生长速度很差，死亡率高，血液浓缩，脱水，并有特殊的神经症状（对突然的尖噪声或惊吓表现类似痉挛的神经反应）。过多的钠和钾会增加氯缺乏引起的死亡率与神经症状。

（4）钠、钾、氯的需要量。鸡饲料钠需要量范围为0.1%～0.2%。在肉用仔鸡幼雏期，需要0.13%钠和0.13%氯；在7周龄后，0.07%的钠和0.07%的氯，能满足最佳饲料效果的需要。鸡对钾的需要量为0.28%～0.4%，家禽饲料的钾需要量被定为0.4%。

3. 镁

镁也是细胞内环境的主要阳离子。镁作为许多酶系统的特殊活化剂或辅助因子，参与机体多种物质的代谢。肉用仔鸡和蛋鸡饲料中镁的需要量为500mg/kg。

新孵出的雏鸡若采食无镁饲料只能存活几天；如喂以低镁饲料，则生长缓慢，昏睡，心跳，气喘。产蛋鸡饲料中缺镁，其产蛋量迅速下降，蛋重、蛋壳重及蛋黄与蛋壳中的镁含量均降低。

镁过多，可能产生下泻。9～20周龄幼母鸡饲料中含镁1%时，生长轻微受阻；饲料中镁水平提高到1.83%，使生长显著减慢。产蛋母鸡饲料含镁1.2%时产蛋稍有下降，含镁1.96%时则严重影响产蛋；饲喂过量镁使蛋壳变薄。采食含镁0.7%以上饲料的母鸡，排出非常稀的粪便。高剂量镁还增加腿病发生率。白云石是高镁石灰石，应避免用其作为产蛋鸡饲料的钙源。

4. 硫

硫在体内以多种有机和无机物形式存在，并对机体组织形成与代谢起重要作用。

鸡的硫需要量主要靠含硫氨基酸、部分杂环化合物（生物素和硫胺素）来满足，故在饲料含充足的蛋白质与含硫氨基酸（蛋氨酸和胱氨酸）时不致缺硫。向缺乏蛋氨酸的饲料添加蛋氨酸，在中等和高能量饲料都对小母鸡和产蛋母鸡的增重产生有利的作用。

产蛋母鸡似乎能从肠吸收的无机硫合成少量胱氨酸（但不能合成蛋氨酸），但在产蛋家禽的蛋白质营养中无重要性。可以在肉仔鸡饲料中加入无机硫，以部分满足其胱氨酸需要。此外，人们认为，硫酸盐是一种非决定性生长因素，在肉仔鸡体内发生的解毒过程中具有重要功能。

蛋氨酸明显过量产生低血糖和减少雏鸡肝的三磷酸腺苷（ATP）含量。硫或硫酸盐氧化物形式的无机硫过量，对雏鸡有不良影响（抑制，生长，导致佝偻病或胃肠炎）。

5. 电解质平衡

鸡体的生命活动必须在体内酸碱平衡的状况下，才能正常进行。食入的饲草料中有生碱的因素（如生碱无机元素钙、钠、钾、镁）和生酸的因素（如饲料有机物质在体内产生的乳酸、乙酸等，生酸的无机元素氯、磷、硫），二者间的平衡决定机体环境的酸碱平衡。在这些因素中，起主要作用的是无机的生碱的元素与生酸的元素，故常常将电解质平衡理解为碱性元素（阳离子）与酸性元素（阴离子）的平衡关系。其中，钾、钠、钙、氯被称作“强离子”，认为它们对酸碱平衡执行着最强的离子效应。有时，也仅计算钾、钠、氯（Na+k-Cl）之间的平衡。由此启发我们，在确定常量矿物质元素的供应量时，不仅要考虑鸡对每一种元素的需要量，还需要顾及它们之间的平衡。电解质不平衡会影响畜禽健康、降低生产力，常引发一些疾病。产蛋鸡饲料中磷或氯水平过高使蛋壳品质下降，蛋壳变薄，破蛋率增高；若磷、氯均高，则使蛋壳品质严重下降。在肉鸡饲料中添加高水平的磷、氯、硫使阴离子水平高于阳离子水平时，胫骨软骨发育不良（TD）的发病率就会上升。

（二）微量矿物质元素的需要

已发现对鸡有营养作用的微量元素有铁、铜、钴、锰、锌、碘、硒、硅、铬

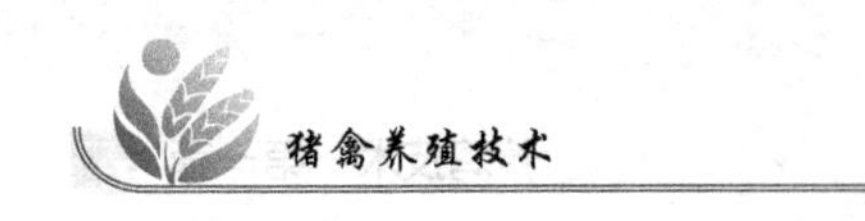

等。目前，蛋鸡与肉鸡饲粮中添加的微量元素有铁、铜、锰、锌、碘、硒。

1. 铁

铁是动物体内许多重要化合物（血红蛋白、肌红蛋白、细胞色素等）的组成成分。鸡缺铁出现贫血，继发高血脂，血中甘油三酯浓度明显升高。推荐的鸡饲料铁需要量在50～80mg/kg。常规饲料中含铁60～80mg/kg。天然饲料中铁含量能满足生长鸡和产蛋鸡的需要，生产中铁缺乏的情况很少发生。

饲料铁过量时，磷和铜的利用率降低，维生素A在肝中沉积下降，采食量和增重都减少，可能引发磷、铜和维生素A的缺乏症。铁过量导致腹泻、腹痛、死亡，生产性能下降。产蛋鸡饲料中铁过多，所产蛋在煮熟时蛋黄呈暗绿色。

2. 铜

铜是血浆铜蓝蛋白（一种亚铁氧化酶）的组成成分，血浆铜蓝蛋白催化亚铁（Fe^{2+}）变成高铁（Fe^{3+}），合成血红蛋白，故铜缺乏导致红细胞或血红蛋白减少而贫血。饲料中适量铜可促进母鸡促黄体素、雌激素和孕酮的分泌，从而提高其性能。母鸡食用低铜饲料（0.7～0.9mg/kg）时产蛋率下降，种蛋的孵化率降低。雏鸡采食缺铜饲料2～4周内出现跛行，骨脆易折。有研究表明，鸡缺铜可产生动脉瘤和各种骨骼畸形。铜还影响禽羽毛色素的沉着和羽毛品质。

鸡对铜的最低需要量不超过3～5mg/kg饲料。一般家禽混合饲料含铜量为10～20mg/kg，故大多数情况下无必要添加铜；实际生产中也很少有铜缺乏的报道。但饲料中钙、钼、铁、硫含量过高或有强氧化剂存在时，影响铜的吸收利用，虽饲料中铜含量达到需要量，也可能发生铜缺乏症。

高剂量铜可防饲料霉变和消化道杀菌，但也引起消化道正常菌群失衡，造成腹泻和B族维生素缺乏。高铜导致家禽精神抑郁，羽毛蓬乱，肌胃、腺胃糜烂，呕吐，腹泻，肠道弥漫性炎症、便血，厌食，黏膜黄疸，生产性能下降，甚至死亡。还可引起锌、铁缺乏。

3. 锰

锰是鸡体许多酶的激活剂，并以此参与体内代谢与重要的生化功能。锰缺乏导致家禽生长受抑制，饲料利用率下降，被毛粗乱，死亡率升高。生长家禽缺锰的典型症状是滑腱症（胫骨短粗症），表现胫跖关节畸形和肿大，胫骨远端和跗跖骨末端弯曲，腿骨短粗，腓肠肌腱从骨髁中滑脱，严重时不能站立、走动，直至死亡。雏鸡缺锰还产生与维生素B_1缺乏类似的“观星”姿势。产蛋鸡缺乏锰时，产蛋量下降，薄壳和无壳蛋增加。采食缺锰饲料公鸡睾丸发育受阻，精子数减少；种蛋孵化率下降，鸡胚胎产生营养性软骨营养障碍症。饲料高钙高磷可加剧锰缺乏。

家禽对缺锰十分敏感，其锰的最低需要量为50～60mg/kg饲料。常用家禽饲料原料的含锰量不能满足需要，故鸡饲料中需添加锰。

4. 锌

已发现动物体内近300种酶的活性与锌有关，有80多种酶含锌。家禽缺乏症表现为食欲不振，采食量下降；生长鸡生长迟缓，腿骨短粗、跗关节肿大，皮炎，羽毛生长发育不良，羽枝脱落，有时表现啄羽、啄肛癖；胸腺、脾脏、法氏囊等器官萎缩，免疫力与抗病力下降。产蛋母鸡卵巢、输卵管发育不良，产蛋量和蛋壳品质下降，孵化率降低；公鸡睾丸发育不良。

鸡对锌的最低需要量为40mg/kg饲料；锌需要量也随饲料钙的提高而增加。一般饲料原料中含锌较低（25～30mg/kg），不能满足需要，必须添加（用氧化锌、硫酸锌等）。

5. 硒

硒为畜禽维持生长和生育力所必需。硒缺乏引起的渗出性素质病常危害3～6周龄的小鸡，因毛细血管破裂，体液渗出并积于皮下，病鸡精神委顿、腿弱、消瘦、虚脱而死。缺硒还使生殖功能紊乱，母禽产蛋量、种蛋受精率和孵化率降低，孵出的幼雏生活力弱。缺硒还导致胸腺、脾脏和法氏囊等器官的淋巴细胞减少，使免疫功能下降。

家禽缺乏硒1～2周后就可出现缺乏症。硒缺乏症发生的临界饲料水平为0.05mg/kg。各种动物的最低需要量很接近，即含硒0.1mg/kg饲料。

硒过量可引起中毒。硒需要量与中毒量间的差距较窄，中毒剂量一般为最低需要量的10～20倍，故添加硒需谨慎。家禽的硒中毒表现为精神委顿，神经功能紊乱，消瘦，生长与生产性能下降，皮肤粗糙、羽毛脱落，长骨关节腐烂以致跛行。心脏萎缩，肝硬化和贫血，种蛋孵化率降低，胚胎畸形等。

6. 碘

碘是甲状腺激素的主要组成成分，动物体内70%～80%的碘存在于甲状腺中。

甲状腺激素对家禽生长发育及繁殖等起调节作用。缺碘导致甲状腺分泌受限制，使禽的基础代谢率下降，对低温的适应能力降低；可使母鸡停产，种蛋孵化率减低，延长孵化时间及卵黄囊吸收迟滞；鸡体沉积脂肪加强；同时引起长的、花边状的畸形羽毛的生长；严重时甲状腺细胞代偿性增生肿大。

家禽的碘需要量为0.3～0.7mg/kg饲料。饲料本身不能满足其碘的需要，必须添加。可在蛋鸡和肉鸡饲料中添加含碘的混合矿物质，通常是碘化物、碘酸盐。

碘过多的情况亦有发生。摄入高剂量碘可致高碘甲状腺肿。生长鸡能耐受饲料碘水平在较宽范围的变化。碘在体内存留时间很长，至少约需 20 周才能将产蛋母鸡体内的碘耗尽。摄入碘量过大（600mg/kg 饲粮）时，产蛋量、蛋重和孵化率降低。

六、维生素需要

蛋鸡和肉鸡的生命活动、生长发育及产品生产需要十多种维生素，一般将它们分作两类，即脂溶性维生素和水溶性维生素。维生素是结构各异的一类有机物质，在饲料中的含量很少，但对机体的代谢起着极其重要的调节作用。

（一）脂溶性维生素

1. 维生素 A 与胡萝卜素

动物体内含有维生素 A，植物体内不含维生素 A，而含有胡萝卜素。在动物体内一些酶的作用下，可将胡萝卜素转变为维生素 A，故将胡萝卜称作维生素 A 元或维生素 A 的前体。

维生素 A 不足或缺乏影响鸡视觉，可引起黏膜上皮角质化，形成夜盲症或全盲。维生素 A 缺乏导致公、母鸡尿道及生殖道上皮病变而影响繁殖，成年母鸡的产蛋率与孵化率下降，蛋中血斑出现率显著增加。维生素 A 缺乏还可导致鸡的法氏囊萎缩、过早消失等，使免疫力下降。β－胡萝卜素也与机体的免疫力有关。

2. 维生素 D

动物组织中存在维生素 D 的前体——7－脱氢胆固醇，植物中的维生素 D 前体是麦角固醇。这两种前体经紫外线照射分别转变成维生素 D_3 和 D_2。维生素 D_3 的效价高于维生素 D_2（D_3 防止家禽佝偻病的效力是 D_2 的 30 倍）。

维生素 D 的主要功能是与甲状旁腺等协同，调节体内钙、磷平衡。其活性代谢物（1,25-（OH）$_2D_3$）促进肠吸收钙或从骨中动员钙，加强肾小管重吸收钙，使血清钙与磷水平提高，支持骨生长、钙化与蛋壳钙沉积，也直接影响骨代谢，促进骨基质形成。缺乏维生素 D 的主要症状与钙、磷缺乏类似，幼禽患佝偻病，成年禽为骨软症。母鸡缺乏维生素 D 可降低产蛋量和孵化率，蛋壳变得薄而脆。

人与动物皮肤分泌物中的 7－脱氢胆固醇，只需每天暴露于阳光下几分钟，即可大量转变成维生素 D_3，被皮肤吸收。在工厂密闭饲养条件下，家禽不接触阳光，不能完成这种转化，应在饮料中适当补加维生素 D 制剂。

3. 维生素 E

此种维生素的重要功能之一是抗氧化作用，可保护细胞膜，尤其是亚细胞膜的完整性。维生素E的另一功能是在核酸与蛋白质代谢及在线粒体代谢中起作用，参与细胞DNA合成的调节。维生素E也涉及磷酸化反应、维生素C和泛酸的合成及含硫氨基酸与维生素B_{12}的代谢，还与机体的抗病力与免疫力有关。

家禽缺乏维生素E的症状有许多与缺硒相似，如繁殖功能紊乱、胚胎退化、红细胞溶血、血浆蛋白减少、肾退化、渗出性素质病、脂肪组织褪色、肌肉营养不良及免疫力、抗应激能力下降等。缺乏维生素E的特有症状是小脑软化。

维生素E在饲料中分布很广泛，青绿牧草是其丰富的来源，蛋白质饲料中一般缺乏维生素E。规模化饲养的蛋鸡和肉鸡，极少喂青饲料，故需在其饲料中添加维生素E；若饲料中添加脂肪（特别是含大量不饱和脂肪酸的植物油），需提高维生素E的添加量。

4. 维生素K

维生素K主要参与凝血过程，其缺乏使凝血时间延长。缺乏症主要见于家禽。产蛋鸡缺乏维生素K时所产蛋孵出的小鸡含维生素K也少，凝血时间延长，即使轻度创伤或挫伤，都有可能导致出血、死亡。

青绿多汁饲料是维生素K_1的丰富来源，大豆和鱼粉一般含量也较丰富，禾本科籽实及块茎贫乏。肠道微生物也能合成维生素K_2，但在大肠下段几乎不被吸收，鸡肠道短，食糜排出快，微生物合成强度差，故对缺乏维生素K最为敏感，需在饲料中添加。

（二）水溶性维生素

这类维生素包括B族维生素和维生素C。

1. B族维生素

其中有众多成员，如硫胺素（B_1）、核黄素（B_2）、泛酸、叶酸、维生素B_{12}、生物素、烟酸、维生素B_6（包括吡哆醇、吡哆胺、吡哆醛）、胆碱等。它们对蛋用鸡、肉鸡及其他禽类均有重要的功能，其中许多种是机体代谢过程中重要酶的组成或辅酶，参与能量、碳水化合物、蛋白质和脂肪的代谢过程。

B族维生素供应不足时，常可见鸡出现缺乏症。各种B族维生素缺乏时的症状各有其特点，但也有些症状是类似的。硫胺素、核黄素、维生素B_6等与畜禽食欲和正常消化有关，缺乏时食欲减退，或表现呕吐、腹泻；导致幼禽生长缓慢，消瘦，羽毛蓬松，产蛋母鸡体重与产蛋率下降等。核黄素、烟酸、泛酸、生物素等与皮肤健康有关，缺乏时患皮炎，羽被粗糙，皮肤表面呈鳞片状或有渗出物或痂皮。鸡缺乏泛酸和生物素时，均在眼周、喙角、脚趾间出现皮炎，表现有裂纹、出血，足部和喙角结痂，但爪底裂口发炎是缺乏泛酸特有的症状。维生素

B_6、维生素 B_{12}、叶酸等与正常造血功能有关，缺乏时可患不同类型的贫血症。如饲料中维生素 B_6 低于 1mg/kg 时，雏鸡表现小细胞低血色素（其红细胞比正常红细胞小，且血红素含量低）贫血症；维生素 B_{12} 促进红细胞的发育和成熟，缺乏时，会出现小细胞性贫血。缺乏烟酸、维生素 B_{12}、叶酸、胆碱时都可能出现“滑腱症（胫骨短粗症）”。种鸡饲料中缺乏某些 B 族维生素，会影响种蛋受精率和孵化率。

某些 B 族维生素缺乏时，可能呈现出一些典型症状。如硫胺素缺乏时患多发性神经炎，其典型症状为头颈向背后极度弯曲，表现“观星”姿势，倒地不起；也可能颈向一侧扭转，一侧的腿不能正常弯曲，步态失常，或一侧的翅下垂等。雏鸡缺乏核黄素表现跗关节着地、爪向内弯曲，称作“卷爪麻痹症”。

B 族维生素过量通常会较快地从体内排出，不至引起中毒。但文献中曾指出，产蛋鸡饲料中添加过量的核黄素时，所产蛋的蛋清颜色不好。只有降低核黄素添加量至推荐水平才能克服。

动物肠道中微生物能合成各种 B 族维生素；但鸡的肠道短，食糜排出快，且合成是在肠道最后的部位进行，不利于吸收，故家禽主要依赖从饲料中获得 B 族维生素的供应（特别是笼养条件下鸡不能接触粪便）。家禽常用饲料原料中，各种 B 族维生素的含量及满足鸡需要量的程度不等。正常情况下家禽实用饲料含足够的硫胺素，无需加入高硫胺素的饲料补充物。绿色的叶（尤其是苜蓿）富含核黄素，鱼粉和饼粕类次之；玉米豆粕型饲料易产生核黄素缺乏症。烟酸广泛存在于饲料中，但谷物中的烟酸利用率低。维生素 B_6、泛酸、叶酸、生物素广泛分布于各种饲料中，生产中不发生这些维生素明显的缺乏症。维生素 B_{12} 只存在于动物产品和微生物中，植物性饲料不含维生素 B_{12}，故鸡饲料中需添加。

2. 维生素 C

也称抗坏血酸。维生素 C 具有可逆的氧化性和还原性，故参与机体内多种生化反应。

饲料中高浓度维生素 C 可以增强禽骨骼和蛋壳的钙化。一般情况下，禽体内能合成足够的维生素 C，故不需向饲料中添加。但在高温、寒冷、运输等逆境和应激情况下，以及饲料能量、蛋白质、维生素 E、硒、铁等不足时，家禽对维生素 C 的需要量大大增加，应予添加。雏禽合成维生素 C 的能力弱，其遇到的应激也特别多，诸如运输、环境温度不适宜、免疫接种、疾病等，故有必要补充维生素 C（可用人工合成的抗坏血酸）。

七、水的需要

水是最重要的营养素，一切与生命有关的反应均以水为介质进行。因水的获

得较其他营养素容易、廉价，往往不能引起饲养者的足够重视。

（一）水的生理功能

水是机体重要的组成成分，构成胶体蛋白质的一部分，直接参与活细胞和组织的结构。水具有很高的电离常数，很多化合物容易在水中电解。在消化道中，水为转运半固体食糜的中间媒介。血液和淋巴液中的水，对营养物质的吸收、转运，代谢物、酶、内分泌激素和机体排泄物等的输送与排出起重要作用。水参与许多生化反应，如水解、水合、氧化还原、有机化合物的合成和细胞呼吸过程等。水的比热、导热性和蒸发热都高，故在调节体内热平衡，维持体温正常方面作用重大。关节腔中的液体可滑润关节，减少摩擦。水作为体腔内器官间衬垫及中枢神经系统中以脑脊髓液为衬垫，有重要作用。

（二）脱水与缺水的后果

与其他营养素相比，水是动物体需要量最大而必需的养分。动物耐受缺水的能力显著低于对营养物质缺乏的耐受力。禁食时，畜禽几乎可以消耗全部体脂肪或半数体蛋白质，或失重 40%，仍可维持生命；但脱水达 20% 时可致死亡。蛋鸡断水 24 小时，产蛋率下降 30%，补水后仍需 25 ~ 30 天才能恢复生产水平。适量限制饮水的最显著影响是降低采食量和生产能力，尿与粪中水分的排出量也明显下降。当温度应激（特别是高温）时，限制饮水还会引起脉搏加快、肛温升高，呼吸速率加快，血液浓度明显增高等。

（三）鸡体水的平衡

1. 水的来源

水的来源有饮水、饲料水和代谢水。饮水是主要来源，鸡采食过程中边采食边饮水，而后是间隙性饮水，饮水时间占光照时间的 4% ~ 5%；天气炎热时，饮水次数和饮水量增多。饲料本身均含一定量的水，其数量与饲料种类密切相关。规模化饲养条件下鸡采食配合饲料，其含水量为 10% 左右，从饲料中获得的水量不多，故对饮水的需求量增大。代谢水是动物体内有机物质氧化分解或合成过程产生的水，可满足鸡对水需要的一部分。每 100g 碳水化合物、脂肪和蛋白质氧化，相应形成 60mL、108mL 和 42mL 代谢水。但氧化脂肪时呼吸加强，水分损失增多，鸡实际由其获得的水分反而低于碳水化合物。

2. 体内水的排泄

鸡体水分排泄的途径有肾、消化道、皮肤及肺。禽类蛋白质代谢的终产物是尿酸，排出时呈半固体，只含少量水分，故以尿形式排出的水量较少。由粪中也排出一部分水，其量可能随饲料性质而有变化。家禽由呼吸途径失去的水大于皮肤途径失去的水；由肺排出的水分量取决于呼吸速率与深度，高温时相对深而快的呼吸使排出的水分增多。母鸡（无汗腺）经肺蒸发的水分占总排出水量的17%～35%。母鸡通过产蛋也损失一部分水分，每产1g蛋失水0.7mL。

（四）鸡的饮水量与饮水质量要求

1. 鸡的饮水量与其影响因素

影响家禽需水量的因素较多，如品种、周龄、生产力、气温、饲料特性等。气温在21℃以上每升高1℃，饮水量增加7%。当气温从10℃以下上升至30℃以上时，产蛋母鸡饮水量几乎增加2倍。幼禽每单位体重的需水量比成禽高1倍以上。产蛋家禽不产蛋时每只每日约需水150g，产蛋率达50%时需水量达到200g。水温也影响饮水量。家禽饮用水的最佳水温为10～12℃。蛋鸡需水量与耗料量之比一般为2∶1。采食高能饲料比采食低能饲料对水的需要量低；食用高纤维饲料所需饮水量大。家禽胃的持水能力很有限，必须持续不断地饮水，故应充分地供给其新鲜饮水。

2. 家禽饮水质量的要求

通常以水中总可溶盐分的浓度作为评定水质的主要指标，可溶解盐分在3 000mg/L以下的水可允许用于家禽（表1.2－8）；但水中盐分超过1 000mg/L时适口性较差。水中盐分含量不超过150mg/L是理想的饮水。水中镁含量大于200mg/L影响食欲和导致腹泻，不可作为饮用水。饮水中氯含量应低于0.1mg/L。同时，应避免重金属（铅、汞、砷等）、有机农药、氰化物、病原微生物、寄生虫及有机腐败产物等污染。

表1.2－8　畜禽对水中不同浓度盐分的反应（NRC，1974）

可溶性总盐分（mg/L）	评价	反　应
<1 000	安全	适于各种动物
1 000～2 999	满意	不适应的猪可出现轻度腹泻
3 000～4 999	满意	可能暂时拒绝饮水或短时腹泻，上限不适宜家禽
5 000～6 999	可接受	不适于家禽和种猪
7 000～10 000	不适	成年反刍动物可适应
>10 000	危险	任何情况均不适应

八、各种营养物质间的平衡

（一）各种营养物质间的平衡

饲料中各种营养物质在鸡体内的吸收与代谢并非孤立进行，彼此间存在相互促进（协同）或相互制约（拮抗）的复杂关系，在前文中已述及了一部分。

如蛋白质利用与能量间的关系；电解质的平衡；缺乏硒与维生素 E 时许多症状相似，因为二者共同执行着保护细胞膜，防止细胞膜脂质过氧化的重要作用；钙、磷共同构成骨组织，但二者中任何一种过量都会影响另一种的吸收与利用，钙、磷过量还影响锰、锌等微量元素的吸收；铜在少量时可促进铁的利用，有利于血红蛋白的形成，但过量铜对铁及其他微量元素吸收不利。

有些方面在前文中尚未谈及，如饲料中赖氨酸过多会影响精氨酸的吸收，并加强从肾中排出精氨酸，提高精氨酸的需要量；维生素 A 过多会影响维生素 E 的吸收，并增加维生素 E 的消耗，加速肝中的维生素 E 排出等。

所以，在考虑鸡的营养供给或制定饲料配方时，必须注意这些平衡关系。蛋白－能量比和钙磷比是畜禽营养中最重要的两个关系。

但是，要把蛋鸡与肉鸡养得很好，还需要处理好其他营养物质之间的关系。在制定饲养标准时，根据当时的研究结果，尽可能使各种关系趋近合理。而人们对事物的认识是逐步深化的，随着科学技术水平的不断提高，会发现新的问题，并将各种营养物质间的关系调整得更加完善。

（二）能量与各种营养物质需要量比例的季节变化

从能量与蛋白质需要部分已看出，在确定蛋鸡与肉鸡的营养物质需要量时，是通过试验测出每只鸡每天的绝对需要量（kJ、g、mg、μg 等）。

但在生产实践中，不可能分别给每只鸡提供其所需能量及各种营养素量。

因此，鸡饲养标准以营养浓度表示需要量。这是根据鸡群的平均饲料采食量，将代谢能与各种营养素的绝对需要量转换为其在饲料中的相对量、即浓度。

如蛋白质需要部分测算出一只体重 1.5kg，平均日增重 4.3g，日产蛋 50g 的母鸡，每日蛋白质总需要量为 16.5g；若其日采食饲料量为 110g，则可算出饲料蛋白质浓度应为 15%（$16.5 \div 110 \times 100\%$）。

同法可算出饲料中各种营养素的浓度，如饲料的代谢能浓度（MJ/kg）、粗蛋白质（%）、各种氨基酸（%）、钙磷等矿物质元素（%，mg/kg）、各种维生素（单位：g/kg、mg/kg、IU/kg）的浓度。以此为依据可配成大量的混合饲料。

实际饲养中，按每只鸡的平均采食量供给鸡群该饲料（采食量＋抛撒量），即可满足鸡群中绝大多数鸡对代谢能及各种营养物质的需要量。

但是，鸡对代谢能的需要量随气候而变。夏季气温高，鸡的维持能量需要降低，会减少采食量；相反，冬季天气寒冷，鸡散热增多，采食量提高。

这种因气候引起的采食量变化，会使鸡摄食的其他营养素的数量改变。夏季采食量下降时，各种营养物质的摄入量也下降，不能满足需要；冬季采食量提高，摄入的各种营养物质的数量增多，可能超过需要量。

因为气候变化引起的营养不平衡，会影响鸡育成期的生长发育，使产蛋期蛋鸡与肉种鸡的产蛋率下降。

因此，应随采食量的季节变化，适当调整饲料代谢能与各种营养物质的比例。

从表 1.2-9 可看出，夏季饲料的蛋白质与代谢能的比值应高于冬季。在饲料中的氨基酸、矿物质、维生素的营养浓度方面，也存在同样的变化规律。

表 1.2-9　不同季节和不同产蛋率蛋鸡对饲料蛋白质、能量水平的需要

产蛋率（%）	夏季			冬季		
	蛋白质（%）	代谢能（MJ/kg）	蛋能比	蛋白质（%）	代谢能（MJ/kg）	蛋能比
>80	18	11.506	15.6	17	12.887	13.2
70~80	17	11.276	15.1	16	12.657	12.6
<70	16	11.046	14.5	15	12.426	12.1

第四节　常用饲料原料

饲料原料是配制配合饲料的基本原材料。原料质量的优劣直接关系到配合饲料质量的高低，原料价格的高低也直接影响到配合饲料的价格。

一、能量饲料

能量饲料指饲料绝干物质中粗纤维含量低于18%、粗蛋白低于20%的饲料。可以分为谷实类和油脂类。

(一) 谷实类

1. 玉米

玉米是高能饲料，是我国主要的能量饲料，号称“饲料之王”，玉米的鸡用代谢能达每千克14.06MJ。

玉米含无氮浸出物高达72%，其中，主要是容易消化的淀粉，而粗纤维仅为2%。粗脂肪含量高，一般为3.5%~4.5%，是小麦或大麦的2倍。玉米含亚油酸较高，它是必需脂肪酸，如果玉米在配合饲料中达50%以上，就可满足动物对亚油酸的需要。

玉米的缺点是蛋白质含量低，氨基酸组成不平衡。玉米蛋白质含量仅8.5%左右，赖氨酸、蛋氨酸和色氨酸含量不足，以玉米为主的配合饲料，必须搭配饼粕和动物性蛋白料，有的还要添加赖氨酸和蛋氨酸。由于玉米含维生素 B_2 和泛酸少，也应补充。

一般地区的玉米水分指标定为14%。玉米易感染黄曲霉毒素，购进时要注意监测。玉米在鸡配合饲料中的用量为60%左右。

2. 小麦

小麦的代谢能水平约为每千克12.97MJ，粗脂肪含量少，仅为1.8%。小麦的钙、镁含量高，磷多为植酸磷，利用率低。小麦含蛋白质13.9%，蛋白质中的多数必需氨基酸含量也较高，但苏氨酸及赖氨酸含量偏低。维生素E及B族维生素较多，维生素A、维生素D、维生素K含量很少。

在小麦籽实中含的非淀粉多糖组分是阿拉伯糖基木聚糖，它在消化道内能部分溶解而形成高度黏性溶液，妨碍营养物质的消化吸收，因而引起鸡拉黏粪。试验表明，在以小麦为基础的日粮里添加木聚糖酶，可使日粮消化率明显得到改善；如果同时添加其他酶系，效果更好，尤其在胰液分泌不足的雏鸡饲料中，添加适量的木糖酶及其他酶类非常有效。

小麦在配合饲料中的用量可达15%～35%，用量超过15%则必须添加专用酶制剂。

3. 糙米

稻谷脱壳为糙米，糙米的代谢能约为每千克14MJ，与玉米相当。糙米的蛋白质含量和氨基酸组成与玉米等谷物相当，糙米含脂肪约2%，糙米中矿物质含量少，所含磷约70%为植酸磷，利用率稍低。B族维生素含量较高，但β-胡萝卜极少。

糙米在鸡配合饲料中的用量可占30%左右。

4. 次粉

次粉由小麦的种皮、果皮、糊粉层、胚以及部分胚乳组成。它的胚乳含量低于标准粉而高于麸皮，种皮，果皮及糊粉层含量低于麸皮而高于标准粉。粗蛋白质含量在12.5%～17%，代谢能值13.77MJ/kg左右。在制作颗粒饲料的时候多数要添加次粉，这样有助于提高颗粒的黏结性。

其他类型的能量饲料还有大麦、高粱、黍米、马铃薯粉等，这些原料产量少，价格高，很少使用。

（二）油脂类

油脂的能量浓度很高，且容易被动物利用，如脂肪所含能量高达每千克

35.3MJ，以单位重量计算，油脂所含能量为纯淀粉的3倍，也是谷物的3倍，如果油脂价格低于玉米的3倍，即可考虑在饲料中使用。除上述优点外，油脂还有以下优点：①减轻热应激，提高粗纤维的饲用价值。②改善饲料风味，提高适口性。③减少粉尘，改善制粒效果，减少混合机、制粒机的磨损等。

使用油脂时，一定要注意油脂的纯度和稳定性。水分、不溶物以及不皂化物都属杂质。优质动物性油脂的杂质应少于2%，杂质越多，能量水平越低。水分过多是引起酸败的原因之一，甘油三酯水解，导致游离脂肪酸大量增加。油脂中的水分使抗氧化剂效果降低。不溶物多，油脂不纯，不能作为饲料用。不皂化物动物不能利用。作饲料用的油脂，必须添加抗氧化剂。因为油脂，特别是动物性脂肪很容易氧化、酸败（苦化），油脂氧化后，营养物质会被破坏。

目前，在饲料中使用的油脂包括牛油、家禽油、猪油、鱼油等动物性油脂和大豆油、菜籽油、棕榈油等植物性油脂和其粗制品，也还有使用混合油脂的。

二、蛋白质饲料

干物质中粗蛋白含量在20%以上、粗纤维含量低于18%的一类饲料称为蛋白质饲料。在养鸡生产中蛋白质饲料可分为植物性蛋白质饲料、动物性蛋白质饲料、单细胞蛋白质饲料三大类。

（一）植物性蛋白质饲料

1. 大豆

大豆蛋白质含量为35%～40%，除蛋氨酸外，其余必需氨基酸的组成和比例与动物蛋白相似，而且富含谷类蛋白质缺乏的赖氨酸。

大豆中脂肪含量为15%～20%，其中，不饱和脂肪酸占85%，亚油酸高达50%，且消化率高，还含有较多磷脂。大豆中糖类含量为25%～30%，有一半是膳食纤维，其中棉籽糖和水苏糖在肠道细菌作用下发酵产生气体，可引起腹胀。

大豆含有丰富的磷、铁、钙，明显多于谷类。由于大豆中植酸含量较高，可能会影响铁和锌等矿物元素的生物利用。

大豆中维生素 B_1、维生素 B_2 和烟酸等B族维生素含量也比谷类多数倍，并含有一定数量的胡萝卜素和丰富的维生素E。

全脂膨化大豆作为高能高蛋白饲料资源越来越多地应用于畜禽饲料中，在饲料生产中使用全脂膨化大豆来降低成本、提高效益，具有十分重要的意义。

2. 豆粕

豆粕是大豆提取豆油后得到的一种副产品。按照提取的方法不同，可以分为一浸豆粕和二浸豆粕两种。其中以浸提法提取豆油后的副产品为一浸豆粕，而先以压榨取油，再经过浸提取油后所得的副产品称为二浸豆粕。一浸豆粕是国内目前现货市场上流通的主要品种。

实验表明，在不需额外加入动物性蛋白的情况下，仅豆粕中所含有的氨基酸就足以平衡家禽的营养，从而促进营养的吸收。在家禽饲养中，豆粕得到了最大限度的利用。

豆粕一般呈不规则碎片状，颜色为浅黄色至浅褐色，具有炒大豆香味。豆粕的主要成分为：蛋白质40%～48%，赖氨酸2.5%～3.0%，色氨酸0.6%～0.7%，蛋氨酸0.5%～0.7%，粗纤维≤5.0%，粗灰分≤6.0%。

在整个加工过程中温度过高不仅使蛋白质变性，而且使糖类与赖氨酸的氨基结合，生成不可利用的聚合物，影响豆饼的营养价值，从而直接关系到豆粕的质量和使用；温度过低会增加豆粕的水分含量，而且不能破坏大豆饼中所含的抗胰蛋白酶因子、尿素酶、血球凝集素、皂素等多种抗营养因子或有毒因子，鸡食入后蛋白质利用率降低，生长减慢，产蛋量下降。

目前，一些大豆加工企业在加工前先对大豆进行脱皮处理，用去皮大豆生产出的去皮豆粕其营养价值更高。

3. 花生饼粕

营养价值仅次于豆饼，适口性优于豆饼，含蛋白质38%左右，有的饼粕含蛋白质高达44%～47%，含精氨酸、组氨酸较多。配料时可以和鱼粉、豆饼一起使用，或添加赖氨酸和蛋氨酸。花生饼易感染黄曲霉毒素，使鸡中毒。因此，贮藏时切忌发霉，一般用量可占日粮的10%左右。

花生饼呈小瓦片状或圆扁块状，色泽新鲜一致，呈黄褐色，无发酵、霉变、虫蛀及异味异臭。我国饲料原料规定花生饼粕的水分含量不得超过12%，并应控制黄曲霉含量。我国饲料卫生标准规定，花生饼粕的黄曲霉毒素B的含量≤0.05mg/kg，肉仔鸡、生长鸡配合饲料中黄曲霉毒素≤0.01mg/kg，产蛋鸡配合饲料中的含量≤0.02mg/kg。

4. 菜籽饼粕

蛋白质含量34%左右，粗纤维含量约11%。含有一定芥子苷（含硫苷）毒素，具辛辣味，适口性较差。菜籽饼用量过多，鸡会由于甲状腺肿大停止生长，所产的蛋有时带有鱼腥味或其他异味，这是由于蛋黄中含有过量的三甲胺引起的。日粮中的用量不超过5%。

菜籽粕蛋白质的氨基酸组成中缺乏赖氨酸，但含蛋氨酸和胱氨酸较高，与大豆饼粕及棉籽饼粕合用，可以补充大豆饼粕中蛋氨酸不足的弱点，使氨基酸趋于平衡。菜籽饼含钙磷也丰富，且硒的含量是植物性饲料中最高的一种饲料。

菜籽粕的外观为褐色、黄褐色或金黄色小碎片，或呈粗粉状，有时夹杂小颗粒，色泽均匀一致，无虫蛀、霉变、结块及异味、异臭。

在鸡的配合饲料中使用菜籽粕，应根据有毒有害物质含量，限制其用量。如摄入有害物质过多，则可能造成鸡甲状腺肿大，甲状腺及肾脏上皮细胞脱落，肝脏出血等现象，表现为生长抑制，破蛋、软蛋增加，死亡率上升等症状。一般幼雏应避免使用菜籽粕，肉鸡用量在5%以下，青年鸡、产蛋鸡不超过10%，种鸡为5%左右。

5. 棉仁饼粕

棉仁饼粕蛋白质含量丰富，可达32% ~42%。氨基酸含量较高，必需氨基酸含量很不平衡，尤其赖氨酸含量低，棉仁粕中赖氨酸含量仅为1.56%，而精氨酸则为4.4%。微量元素含量丰富、全面，含代谢能较低。粗纤维含量较高，约10%，高者达18%。

棉仁饼粕含游离棉酚和棉酚色素，棉酚含量取决于棉籽的品种和加工方法。一般来说，预压浸提法生产的棉仁饼粕棉酚含量较低，赖氨酸的消化率较高。幼鸡对棉酚的耐受力较成年差。棉酚中毒有蓄积性，棉酚可使鸡蛋呈橄榄色，鸡蛋蛋白变成粉红色。

棉仁饼粕用量应控制在5%以内，超过5%以上时，按含游离棉酚0.06 ~0.08%计算，每100kg棉仁饼粕加入0.3 ~0.4kg硫酸亚铁（1份游离棉酚加5份硫酸亚铁），搅拌均匀后，按日粮中搭配比例取用棉仁饼粕。棉酚可与消化道和鸡体的铁形成复合物，导致缺铁，添加0.5% ~1%硫酸亚铁可结合部分棉酚而去毒，并可提高棉仁饼的营养价值。棉仁饼一般不宜单独使用，喂量过多不仅影响蛋品质，而且还降低种蛋受精率和孵化率，种鸡尽量不用。

6. 芝麻粕

芝麻粕是芝麻榨油后的副产物，其蛋氨酸是所有饼粕中含量最高的，比豆粕、棉粕高2倍，粗蛋白含量高达40%，粗纤维8%，矿物质含量丰富。但因种壳中含草酸和植酸，影响矿物质的利用，一般不能作为蛋白质的唯一来源，可与豆饼、鱼粉配合使用，使氨基酸得以平衡。

7. DDGS饲料

DDGS饲料是酒糟蛋白饲料的商品名，即含有可溶固形物的干酒糟。在以玉米为原料发酵制取乙醇过程中，其中的淀粉被转化成乙醇和二氧化碳，其他营养成分如蛋白质、脂肪、纤维等均留在酒糟中。同时由于微生物作用，酒糟中蛋白质、B族维生素及氨基酸含量均比玉米有所增加，并含有发酵中生成的未知促生长因子。

DDGS饲料的蛋白质含量在26%以上，是必需脂肪酸、亚油酸的优秀来源，与其他饲料配合，成为种鸡和产蛋鸡的饲料。DDGS饲料缺乏赖氨酸。

（二）动物性蛋白质饲料

动物性蛋白质饲料要比植物性蛋白质饲料的用量小得多。动物性蛋白质饲料主要是用以补充某些必需氨基酸的不足。另外，动物性蛋白质饲料可提供丰富的矿物质营养，并提供各种B族维生素。由于价格昂贵的原因，多用于肉仔鸡，使用量为3%~6%。

1. 鱼粉

鱼粉的粗蛋白含量很高，进口鱼粉都在60%以上，高者甚至达72%，国产鱼粉稍低，一般为45%~55%。鱼粉中的蛋白质品质好，生物学价值高，它不含纤维素与木质素等难消化的物质，富含各种必需氨基酸，以赖氨酸、蛋氨酸含量最高，精氨酸含量少，适宜与其他饲料配合。

鱼粉的钙、磷含量丰富，碘、硒、锌也较多，还含有维生素B_{12}和其他一些B族维生素、维生素A、维生素E等。

鱼粉是良好的蛋白质来源，具有改善饲料效率和提高增重的效果。质量好的鱼粉要求呈黄棕色、黄褐色，膨松、纤维状组织明显，无结块、无霉变，有鱼香味，无焦灼味和油脂酸败味。

使用鱼粉时应注意如下问题：一是掺杂假问题，由于鱼粉价格较贵，向鱼粉中掺杂各种异物的现象严重，掺杂物种类极其繁多，有尿素、糠麸、饼粕、血粉、羽毛渣、锯末、花生壳、沙砾等；二是食盐含量问题，鱼粉中的食盐含量不能过多，我国鱼粉生产缺乏鲜鱼脱水的保存设施，常用食盐盐渍办法保存，致使食盐含量过高；三是污染变质问题，由于鱼粉是高营养饲料，是微生物繁殖的好场所，故在高温高湿条件下，极易发霉、腐败，使用时应加强卫生监测，严格控制鱼粉中的细菌、霉菌及有害微生物的含量；四是氧化酸败问题，脂肪含量多的鱼粉以及鱼粉贮存不当时，其所含的不饱和脂肪酸极易氧化生成醛、酸、酮等物质，鱼粉变质发臭，适口性和品质显著降低。

2. 肉骨粉

肉骨粉的原料是以肉联厂猪肉、牛肉的下脚料、肉屑、肉皮、肉渣，经过蒸汽灭菌加工，再与加工好的牛骨粉按一定比例放在预混罐中进行整体的高温灭菌，之后再放入2次灭菌罐进行彻底的杀菌。肉骨粉因所取原材料不同，其理化指标也不相同，肉骨粉一般蛋白质含量为50% ~55%、磷4%、钙8%、粗脂肪6% ~12%、粗纤维2.5% ~3.5%、蛋氨酸0.6% ~0.8%、赖氨酸1.5% ~2.6%。蛋白质中含有较多的赖氨酸。肉骨粉中含钙、磷不仅数量多，而且比例适宜。B族维生素，特别是烟酸和维生素B_{12}的含量也较高。

3. 血粉

将家畜或家禽的血液凝成块后经高温蒸煮，压除汁液，晾晒、烘干后粉碎而成。为干燥粉粒状物，呈暗红色或褐色，要求无腐败变质气味，不含沙石等杂质。血粉仅含少量无机盐，但其蛋白质含量在80%左右，是粗蛋白质含量最高的蛋白质饲料之一。将凝血块经高温、压榨、干燥制成的血粉溶解性差，消化率低；直接将血液置于真空蒸馏器中干燥所制成的血粉则溶解性好，消化率较高。

血粉含赖氨酸较多，但缺乏亮氨酸。血粉适口性较差，一般用量应控制在5%以内，过多时还可能引起腹泻。动物血经微生物发酵后，游离氨基酸总量比未经发酵的血粉增加14.9倍，而且还增加了蛋氨酸、色氨酸等必需氨基酸；另外，发酵血粉不再具有血腥味，而且具有浓厚的曲香味，适口性较好。

适量使用一些血粉能够改善褐壳蛋鸡的蛋壳颜色。

4. 羽毛粉

羽毛粉是由各种家禽屠宰后的羽毛以及不适于做羽绒制品的原料制成。粗蛋白质含量达80%以上，有时可达到97%。水分含量大多不超过10%。其氨基酸组成特点是甘氨酸、丝氨酸含量很高，分别达到6.3%和9.3%。异亮氨酸含量也很高，可达5.3%，适于与异亮氨酸含量不足的原料（如血粉）配伍。但是羽毛粉的赖氨酸和蛋氨酸含量不足。羽毛粉的另一特点是胱氨酸含量高，尽管水解时遭到破坏，但仍含有4%左右，是所有饲料含量最高者。未经水解处理的羽毛粉消化率仅为30%左右，高压水解处理后消化率则显著提高，可达80% ~90%，而且易于保存。

5. 蚕蛹粉

蚕蛹粉含粗蛋白质55%以上，消化率在85%以上，赖氨酸含量也高，是优质的蛋白质饲料。此外，蚕蛹粉的钙、磷含量也较高。蚕蛹粉通常含脂肪较多，故能量较高。不过，正因为含脂肪多，故不易贮存，且用量过大时还会影响胴体的脂肪风味。要求使用的蚕蛹粉无发酵、霉变、虫蛀及异味异臭。

(三) 单细胞蛋白质饲料

单细胞蛋白质饲料主要是饲料酵母，为淡黄色或褐色。饲料酵母粗蛋白质含量较高，液态发酵分离干制的纯酵母粉粗蛋白质含量达40% ~60%，而固态发酵制得的酵母混合物，由于培养底物的不同而有较大差别，粗蛋白质也为30%～45%。粗蛋白质中含有部分核酸，核酸可提取出用作化学调味料，因此有些酵母属于脱核酸酵母。

饲料酵母的蛋白质生物学价值介于植物性蛋白质和动物性蛋白质之间。其氨基酸组成特点是赖氨酸、色氨酸、苏氨酸、异亮氨酸等几种重要的必需氨基酸含量较高，精氨酸含量相对较低，适合与饼粕类料配伍。但含硫氨酸如蛋氨酸、胱氨酸含量低，蛋氨酸为其主要的限制性氨基酸，使用时应注意添加DL－蛋氨酸。因饲料酵母含有未知生长因子，用于肉仔鸡饲料中，有明显的促生长效果，但需补充蛋氨酸。

三、矿物质饲料

矿物质饲料是补充家禽矿物质需要的饲料，包括人工合成的、天然单一的和多种混合的矿物质饲料，以及配合有载体或赋形剂的痕量、微量、常量元素补充料。

（一）钙源性矿物质饲料

1. 石粉

由石灰石、白垩石、白云石等粉碎后制成，均为天然碳酸钙。纯度在90%以上，含钙36%～39%，是补充钙的最廉价、最方便的矿物质原料。天然石粉中，只要铅、汞、砷、氟的含量不超过安全系数，都可用作饲料。石粉过量，会降低饲粮有机养分的消化率，还对青年鸡的肾脏有害，使泌尿系统尿酸盐过多沉积而发生炎症，易形成结石。蛋鸡料中石粉过多，蛋壳上会附着一层薄薄的细粒，影响蛋的合格率。

2. 贝壳粉

贝壳粉是各种贝类外壳（蚌壳、牡蛎壳、蛤蜊壳、螺蛳壳等）经加工粉碎而成的粉状或粒状产品，多呈灰白色、灰色、灰褐色。主要成分也为碳酸钙，含钙量不低于33%。品质好的贝壳粉杂质少、含钙高，呈白色粉状或片状，用于蛋鸡或种鸡的饲料中，蛋壳的强度较高，破蛋、软蛋少，尤其片状贝壳粉效果更佳。

贝壳粉内常掺杂沙石和泥土等杂质，使用时应注意检查。另外，若贝肉未除尽，加之贮存不当，堆积日久易出现发霉、腐臭等情况，这会使其饲料价值显著降低。

3. 蛋壳粉

禽蛋加工厂或孵化厂废弃的蛋壳，经干燥灭菌、粉碎后即得到蛋壳粉。无论

蛋品加工后的蛋壳或孵化出雏后的蛋壳，都残留有壳膜和一些蛋白，因此，除了含有34%左右的钙外，还含有3%的蛋白质及0.09%的磷。蛋壳粉是理想的钙源饲料，利用率高，用于蛋鸡、种鸡饲料中，与贝壳粉同样具有增加蛋壳硬度的效果。应注意蛋壳干燥的温度应超过82℃，以消除传染病源。

(二) 磷源性矿物质饲料

1. 磷酸钙盐

磷酸钙盐包括磷酸一钙、磷酸二钙和磷酸三钙等。磷酸一钙又称磷酸二氢钙，纯品为白色结晶粉末，多为一水盐［$Ca(H_2PO_4)_2 \cdot H_2O$］，含磷22%左右，含钙15%左右；磷酸二钙也叫磷酸氢钙，为白色或灰白色的粉末或粒状产品，又分为无水盐（$CaHPO_4$）和二水盐（$CaHPO_4 \cdot 2H_2O$）两种，后者的钙磷利用率较高，含磷18%以上，含钙21%以上；磷酸三钙又称磷酸钙，纯品为白色无臭粉末，饲料用常由磷酸废液制造，为灰色或褐色，并有臭味，分为一水盐［$Ca_3(PO_4)_2 \cdot H_2O$］和无水盐［$Ca_3(PO_4)_2$］2种，以后者居多，含钙29%以上，含磷15%以上。通常磷酸一钙利用率比磷酸二钙或磷酸三钙好。此外，使用磷酸钙盐应注意脱氟处理，磷酸一钙、磷酸二钙和磷酸三钙氟量分别不得超过0.20%、0.18%和0.12%。

2. 骨粉

骨粉是以家畜骨骼为原料加工而成的。骨粉一般为黄褐乃至灰白色的粉末，有肉骨蒸煮过的味道。骨粉的含氟量较低，只要杀菌消毒彻底，便可安全使用。但由于加工方法不同而成分变化大，来源不稳定，而且常有异臭。优质骨粉含磷量可以达到12%以上，钙磷比例为2∶1左右，符合动物机体的需要，同时还富含多种微量元素。一般在鸡饲料中添加量为1%～3%，但劣质骨粉易腐败变质，常携带大量病菌，用于饲料易引发疾病传播。

(三) 其他矿物质饲料

1. 食盐

鸡饲料中的钠和氯通常是以食盐（氯化钠，NaCl）的形式同时补充。精制食盐含氯化钠99%以上，粗盐含氯化钠为95%。纯净的食盐含氯60.7%，含钠39.3%，此外尚有少量的钙、镁、硫等杂质。食用盐为白色细粒，工业用盐为粗粒结晶。一般食盐在家禽风干饲料中用量以0.25%～0.50%为宜。

2. 碳酸氢钠

碳酸氢钠俗称“小苏打”，溶于水时呈现弱碱性。在特定条件下用作鸡的饲料添加剂，可有效提高鸡对饲料的消化率、利用率、能量转化率，加速对营养物质的吸收和利用以及有害物质的排泄，对提高鸡体的抗应激能力和促进生长、增加产蛋量、提高蛋壳质量等有显著效果。

四、维生素添加剂

维生素是维持动物正常生理机能和生命活动必不可少的一类低分子有机化合物。维生素主要以辅酶或催化剂的形式参与体内的代谢活动，从而保证机体组织器官的细胞结构和功能正常，以维持动物的健康和各种生产活动。

（一）维生素添加剂使用注意事项

1. 关注添加的种类及用量

应根据鸡的不同生理状况和生产性能，确定添加种类及适当用量，如对雏鸡、成年种鸡、白羽肉鸡要补喂雏鸡、成年种鸡或肉仔鸡专用的维生素添加剂，育成鸡则只需添加禽用维生素添加剂即可。用量必须适当，如过量不仅造成浪费，还能造成危害。如维生素 A 过量添加可发生中毒，表现食欲缺乏、皮肤发痒、关节肿痛、体重下降和骨质增生。维生素 D 过量，可引起血钙增高、骨质疏松。当维生素 E 超过需要量的 15 ~ 20 倍时，则出现拉稀、口腔炎，造成内分泌失调和生殖功能障碍。

2. 妥善贮存

维生素添加剂，随着时间延长，其效价均会逐渐降低，特别是保管不当，如阳光直射、温度过高或湿度过大等都会使效能降低。如维生素 A 在 35℃ 环境下贮存 1 年，其效价损失约 40%。故对维生素添加剂的贮存，要求密封、避光、防湿，温度最好在 20℃ 以下，不要大批购入，以免存放时间过长，影响其质量。

3. 注意维生素与微量元素及酸碱之间的相互作用

维生素 A 在酸性环境下易分解，多数维生素与矿物质元素可以互相作用而失效。因此，不要把它们放在一起配制成预混料，应单独存放，用时现用现配。

4. 注意有效含量，按要求添加

使用时一定要注意产品的实际有效含量，按说明添加；要逐级切实混合均匀，防止因不均匀而造成采食过多或不足，引起中毒或影响使用效果。

5. 灵活掌握用量

根据饲料情况和鸡只所处的环境条件，灵活掌握用量。当气候寒冷、炎热、运输、转群、免疫接种等时则要适当增补各种维生素。

（二）维生素 A 添加剂

维生素 A 是一类具有相似结构和生物活性的高度不饱和脂肪醇。维生素 A 的添加剂形式主要是维生素 A 乙酸酯和维生素 A 棕榈酸酯。经预处理的维生素 A

酯，在正常贮存条件下，在维生素预混料中每月损失0.5%～1%；在维生素矿物质预混料中每月损失2%～5%；在全价配合饲料中，温度为23.9～37.8℃时，每月损失5%～10%。

维生素A添加剂的营养功能：①维持正常的视觉。②保护上皮组织（皮肤和黏膜）的健全与完整。③促进性激素的形成，提高繁殖力。④促进畜体生长，增进健康，调节机体代谢，增加免疫球蛋白的产生，提高抗病力。⑤维护骨骼正常生长和修补。⑥维持神经细胞的正常功能。⑦增强免疫细胞膜的稳定性，增加免疫球蛋白的产生，提高动物机体免疫能力。

（三）维生素D添加剂

自然界中维生素D以多种形式存在。在动物皮下的7－脱氢胆固醇，经紫外光照射后转化为维生素D_3，在酵母或植物细胞中的麦角固醇，经紫外光照射后转化为维生素D_2。家禽对维生素D_2的利用率仅是维生素D_3的2.7%左右，因而对于家禽来说，只能用维生素D_3。

维生素D添加剂的营养功能：维生素D缺乏影响体内的钙磷代谢，导致骨骼发育异常，使幼禽患佝偻症，成年家禽产软蛋，蛋壳变薄，甚至停产。日粮中钙和磷的含量不足或比例不当时，维生素D的需要量增加。但是，无论补充多少维生素D也不能补偿钙和磷的严重缺乏。维生素D摄入量过多时，会引起中毒症状，表现为早期骨骼的钙化加速，后期则增大钙和磷自骨骼中的溶出量，使血钙、血磷的水平提高，骨骼变得疏松，容易变形，甚至畸形和断裂；致使血管、尿道和肾脏等多种组织钙化。

（四）维生素E添加剂

已知的维生素E至少有8种，其中4种（α、β、γ、δ）较为重要，而以α－生育酚分布最广，效价最高，最具代表性。饲料工业中应用的维生素E商品形式有2种，一种是dL－α－生育酚乙酸酯油剂，另一种为维生素E粉剂。如市售添加剂的维生素E含量为50%。

维生素E添加剂的营养功能：①作为一种细胞内抗氧化剂。②刺激垂体前叶，促进分泌性激素，调节性腺的发育和提高生殖功能。③促进促甲状腺激素和促肾上腺皮质激素的产生。④调节糖类和肌酸的代谢，提高糖和蛋白质的利用率。⑤促进辅酶Q和免疫蛋白质的生成，提高抗病能力。⑥在细胞代谢中发挥解毒作用。⑦维生素E以辅酶形式在体内递氢系统中作为氢的供体。⑧维护骨骼肌和心肌的正常功能，防止肝坏死和肌肉退化。

（五）维生素K添加剂

维生素K添加剂有两类：一类是从绿色植物中提取的维生素K_1和来自微生

物的代谢产物维生素 K_2；另一类是人工合成的，包括亚硫酸钠甲萘醌和甲萘醌，统称为维生素 K_3，以及乙酰甲萘醌——维生素 K_4。最重要的是维生素 K_1、维生素 K_2 和维生素 K_3。添加剂中常用维生素 K_3，专指甲萘醌或由亚硫酸氢钠和甲萘醌反应而生成的亚硫酸氢钠甲萘醌（MSB）。

营养功能：①维生素 K 是一种与血液凝固有关系的维生素，具有促进凝血酶原合成的作用，从而加速凝血，维持正常的凝血时间。②具有利尿、增强肝脏的解毒功能，并有降低血压的作用。

（六）维生素 B_1 添加剂

饲料维生素 B_1 添加剂有两种：盐酸硫胺素和硝酸硫胺素。折算成硫胺素的系数分别是 0.892 和 0.811。营养功能：①作为糖类代谢过程中 α－酮酸氧化脱羧酶系的辅酶。②参与丙酮酸、α－酮戊二酸的脱羧反应。③维持胆碱酯酶的正常活性，使乙酰胆碱的分解保持适当的速度，从而对胃肠道的蠕动起保护作用，促进动物对营养物质的消化和吸收。④添加维生素 B_1 添加剂可预防多发性神经炎、共济运动失调、抽搐、麻痹、头向后仰、生长受阻、采食量下降、腹泻、胃及肠壁出血、水肿和繁殖性能下降等维生素 B_1 缺乏症。

（七）维生素 B_2 添加剂

维生素 B_2 是一种含有核糖和异咯嗪的黄色物质，故又称核黄素。在生物体内，维生素 B_2 以黄素单核苷酸和黄素腺嘌呤二核苷酸的形式存在。主要商品形式为核黄素及其酯类。维生素 B_2 添加剂常用的是含核黄素 96%、55%、50% 等的制剂。营养功能：①维生素 B_2 是动物体内各种黄酶辅基的组成成分，参与糖类、蛋白质、核酸和脂肪的代谢，在生物氧化过程中起传递氢原子的作用；②具有提高蛋白质在体内的沉积，促进畜禽正常生长发育的作用。③具有保护皮肤、毛囊黏膜及皮脂腺的功能。日粮中补充维生素 B_2 可防治鸡的蜷爪麻痹症、口角眼睑皮炎以及维生素 B_2 缺乏引起的生长受阻等症状。

（八）泛酸

泛酸因在自然界分布十分广泛，又称遍多酸或维生素 B_3。泛酸在体内参与脂肪酸的合成与降解、柠檬酸循环、胆碱乙酰化和抗体合成。

鸡缺乏泛酸时出现皮炎，喙角和肛门有局限性痂块，脚底长茧，裂缝出血和结痂，眼睑肿胀。鸡对泛酸的需要量较大，尤其是雏鸡，故需适量添加。动物采食过量的泛酸会出现中毒现象，中毒剂量是需要剂量的数百倍。泛酸广泛分布于动植物体中，苜蓿干草、花生饼、糖蜜、酵母、米糠和小麦麸含量丰富；谷物的种子及其副产物和其他饲料中含量也较多。

（九）烟酸

烟酸是吡啶的衍生物，它很容易转变成烟酰胺。烟酸和烟酰胺都是白色、无味的针状结晶，溶于水，耐热。烟酸主要通过烟酰胺腺嘌呤二核苷酸（NAD）和烟酰胺腺嘌呤二核苷酸磷酸（NADP）参与糖类、脂类和蛋白质的代谢，尤其在体内供能代谢的反应中起重要作用。NAD 和 NADP 也参与视紫红质的合成。

鸡缺乏烟酸的典型症状：黑舌症，舌暗红发炎，舌尖白色；口腔及食管前端发炎，黏膜呈深红色；脚和皮肤有鳞状皮炎，关节肿大，腿骨弯曲（滑腱症），趾底发炎。烟酸广泛分布于饲料中，但谷物的烟酸利用率低。动物性产品、酒糟、发酵液以及油饼类含量丰富。谷物类的副产物、绿色的叶子，特别是青草中的含量较多。

（十）维生素 B_6

维生素 B_6 包括吡哆醇、吡哆醛和吡哆胺 3 种吡啶衍生物。对热、酸和碱稳定；遇光，尤其是在中性和碱性溶液中易被破坏。强氧化剂很容易使吡哆醛变成无生物学活性的 4 - 吡哆酸。合成的吡哆醇是白色结晶，易溶于水。维生素 B_6 的功能主要与蛋白质代谢的酶系统相联系，也参与糖类和脂肪的代谢，涉及体内 50 多种酶。

鸡缺乏时表现为异常的兴奋、癫狂、无目的运动和倒退并伴有吱吱叫声，听觉紊乱、运动失调。维生素 B_6 广泛分布于饲料中，酵母、肝脏、肌肉、乳清、谷物及其副产物和蔬菜都是维生素 B_6 的丰富来源。杂交鸡对维生素 B_6 的需要较纯种鸡多。

（十一）生物素

合成的生物素是白色针状结晶，在常规条件下很稳定，酸败的脂肪和胆碱能使它失去活性，紫外线照射可使之缓慢破坏。在动物体内生物素以辅酶的形式广泛参与糖类、脂肪和蛋白质的代谢。

鸡缺乏生物素的典型症状：滑健症，脚、胫、趾、嘴和眼周围皮肤炎症、角化、开裂出血、生成硬性结痂，类似于泛酸的缺乏症。但生物素引起的皮炎是从脚开始，而泛酸缺乏的损伤首先表现在嘴角和眼睑上，严重时才损害到脚。雏鸡还会发生胫骨短粗、共济失调和特有的骨骼畸形。种鸡缺乏生物素会造成种蛋受精率和孵化率降低，尤其是孵化中后期的胚胎死亡较多。动物性饲料中，如鱼、奶、肝脏、肾脏、蛋、肉等含量丰富。动物性来源的利用率较植物性高。

（十二）叶酸

叶酸也叫蝶酰谷氨酸。它是橙黄色的结晶粉末，无臭无味。叶酸本身不具有活性，需在体内进行与氢还原反应生成5,6,7,8－四氢叶酸，才具生理活性。

四氢叶酸的主要功能：使丝氨酸和甘氨酸相互转化、苯丙氨酸形成酪氨酸、丝氨酸形成谷氨酸、高半胱氨酸形成蛋氨酸、乙醇胺合成胆碱；与维生素B_{12}和维生素C共同参与红细胞和血红蛋白的合成；并在DNA和RNA形成的过程中参与嘌呤环的合成；保护肝脏并具解毒作用。

鸡缺乏叶酸时羽毛生长不良，退色，幼鸡胫骨短粗。产蛋率与孵化率下降，胚胎死亡率显著增加，羽毛脱色，生长迟缓。叶酸广泛分布于动植物产品中。绿色的叶片和肉质器官、谷物、大豆以及其他豆类和多种动物产品中叶酸的含量都很丰富，但奶中的含量不多。

（十三）维生素B_{12}

维生素B_{12}是一个结构最复杂、唯一含有金属元素（钴）的维生素，故又称钴胺素。它有多种生物活性形式，呈暗红色结晶，易吸湿，可被氧化剂、还原剂、醛类、抗坏血酸、二价铁盐等破坏。维生素B_{12}在体内主要以二脱氧腺苷钴胺素和甲钴胺素两种辅酶的形式参与多种代谢活动，如嘌呤和嘧啶的合成、甲基的转移、某些氨基酸的合成以及糖类和脂肪的代谢；促进红细胞的形成和维持神经系统的完整；合成血红蛋白，控制恶性贫血。

鸡缺乏维生素B_{12}会导致羽毛粗乱，发生肌胃黏膜炎症，肌胃糜烂，死亡率高，脂肪在肝脏、心脏、肾脏沉积等，雏鸡胫骨短粗症，甲状腺功能降低。在自然界，维生素B_{12}只在动物产品和微生物中发现，植物性饲料基本不含该维生素。

（十四）胆碱

胆碱是β－羟乙基三甲胺羟化物，常温下为液体、无色，有黏滞性和较强的碱性，易吸潮，也易溶于水。胆碱在体内的主要功能：①防止脂肪肝形成，胆碱作为卵磷脂的成分在脂肪代谢过程中可促进脂肪酸以卵磷脂的形式被运输。②促进小肠乳糜微粒的形成和分泌。③提高肝脏利用脂肪酸的能力。④防止脂肪在肝脏中过多积累。⑤神经传导，胆碱是构成乙酰胆碱的主要成分，对神经冲动的传递起着重要作用。⑥促进代谢，胆碱是甲基供体，三个不稳定的甲基可以与其他物质生成化合物。⑦胆碱、蛋氨酸和甜菜碱有协调作用。

胆碱缺乏可引起脂肪代谢障碍，使脂肪在细胞内沉积，从而导致脂肪肝综合征，使鸡群生长迟缓、骨和关节畸变、生产性能下降、死亡率增高。饲喂高能量和高脂肪饲粮的鸡因采食量降低，使胆碱摄入量不足，因此高能饲粮的鸡对胆碱的需要量大。动物性饲料中含有丰富的胆碱，如鱼粉、蚕蛹、肉类等；植物性饲料，如饼粕、胚芽、青绿饲料等都含有丰富的胆碱。各种动物能合成胆碱，合成

的部位在肝脏。

（十五）维生素 C（抗坏血酸）

维生素 C 是一种含有 6 个碳原子的酸性多羟基化合物，因能防治坏血病而又称为抗坏血酸。它是一种无色的结晶粉末，加热很容易被破坏。结晶的抗坏血酸在干燥的空气中比较稳定，但金属离子可加速其破坏。由于维生素 C 具有可逆的氧化性和还原性，所以它广泛参与机体的多种生化反应。已被阐明的最主要的功能是参与胶原蛋白质合成。此外，还有以下几个方面的功能：在细胞内电子转移的反应中起重要的作用，参与某些氨基酸的氧化反应，促进肠道铁离子的吸收和在体内的转运，减轻体内转运金属离子的毒性作用，能刺激白细胞中吞噬细胞和网状内皮系统的功能，促进抗体的形成，是致癌物质——亚硝基胺的天然抑制剂，参与肾上腺皮质类固醇的合成。

维生素 C 缺乏时首先是组织中的抗坏血酸含量降低，其后出现食欲缺乏、生长、生产和繁殖受阻，易患贫血和传染病，黏膜自发性出血。鸡一般能合成抗坏血酸，且常规饲料中也有充足的抗坏血酸，通常不会出现缺乏症。但在应激的条件下，可能出现缺乏症，表现为蛋壳质量下降。动物性饲料中维生素 C 的含量较少，青菜、水果、青草类、绿色植物等是维生素 C 的主要来源。

第三章 鸡苗孵化技术

第一节 种蛋

一、种蛋选择

孵化效果取决于多种因素，而孵化前妥善地选择种蛋，是提高孵化率的直接因素。选择符合标准的种蛋，出雏量高，雏鸡健康、活泼、好养。对于种蛋的选择，一般可按下列7个标准进行。

（一）种蛋来源

种蛋必须来自健康而高产的种鸡群，种鸡群中公母配种比例要恰当。有些带病鸡，特别是曾患过传染病的，如传染性支气管炎、腺病毒病等，以及带有遗传性疾病的母鸡生的蛋，还有体弱、畸形、低产的母鸡生的蛋，绝对不能留种；有些母鸡年龄老，或者母鸡虽然年轻，而配种公鸡年龄过大（3岁以上），这样的鸡产的蛋，也不能留做种用。

（二）保存时间

一般保存5～7天内的新鲜种蛋孵化率最高，如果外界气温不高，可保存到10天左右。随着种蛋保存时间的延长，孵化率会逐渐下降。经过照蛋器验蛋，发现气室范围很大的种蛋，都是属于存放时间过长的陈蛋，不能用于孵化。

（三）蛋的重量

种蛋大小应符合品种标准，例如，一般商品蛋鸡和肉鸡的种蛋重量在52～65g，而地方鸡种的种蛋略小，在40～55g不等。应该注意，一批蛋的大小要一致，这样出雏时间整齐，不能大的大、小的小。蛋体过小，孵出的雏鸡也小；蛋体过大，孵化率比较低。

（四）种蛋形状

种蛋的形状要正常，看上去蛋的大端与小端明显，长度适中，蛋形指数（系横径与纵径之比）为74%～77%的种蛋为正常蛋；小于74%者为长形蛋，大于77%者为圆形蛋。可用游标卡尺进行测量。长形蛋气室小，常在孵化后期发生空气不足而窒息，或在孵化18天时，胚胎不容易转身而死亡；圆形蛋气室大，水分蒸发快，胚胎后期常因缺水而死亡。所以，过长或过圆的蛋都不应该选做种蛋。

（五）蛋壳的颜色与质地

蛋壳的颜色应符合品种要求，蛋壳颜色有粉色、浅褐色或褐色等。砂壳、砂顶蛋的蛋壳薄，易碎，蛋内水分蒸发快；钢皮蛋蛋壳厚，蛋壳表面气孔小而少，水分不容易蒸发。因此，这几种蛋都不能做种用。区别蛋壳厚薄的方法是：用手指轻轻弹打，蛋壳声音沉静的，是好蛋；声音脆锐如同瓦罐音的，则为壳厚硬的钢皮蛋。

（六）蛋壳表面的清洁度

蛋壳表面应该干净，不能污染粪便和泥土。如果蛋壳表面很脏，粪泥污染很多，则不能当种蛋用；若脏得不多，通过揩擦、消毒还能使用。如果发现脏蛋很多，说明产蛋箱很脏，应该及早更换垫草，保持产蛋箱清洁。

（七）蛋白的浓稠度

蛋白的浓稠度，跟孵化率的高低有密切关系。有人试验指出，蛋白浓稠的孵化率为82.2%，稀薄的则只有69.6%。生稀薄蛋白蛋的产蛋母鸡，是因为饲料中缺乏维生素D和维生素B_2。测定蛋白浓稠度的方法，可用照蛋器看蛋黄飘浮的速度来判断；飘浮较快的，蛋白较稀薄；蛋黄在蛋内移动缓慢的，说明蛋白浓稠。蛋白稀薄的蛋，难于孵出鸡来，不应该选做种蛋。

二、种蛋保存和消毒

（一）种蛋保存

1. 蛋库

大型鸡场有专门保存种蛋的房舍，叫作蛋库；专业户饲养群鸡，也得有个放种蛋的地方。保存种蛋的房舍，应有天花板，四墙厚实，窗户不要太大，房子可以小一点，保持清洁、整齐，不能有灰尘，穿堂风，防止老鼠、麻雀出入。

2. 存放要求

为了保证种蛋的新鲜品质，以保存时间越短越好，一般不要超过1周。如果需要保存时间长一点，则应设法降低室温，提高空气的相对湿度，每天翻蛋1次，把蛋的大端朝下放置。

保存种蛋标准温度的范围是12～16℃，若保存时间在1周以内，以15～

16℃为宜；保存 2 周以内，则把温度调到 12 ~ 13℃；3 周以内应以 10 ~ 11℃为佳。

室内空间的相对湿度以70% ~80%为宜。湿度小则蛋内水分容易蒸发，但湿度也不能过高，以防蛋壳表面上发霉。霉菌侵入蛋内会造成蛋的霉败。种蛋保存 3 周时间，湿度可以提高到85%左右。

保存 1 周以内的种蛋，大端朝上或平放都可以，也不需要翻蛋；若保存时间超过 1 周以上，应把蛋的小端朝上，每天翻蛋 1 次。

(二) 种蛋消毒

种蛋在存放期，应进行消毒。最方便的消毒方法是，在 1 个 $15m^2$ 的贮蛋室里用一盏40 瓦紫外线灯，消毒时开灯照射 10 ~15min；然后把蛋倒转 1 次，让蛋的下面转到上面来，使全部蛋面都照射到。

正式入孵时，种蛋还要进行 1 次消毒。这次消毒要彻底。种蛋孵前消毒的方法有许多种，除紫外线灯消毒外，还有熏蒸消毒法和液体消毒法。

1. 熏蒸消毒法

熏蒸消毒法适用于大批量立体孵化机的消毒。

(1) 甲醛熏蒸消毒。把种蛋摆进立体孵化机内，开启电源，使机内温、湿度达到孵蛋要求，并稳定一段时间，这时种蛋的温度也升高了。按照已经测量的孵化机内的容积，准备甲醛、高锰酸钾的用药量（每 $1m^3$ 容积用甲醛 30mL，高锰酸钾 15g）；准备耐热的玻璃皿和搪瓷盘各 1 个。将玻璃皿摆在搪瓷盘里，再把两种药物先后倒进玻璃皿中，送进孵化机内，把机门和气孔都关严。这时冒出刺鼻的气体，经 20 ~30min 后，打开机门和气孔。排除气体，接着进行孵化。

(2) 过氧乙酸熏蒸消毒。过氧乙酸也叫过醋酸，具有很强的杀菌力。按每立方米空间用药 1g 称量，放入陶瓷或搪瓷容器内。下面准备酒精灯 1 盏。把种蛋放入孵化机（暂不必开启电源加温），关严气孔，保持机内 20 ~30℃，相对湿度为 70% 以上。在密闭条件下，点燃酒精灯加热。这时开始冒出烟雾。把机门关严，熏蒸 15 ~20min，还要开几次风扇，使内部空气均匀，注意酒精灯不要熄灭。消毒结束，打开机门和气孔，排除气体，取出消毒用具，最后开启电源进行正式孵化。

2. 液体消毒法

液体消毒法适于少量种蛋消毒。

(1) 新洁尔灭溶液消毒。用原液 0.1% 的浓度，装进喷雾器内。把种蛋平铺在板面上。用喷雾法把药液均匀地洒在种蛋表面，有较强的去污和消毒作用。该

药呈碱性，忌与肥皂、碘酊、高锰酸钾和碱合用。蛋面晾干后即可入孵。

（2）有机氯溶液消毒。将蛋浸入含有 1.5% 活性氯的漂白粉溶液内，消毒 3min（水温 43℃）后取出晾干。

（3）高锰酸钾溶液消毒。配制 0.1% 高锰酸钾温水溶液，将种蛋放入浸泡 3～4min，取出晾干。该药宜现配现用。消毒过的蛋面颜色有些变化，但不影响孵化效果。

（4）红霉素溶液消毒。将孵化前的种蛋，放进孵化机内加温至 37.8℃，然后取出放入 2～4℃的红霉素溶液中浸泡 15min，让药液渗进蛋内。药液的配制浓度是，每升水含药物 400～1 000mg。

（5）氢氧化钠溶液消毒。将种蛋浸泡在 0.5% 氢氧化钠溶液中 5min，能有效地杀灭蛋壳表面的鼠伤寒沙门氏菌。

（6）庆大霉素溶液消毒。每升水加入 0.5g 庆大霉素。将种蛋放入溶液中浸泡约 3min，取出晾干。能杀灭蛋表面严重感染的沙门氏菌。

此外，用 0.05% 的碘化钾溶液（温度为 40～45℃），将种蛋浸泡 2～3min，取出晾干，也有较好的消毒作用。

（三）种蛋消毒的注意事项

种蛋孵化前消毒应注意的事项有：①用药量一定要准确，不能多也不能少；②根据本单位条件，在一批种蛋消毒时，只须选用一种消毒药物；③液体浸泡消毒，消毒液的更换是很重要的，也就是说，一盆配制好的消毒液，只能消毒有限的种蛋，但究竟能消毒几批蛋，目前尚没有一定的标准，可适当更换新药液。

三、种蛋包装和运输

种蛋运输包装完善，以免震荡而遭破损。包装材料和用具可就地选取。较常用的有木箱、柳条筐。现在还有一种特制的硬纸板鸡蛋箱，鸡蛋箱内有相应规格的厚纸隔成蛋垫，每箱装鸡蛋 300 枚或 360 枚。另外，还有一种专门装蛋用的蛋托。用专用蛋箱运输，破碎率最低。

装车上船时，箱外应标上品名、小心轻放和切勿倒置等字样。将蛋箱放在合适的地点，箱筐之间紧靠，周围不能潮湿、滴水或有严重气味。如用汽车、拖拉机运输种蛋时先在车板上铺上厚厚的垫草或垫上泡沫塑料，以缓冲震荡作用。

运输途中，防止日晒雨淋，冬季要保暖防冻。上、下车时，动作要轻缓；种蛋运至孵化室后，应尽快将蛋取出，并平放在蛋盘里，静置半天；然后进行孵化前处理。

第二节 种蛋孵化的条件

通过外界条件的影响，使种蛋孵出小鸡的过程叫孵化，孵化技术的好坏直接影响种蛋的孵化率、雏鸡成活率及其生长发育和以后的生产性能。孵化技术的关键是掌握好孵化条件，种蛋人工孵化需要的条件主要有温度、湿度、通风、翻蛋和凉蛋。

一、温度

温度是孵化的最重要因素，它决定着胚胎的生长、发育和生活力。只有在适宜的温度下才能保证胚胎的正常发育，温度过高或过低都对胚胎的发育有害，严重时会造成胚胎死亡。温度偏高则胚胎发育快，但胚胎较弱，如果温度超过42℃经过2~3h后就会造成胚胎死亡；温度较低则胚胎的生长发育迟缓，如果温度低于24℃时经30h就会造成胚胎死亡。

孵化的供温标准常与鸡的品种、蛋的大小、孵化室的环境、孵化机类型和孵化季节等有很大关系。如蛋用型鸡的孵化温度略低于肉用型鸡；小蛋的孵化温度略低于大蛋；立体孵化的供温标准略低于平面孵化；气温高的季节低于气温低的季节等。一般情况下孵化温度保持在37.8℃（100℉）左右，单独出雏器的出雏温度保持在37.2℃（99℉）左右较为理想。

控制好孵化温度，可通过经常观看温度计，看温度是否在设定的温度范围。但实际生产中主要还是“看胎施温”，所谓“看胎施温”，就是在不同孵化时期，根据胚胎发育的不同状态，给予最适宜的温度，在定期检查胚胎发育的情况下，如发现胚胎发育过快，表示设定的温度偏高，应适当降温；若发现胚胎发育过慢，表示设定的温度偏低，应适当升温；胚胎发育符合标准，说明温度恰当。

生产实践中，电孵箱孵化时常用以下两种施温方案。

（一）恒温孵化

就是在整个孵化过程中，孵化温度和出雏温度（比孵化温度略低）都保持不变。种蛋来源少或者室温偏高时，宜分批入孵并采用恒温孵化制度。在室温偏高时，即使种蛋来源充足，也以采用分批入孵恒温孵化为好。因为室温过高如采用整批孵化时，孵化到中、后期产生的代谢热势必过剩，而分批入孵能够利用代谢热作热源，既能减少自温超温，又可以节省能源。

（二）变温孵化

也称降温孵化，即在孵化过程中，随胚龄增加逐渐降低孵化温度。对于来源充足的种蛋，宜整批入孵，此时孵化器内胚蛋的胚龄都是相同，因此，可采用阶段性的变温孵化制度。因为胚胎自身产生的代谢热随着胚龄的增加而增加，因此，孵化前期温度应高些，中后期温度应低些。

不管采用怎样的孵化制度，根据禽胚发育规律正确采用“看胎施温”的技术仍然十分重要。即使采用恒温孵化，其所有的温度标准也是在保证鸡胚按规律发育的同时，吸取恒温能兼顾分批入孵的特点而制定的。恒温也不是固定的恒温，而是在确保鸡胚正常发育的前提下，在相应的季节里采取的相对稳定的温度。

二、湿度

湿度也是重要的孵化条件，它对胚胎发育和破壳出雏有较大的影响。适宜的湿度可使孵化初期的胚胎受热均匀，使孵化后期的胚胎散热加强，有利于胚胎发育，也有利于破壳出雏。孵化湿度过低，蛋内水分蒸发过多，破坏胚胎正常的物质代谢，易发生胚胎与壳膜粘连，孵出的雏鸡个头小且干瘦；湿度过高，影响蛋内水分正常蒸发，同样破坏胚胎正常的物质代谢，当蛋内水分蒸发严重受阻时，胎膜及壳膜含水过多而妨碍胚胎的气体交换，影响胚胎的发育，孵出的雏鸡腹大，弱雏多。因此，湿度过高或过低都会对孵化率和雏鸡的体质产生不良影响。

孵化箱内的湿度供给标准因孵化制度不同而不同，一般分批入孵时，孵化箱内的相对湿度应保持在50%～60%，出雏箱内为60%～70%。整批入孵时，应掌握“两头高、中间低”的原则，即在孵化初期（1～7天）相对湿度掌握在60%～65%，便于胚胎形成羊水、尿囊液；孵化中期（8～18天）相对湿度掌握在50%～55%，便于胚胎逐步排除羊水、尿囊液；出壳时（19～21天）相对湿度掌握在65%～70%，以防止绒毛与蛋壳粘连。湿度是否正常，可用干湿球温度计来测定，也可根据气室大小、胚蛋失重多少和出雏情况来判断。

三、通风换气

胚胎在整个发育阶段时时刻刻都要吸入氧气，排出二氧化碳，即需与外界进行气体交换。孵化过程中，随胚龄增加，胚胎的耗氧量和二氧化碳的排出量也随着增加，特别是到出雏期，胚胎开始肺呼吸，气体的交换量更大。在孵化过程中，每只鸡胚共需氧气约8 100cm^3，排出二氧化碳约4 100cm^3。这就要求随胚龄增加逐渐加大通风换气量。随着胚龄的增大，胚胎新陈代谢加强，产生的热量也逐渐增多，特别是孵化后期，往往会出现“自温超温”现象，如果热量不能及时散出，将会严重影响胚胎正常生长发育，甚至积热致死。因此，加强通风换气又有助于驱散胚胎的余热。

在正常通风条件下，要求孵化箱内氧气含量不低于21%，二氧化碳含量控制在0.5%以下。否则，胚胎发育迟缓，产生畸形，死亡率升高，孵化率下降。因此，正确地控制好孵化箱的通风，是提高孵化率的重要措施。新鲜空气中含氧气21%，二氧化碳0.03%，这对于孵化是合适的。孵化机内通风系统设计合理，运转、操作正常，保证孵化室空气的新鲜，可以获得较高的孵化率。在孵化箱内一般都安装一定类型的风扇，不断地搅动空气，一方面保证箱内空气新鲜，满足胚胎生长发育的需要；另一方面还能使箱内温度、湿度均匀。箱体上都有进、排气孔，孵化初期，可关闭进、排气孔，随着胚龄的增加，逐渐打开，到孵化后期进、排气孔全部打开，尽量增加通风换气量。

通风换气与温度和湿度有着密切的关系。通风不良，空气流动不畅，温差大、湿度大；通风过度，湿度、湿度都难以保持，浪费能源。所以，掌握好适度的通风是保证孵化温度和湿度正常的重要措施。

四、翻蛋

翻蛋也称转蛋，就是改变种蛋的孵化位置和角度。蛋黄含脂肪多，比重较小，总是浮在蛋的上面，而胚胎又位于蛋黄之上。如果长时间不翻蛋，胚胎容易与壳膜粘连。因此，在孵化过程中必须翻蛋，其目的不仅是通过翻蛋改变胚胎位置防止粘连，而且通过翻蛋还可使胚胎各部受热均匀，供应比较新鲜的空气，有利于胚胎的发育。翻蛋也有助于胚胎的运动，改善胎膜血液循环。

正常孵化过程中，一般每隔2h翻蛋1次，翻蛋角度以水平位置为准，前俯后仰各45°角，翻蛋时要做到轻、稳、慢，不要粗暴，防止引起蛋黄膜、血管破裂，尿囊绒毛膜与蛋壳膜分离，死亡率增高。当孵化温度偏低时，应增加翻蛋次数；当孵化温度过高时，不能立即翻蛋，防止增加死亡率，等温度恢复到正常时再进行翻蛋。分批孵化的胚蛋到19天，整批孵化的到14天后可停止翻蛋。

五、凉蛋

胚胎发育到中期以后，由于物质代谢增强而产生大量生理热，可使孵化箱内温度升高，从而使胚胎发育偏快，这时需要通过定时凉蛋帮助胚胎散热，促进气体代谢，提高血液循环系统机能，增加胚胎调节体温的能力，因而有助于提高孵化率和雏鸡品质。

凉蛋的方法有机内凉蛋和机外凉蛋两种。机内凉蛋即关闭加温电源，开动风扇，打开机门。此法适用于整批入孵和气温不高的季节。机外凉蛋是将胚蛋连同蛋盘移出机外凉冷，向蛋面喷洒25～30℃的温水。此法适用于分批入孵和高温节季。昼夜凉蛋次数为2～3次，每次凉蛋20～30min，使蛋温降至35℃左右。

机内通风凉蛋和机外喷水凉蛋均应根据胚胎发育情况灵活运用。如发现胚胎发育过快，超温严重，凉蛋时期应提前，凉蛋次数和时间要增加。

第三节　孵化管理

一、孵化前的准备工作

（一）操作人员培训

现代孵化设备的自动化程度很高，有关技术参数设定后就可以自动控制。但是，孵化过程中各种问题都可能出现，要求孵化人员不仅能够熟练掌握码盘、入孵、照蛋、落盘等具体操作技术，还要了解不同孵化时期胚胎发育特征和孵化条件的调整技术。此外，对于孵化设备、电器设施使用过程中常见的问题也能够合理处理。

主要培训项目：生产安全常识、孵化设备的使用、孵化条件控制、种蛋消毒、码盘、入孵、照蛋、落盘、雏鸡分拣、马立克疫苗接种等孵化日常管理要求。一般的孵化厂还配备有发电机，需要专业人员操作。

（二）孵化计划的制订

根据孵化机和出雏机容量、种蛋来源、雏鸡销售合同等具体情况制订孵化计划。如果孵化机、出雏机容量大，种蛋来源有保证；若雏鸡销售合同集中且量大，可集中入孵，或采用巷道式孵化器孵化；如果种蛋供应量小，雏鸡销售合同比较分散，可采用箱体式孵化器进行孵化。在制订孵化计划时，尽量把费时的工作（上蛋、照蛋、落盘、拣雏）错开安排，不要集中在一起进行。

（三）孵化室的准备

孵化前对孵化室要做好准备工作。孵化室内必须保持良好的通风和适宜的温度。一般孵化室的温度为20～26℃，相对湿度为55%～60%。为保持这样的温度和湿度，孵化室应严密、保温良好，孵化室天棚距地面4m以上，以便保持室内有足够的新鲜的空气。

孵化室应有专用的通风孔或风机。现代孵化厂一般都有两套通风系统，孵化机排出的空气经过上方的排气管道，直接排出室外，孵化室另有正压通风系统，将室外的新鲜空气引入室内，如此可防止从孵化机排出的污浊空气再循环进入孵化机内，保持孵化机和孵化室的空气清洁、新鲜。

孵化室的地面要坚固平坦，便于冲洗。对孵化室清扫、清理排水沟、冲洗，供电线路检修，照明、通风、加热系统检修。

保证孵化室的干净、整洁、卫生，保持室内合适的温度湿度，保证孵化室良好的空气质量。

（四）孵化设备的检修

孵化人员应熟悉和掌握孵化机的各种性能。种蛋入孵前，要全面检查孵化机各部配件是否完整无缺，通风运行时，整机是否平稳；孵化机内的供温、鼓风部件及各种指示灯是否都正常；各部位螺钉是否松动，有无异常声响；特别是检查控温系统和报警系统是否灵敏。待孵化机运转1～2天，未发现异常情况，方可入孵。此外，还需要对电力供应、用电安全、消毒设备及其他配套设备进行检修，保证其使用的安全可靠。

（五）孵化温度计的校验

所有的温度计在入孵前要进行校验，其方法是：将孵化温度计与标准温度计水银球一起放到38℃左右的温水中，观察它们之间的温差。温差太大的孵化温度计不能使用，没有标准温度计时可用体温计代替。

（六）孵化机内温差的测试

因机内各处温差的大小直接影响孵化成绩的好坏，在使用前一定要弄清该机内各个不同部位的温差情况。方法是在机内的蛋架装满后部位，然后将蛋架翻向一边，通电使鼓风机正常运转，机内温度控制在37.8℃左右，恒温30min后，取出温度计，记录各点的温度，再将蛋架翻转至另一边去，如此反复各2次，就能基本弄清孵化机内的温差及其与翻蛋状态间的关系。

（七）孵化室、孵化器的消毒

为了保证雏鸡在孵化过程中不受疾病感染，孵化室的地面、墙壁、天棚均应彻底消毒。孵化室墙壁的建造，要能经得起高压冲洗消毒。每批孵化前机内必须清洗，并用福尔马林熏蒸，也可用药液喷雾消毒。

（八）入孵前种蛋预热

种蛋预热能使静止的胚胎有一个缓慢的“苏醒适应”过程，这样可减少突然高温造成死精蛋偏多，并减缓入孵初期的孵化器内温度下降，防止蛋表面水汽凝结，利于提高孵化率。预热方法是在22～25℃的环境中放置12h。

（九）码盘、入孵

将种蛋大头向上斜放在孵化盘上称为码盘，码盘的同时挑出破蛋。将码盘后的蛋盘平稳地放到蛋架车上的过程称为装车。将装好蛋盘的蛋架车推进孵化器内并固定好称为入孵。

（十）种蛋消毒

小规模的孵化厂在种蛋入孵前会把码盘后的种蛋放在蛋架车上，再用消毒药水进行喷淋消毒。大型孵化厂的消毒有 3 种形式：一是将装好的蛋架车推入孵化器内进行熏蒸消毒，二是将装好的蛋架车移至消毒池内进行浸泡消毒，三是喷淋消毒。

二、孵化的日常管理

（一）孵化管理要求

作为孵化室值班人员，要定时在孵化室内巡视，需要做的工作可以归纳为 5 个字即看、听、闻、记、调。

一看：主要观察室内是否整洁、孵化器各种显示是否正常、通过照蛋了解种蛋质量和胚胎发育情况是否正常。

二听：设备运行过程中有无异常声响。

三闻：了解室内有无异常气味，如胶皮烧焦味道、臭味，其他刺激性气味等。

四记：做好各种项目记录。

五调：发现哪方面不正常要及时调整。

（二）落盘

鸡胚孵化至 17 ~18 天时把胚蛋从孵化器的孵化盘移到出雏器的出雏盘的过程叫落盘（或移盘）。落盘前应提高室温，动作要轻、快、稳。落盘后最上层的出雏盘要加盖网罩，以防雏禽出壳后窜出。对于分批孵化的种蛋，落盘时不要混淆不同批次的种蛋。

落盘前，要调好出雏器的温度、湿度及进气孔、排气孔。出雏器的环境要求是高湿、低温、通风好、黑暗、安静。

（三）出雏与记录

胚胎发育正常的情况下，落盘时就有个别啄壳的，20.5 天就大量出壳。

拣雏有集中拣雏和分次拣雏两种方式。集中拣雏是在雏鸡出壳达 80% 左右时进行拣雏，把没有出壳的胚蛋集中到若干个出雏盘内继续孵化；分次拣雏则是从第 20 天有雏鸡出壳开始，每 4 ~6h 拣雏 1 次。拣雏时要轻、快，尽量避免碰破胚蛋。为缩短出雏时间，可将绒毛已干、脐部收缩良好的雏迅速拣出，再将空蛋壳拣出，以防蛋壳套在其他胚蛋上引起雏鸡窒息。对于脐部突出、呈鲜红光亮、绒毛未干的雏鸡应暂时留在出雏盘内待下次再拣。到出雏后期，应将已破壳的胚蛋并盘，并放在出雏器上部，以促使弱胚尽快出雏。在拣雏时，对于前后开门的出雏器，不要同时打开前后机门，以免出雏器内的温度、湿度下降过快而影响出雏。

每次孵化应将入孵日期、品种、种蛋数量与来源、照蛋情况记录表内，出雏后，统计出雏数、健雏数、死胎蛋数，并计算种蛋的孵化率、健雏率，及时总结孵化的经验教训。

（四）停电时的措施

孵化厂必须与电业部门保持联系，以便及时得到通知，做好停电前的准备工作，同时自备发电机，遇到停电立即发电。

（五）防止孵化过程中的感染

种蛋在孵化过程中被感染后会造成孵化率的降低，一些胚胎在发育过程中死亡，被感染后没有死亡的胚胎在孵化出雏鸡后其健康状况也不佳，饲养过程中容易发生死亡，或成为弱鸡，发育不良。

孵化过程中感染大肠杆菌后，出壳的雏鸡可能会出现脐炎，而且剩余卵黄也可能被感染，这样雏鸡很难饲养。即便是前 2 周不死亡，其后生长速度也很慢，没有饲养价值。

孵化过程中胚胎感染沙门氏菌会造成剩余卵黄颜色发绿，有绿豆大小的凝块，雏鸡对剩余卵黄的吸收不良。

孵化过程中如果发生霉菌污染，出壳后的雏鸡在饲养过程中会出现呼吸系统感染问题。这样的肉鸡在饲养过程中发生腹水症的概率很高。

孵化过程中感染的原因有以下几种。

（1）孵化室消毒不严。孵化室（包括出雏室、雏鸡暂存室等）在开始使用前要进行全面的清扫、冲洗，把各个部位的附着的粉尘、杂物、垃圾彻底清理干净，然后要对屋顶和墙壁用消毒药（如百毒杀、次氯酸钠等）喷洒消毒，对地面可以使用百毒杀、次氯酸钠等喷洒，也可以使用氢氧化钠喷洒消毒。接着还要使用福尔马林和高锰酸钾进行熏蒸消毒，对下水道要清理并用清水冲洗，再用消毒药进行消毒处理。孵化室的地面要每天冲洗 1 次，用消毒药物喷洒 1 次。如果做不到这些，一些病原体就有可能会在孵化室的某个角落存在并不断扩散，污染孵化设备和种蛋，以及发育中的胚胎或刚出壳的雏鸡。

（2）孵化设备消毒不严。孵化设备在孵化开始前至少要进行 3 次消毒，其中至少有 1 次熏蒸消毒。孵化设备，尤其是蛋盘、蛋架车、孵化器和出雏器的内壁

上沾染的污物（破蛋液、死亡的雏鸡、绒毛等）必须清理和擦拭干净。孵化设备每周转1次要冲洗（或擦拭）和消毒1次。然而，在实际生产中可能有不少孵化厂做不到这么全面，这就给孵化过程的感染提供了条件。

（3）种蛋消毒不严格。种蛋从母鸡体内产出后，蛋壳的表面就可能有微生物附着，如果不及时消毒，随着蛋在孵化前存放时间的延长，蛋壳表面的微生物会越来越多，甚至部分微生物会通过气孔进入蛋内。进入蛋内的微生物会在胚胎发育过程中大量繁殖，危害胚胎，造成胚胎在孵化过程中的感染。严重的造成死亡。

（4）雌雄鉴别过程中的感染。如果雌雄鉴别时工作人员的手没有消毒，手上附着的微生物就会与雏鸡的泄殖腔接触，进而感染雏鸡。如果有个别的雏鸡在孵化过程中感染，其粪便中就会带有微生物，鉴别的时候就会相互传播。

（5）使用曾用过的又没有再次消毒的雏鸡盒。目前，孵化厂装运雏鸡都是使用专门的雏鸡盒，每个盒可以安放100只雏鸡，而且要求雏鸡盒是一次性的。如果使用了曾经用过的雏鸡盒，这些雏鸡盒可能已经被微生物污染，再次使用就可能使新的雏鸡被感染。

（6）种蛋感染（污染）。由于种鸡感染疾病或产蛋窝、鸡笼盛蛋网、蛋托被污染所造成。

三、孵化效果的检查与分析

（一）照蛋

1. 照蛋的目的

照蛋的目的是利用光源透视检查胚胎的发育情况，从而判断孵化条件是否适宜。同时照蛋还可拣出无精蛋、死胚蛋及发育异常的蛋，根据各种类型蛋的数量，判断种蛋质量的好坏。

2. 照蛋的时间

生产中关于照蛋的次数和时间在不同的孵化厂控制得不一样，孵化期间有照蛋2次的，也有1次的。

（1）2次照蛋的安排。第1次照蛋时间白壳蛋在5～6胚龄、褐壳蛋10胚龄。5～6胚龄照蛋时发育正常的胚胎，血管网鲜红，扩散面大，呈放射状，胚胎隐约可见，可明显看到黑色眼点；发育较弱的胚胎，血管纤细、色淡，扩散面小，胚胎小，黑眼珠不明显。未受精蛋的表现是整个蛋透光度大，有时只能看到蛋黄的影子；死精蛋能看到不规则的血点、血线或血弧、血圈，有时可见到死胚的小黑点贴壳静止不动，蛋色浅白，蛋黄疏散。10胚龄照蛋时在蛋内除气室外，其他部分都有血管分布，颜色发红；如果是死胚则蛋黄位置上有深褐色可以移动的斑块，蛋内颜色发灰；如果是弱胚则蛋的锐端红色很淡。

第2次照蛋与落盘结合进行。通常安排在第18天。发育正常的胚胎，气室边缘弯曲倾斜，有黑影闪动，呈小山丘状，胚胎已占据蛋的下2/3空间，能在气室下方红润处看到一条较粗的血管和胎儿转动。发育迟缓的胚胎，气室比发育正常的胚蛋小，边缘平齐，黑影距气室边缘较远，可看到红色血管，胚蛋锐端浅白发亮。死胚蛋的特征是气室小而不倾斜，其边缘模糊，色淡灰或黑暗。

（2）1次照蛋的安排。在一些自己有种鸡场的大型孵化厂通常在孵化过程中只进行1次照蛋，其前提是种鸡群管理规范、健康和生产性能良好、种蛋质量高。如果是1次照蛋一般都安排在17胚龄或18胚龄落盘时进行。

3. 照蛋要求

在照蛋时，还应剔除破蛋和腐败蛋，通过照蛋器可看到破蛋的裂纹（呈树枝状亮痕）或破孔，有时气室跑到一侧。腐败蛋蛋色褐暗，有异臭味，有的蛋壳破裂，表面有很多黄黑色渗出物，有时不留意碰触腐败蛋可引起爆炸。

（二）蛋的失重变化

种蛋在孵化过程中，由于蛋内水分蒸发，胚蛋逐渐减轻。蛋的失重一般在孵化开始时较慢，以后迅速增加。孵化期间的失重过多或过少对孵化率和雏鸡质量都不利。可以根据失重情况间接了解胚胎发育和孵化的温度、湿度情况。

蛋失重的测定方法是孵化前先称1个孵化盘重量，将种蛋码在该孵化盘内后再称其重量，减去孵化盘重量，得出种蛋总重量。以后定期称重，求出蛋减轻的百分率。如果蛋的减重超出正常的标准过多，则照蛋时气室很大，可能是孵化湿度过低，水分蒸发过快；如蛋的减重低于标准过远，则气室小，可能是湿度过大，蛋的品质不良。

有人测定发现，从入孵到孵化18天全期平均失重率为11.74%，但受精蛋在每一时期的失重速度并不相同，从开始入孵到第8天种蛋失重率逐步上升，8～12天失重速度逐渐变慢，而后又随孵化天数的增加失重率逐渐增加。从胚胎发育的角度来看，失重率的变化与胚胎发育有一定程度的吻合。从观察不同失重范围内种蛋的孵化效果可以明显地看出，纯种来航鸡种蛋在孵化期间的最佳失重范围为11.51%～13.50%，其受精蛋的孵化率明显高于失重率在6.29%～11.50%和13.51%～19.47%范围内的两组。

蛋失重的测定方法比较烦琐，一般根据胚蛋气室的大小以及后期的气室形状来了解孵化湿度是否适宜胚胎发育及胚胎发育是否正常。

（三）出雏期间的检查

雏鸡出壳后，主要从绒毛色泽亮度、脐部愈合好坏、精神状态、体重体型大小、健雏比例等方面来检查孵化效果。健雏绒毛洁净有光泽，脐部吸收愈合良好、平齐、干燥且被腹部绒毛覆盖着，腹平坦；雏鸡站立稳健有活力，对光及声响反应灵敏，叫声清脆洪亮；体型匀称，大小适中，既不干瘪又不臃肿，显得“水灵”好看、胫、趾色泽鲜艳。而弱雏绒毛污乱，脐部潮湿、带有血迹，精神不振，叫声无力，反应迟钝，体型过小或腹部过大。

另外，还可从出雏持续时间长短、出雏高峰明显与否来观察孵化效果。孵化正常时，出雏时间较一致，即出雏集中，出雏高峰明显。在孵化不正常时，出雏时间拖长，无明显的出雏高峰。

（四）不同阶段影响胚胎发育的因素分析

在孵化实际生产中我们常遇到孵化早、中、晚期出现鸡胚胎的异常死亡，现将其表现和造成的主要原因简述如下。

1. 胚胎前期死亡

孵化前6天胚胎的死亡率占入孵蛋的1%～3%，若超过这个范围，说明孵化存在问题。从孵化角度讲，造成胚胎的早期死亡率偏高的主要原因是：种蛋熏蒸消毒不当（浓度太高，时间过长）和孵化前期温度过高。夏季孵化，种蛋从温度较低的蛋库中取出，未经逐渐升温处理而直接孵化，会因温差太大导致蛋壳表面出现冷凝水现象，此时若进行熏蒸消毒，往往会造成鸡胚胎早期死亡。

2. 中期死亡

若7～12天胚胎死亡数量占入孵蛋的5%左右，一般可视为正常情况。造成鸡胚胎大量死亡的原因，与孵化温度过高、通风不良、翻蛋不正常有关，其中翻蛋不正常是鸡胚胎中期死亡的主要原因。

3. 后期死亡

孵化的13～18天胚胎死亡多数是因为温度过高、小头向上孵化和通风不良所引起的。孵化正常时，胚胎后期死亡率不会超过入孵蛋的5%。

（五）孵化技术指标

孵化生产中评价孵化效果的常规技术指标有5个。

（1）种蛋受精率（%）=（受精蛋数/入孵蛋数）×100

（2）种蛋合格率（%）=（合格种蛋数/种蛋总数）×100

（3）受精蛋孵化率（%）=（出雏数/受精蛋数）×100

（4）入孵蛋孵化率（%）=（出雏数/入孵蛋数）×100

(5) 健雏率(%)=(健雏数/出雏数)×100

(六) 影响孵化效果的因素

孵化效果受多种因素的影响，在这些因素中任何一个方面出现问题都会造成孵化效果的降低，归纳起来影响孵化效果的因素有如下几方面。

(1) 种鸡质量。种鸡质量会直接影响到种蛋的质量，包括种鸡的遗传品质、健康状况、周龄、饲料质量、饲养管理措施、饲养环境等方面。

(2) 种蛋管理。种蛋管理包括种蛋的选择、运输、保存、消毒等环节是否符合要求。

(3) 孵化设备。孵化设备的自动化程度、机内环境条件的控制效果都直接影响孵化效果。

(4) 孵化条件控制。孵化过程中的温度、湿度、通风换气、晾蛋、翻蛋、卫生等条件控制效果也直接影响孵化效果。

(5) 人员素质。从事孵化生产人员的素质包括责任心、专业技能等方面，也是影响孵化效果的主要因素。

第四节 初生雏的雌雄鉴别

蛋用鸡初生雏在孵出以后，经雌雄鉴别，将公雏淘汰或作为肉用育肥，专门饲育母雏，可以节省育雏用的房舍、饲料，这是工厂化养禽的一项重要技术措施。初生雏的雌雄鉴别是养鸡的专门技术。此项工作一般应在孵化之后立即进行。

根据外貌特性鉴别雏鸡的公母科学性不足，生产中不能采用，雌雄鉴别的方法主要有2种：一是翻肛鉴别法；二是利用伴性遗传原理，通过对初生雏羽毛和羽速的不同辨别公母。分别简述如下。

一、翻肛鉴别法

(一) 鸡的退化交尾器官

鸡的直肠末端与泌尿和生殖道共同开口于泄殖腔，泄殖腔向外界的开口有括约肌，称为肛门。将泄殖腔背壁纵向切开由内向外可以看到3个皱襞，成年公鸡在近肛门开口泄殖下壁中央第2、第3皱襞相合处有一麻籽大的白色球状凸起，两侧围以规则的皱襞，称“八字状襞”，白色球状突叫生殖突起，生殖突起与八字状襞称为生殖隆起，此即鸡的退化交尾器官，母鸡不但没有生殖隆起，而且呈

凹陷状。

（二）初生雏生殖隆起的情况

初生雏鸡的生殖隆起原则上雄雏较发达，有弹性，有光泽，但形态及发育程度因个体有很大差异，而雌雏的生殖隆起并未全部消失，有的还相当发达，但质地与公雏绝不相同，即无弹性、无光泽、易变形。雌雏正常型仅占60%，雄雏正常型占78.3%，翻肛鉴别主要根据生殖突起及八字状襞的形态质地来分辨雌雄，因此就增加了鉴别的困难。

（三）翻肛鉴别的手法

左手握住雏鸡，背贴掌心，肛门向上，颈部轻轻夹于小指与无名指之间，以拇指轻压腹部左侧，借助于雏鸡呼吸将粪便排在粪缸中，然后将左拇指置于肛门左侧，左食指弯曲贴于雏鸡背侧，同时右食指放在肛门右侧，左拇指由雏鸡脐带处沿直线往上顶推，左拇指与右食指同时向肛门处收拢，由于3指协同动作，肛门即可翻开露出生殖凸起部分，立即进行辨认。技术熟练者准确率可达98%以上，每小时鉴别1 000只以上。

最适宜的鉴别时间是出雏12h左右，此时易翻肛，生殖隆起的形态显著，易于辨认。超过24h翻肛困难，生殖隆起的形态收缩，不易辨认。

二、伴性遗传鉴别法

应用伴性遗传规律，培育可以自别雌雄的不同品系，通过品种或品系间杂交，就可以根据初生雏的某些伴性性状准确的辨别雌雄。目前，在生产中使用的伴性遗传性状有；横斑（显性B）对非横斑（隐性b）：银色羽（显性S）对金色羽（隐性so）；迟生羽（显性K）对速生羽（隐性k）等。下表列出了常用的伴性遗传亲代与子代的基因型和表型。

表　伴性遗传亲代与子代的基因型与表型

交配类型	基因型				表型			
	父	母	子	女	父	母	子	女
非横斑羽♂×横斑羽♀	bb	B-	Bb	b-	非横斑	横斑	横斑	非横斑
金色羽♂×银色羽♀	ss	S-	Ss	s-	金羽	银羽	银羽	金羽
速生羽♂×迟生羽♀	kk	K-	Kk	k-	速生羽	迟生羽	迟生羽	速生羽

具有横斑性状的初生雏，绒毛黑色，头顶上有不规则的白星，长大后成芦花色。星杂579或罗斯的父母代，父系为红色公鸡，母系为白色（银色）母鸡，所生商品代，交叉遗传，公雏为白色，母雏为红色。所谓迟生羽与速生羽，系指主

翼羽与覆羽的相对长度而言，凡主翼羽长，覆主翼羽短为速生羽；覆主翼羽长，主翼羽短或等长为迟生羽。

根据伴性遗传自别雌雄准确率达98%以上，但制种系统比较复杂，必须有两个特定的系杂交后代才能自别。

蛋用型鸡的饲养管理

第一节 育雏期的饲养管理

一、雏鸡生长发育特点

（1）雏鸡对温度的反应较敏感。雏鸡刚出壳后神经系统发育不健全，对体温缺乏调节能力，体温比成鸡低 2～3℃，7～10 日龄才能达到正常体温 39.5～41℃。

（2）怕冷、怕热。

（3）刚出壳的雏鸡，消化系统不健全，一般出壳后 36 小时才完善，嗉囊小，肠胃消化能力弱，而生长发育快。

（4）雏鸡体质弱，抵抗力和抗病力差，易感染疾病。

（5）雏鸡对外界环境反应敏感，易受惊吓，需创造安静的生活环境。

二、育雏条件

（一）温度

温度对雏鸡的体温调节、运动、采食、饮水和饲料的利用等都非常重要，所以，温度是育雏成败的关键，必须掌握合适。

适宜的育雏温度，因育雏的方式、季节、育雏器和品种等不同而有所差别。

（二）湿度

育雏室保持相对湿度在 60%～65%，因刚出壳的雏鸡由出雏器（相对湿度 65%～70%）出来到干燥的育雏室，需呼吸大量的空气，体内随之散发大量的水分，易造成雏鸡脱水、下痢，所以要补湿，采用地面洒水或水盘，以人进育雏室不感觉干燥为宜。

（三）通风换气

雏鸡体温高，呼吸快，代谢旺盛，加之排粪等对空气的污染，尤其二氧化碳、氨气、硫化氢等有害气体，严重影响健康，甚至引起发病死亡，所以要经常换气。开放式育雏舍靠开关窗户，利用自然方法通风换气。根据气候灵活掌握。以人进去后不感觉刺鼻流泪为准。防止舍内有贼风、冷空气直接吹到雏鸡身上引起感冒。

(四) 光照

光照能增强雏鸡的活力，延长采食时间。刚出壳头3天，雏鸡采光需24h，以利采食和饮水；3~21天光照时间以15h为宜，22~126天以10~12h恒定为宜。

4月上旬到9月上旬孵出的雏鸡，育成后期处于日照增加时期，故到20周龄后均用自然光照。

9月上旬到翌年3月上旬孵出的雏鸡，育成后期处于日照缩短时期，即出壳后至20周龄，采用人工控制光照。

密闭式鸡舍光照方案1~3天或者到1周24~23h，2~18周龄恒定为8~9h，19周龄开始渐增至14~16h。一般不超过17h。

开放式鸡舍光照采用以下两种办法：一是渐减法给光：即先查出这批育成母鸡达20周龄时的最长光照时数，然后加上3h作为出壳后应采取光照时间(18h)，以后每周减20min，直到21周龄；另一种是恒定光照：先查出本批母鸡达20周龄时，白昼最长时数，从第4天起就保持这样的恒定光照到20周龄。

(五) 饲养密度

是指每平方米地面和笼底或保温伞内所容纳的雏鸡数。密度的大小直接影响雏鸡的生长发育。适宜的饲养密度：1~3周龄20~30只/m^2，4~6周龄10~15只/m^2，笼养分别为50~60只/m^2和20~30只/m^2。调整密度时，注意强弱分群。

(六) 卫生防疫

育雏室内外要清洁卫生，保持舍内空气新鲜，勤涮饲喂用具，勤换垫料，定期消毒。饲喂用具要专人专管，严禁无关人员进出。同时制定出切合实际的免疫防疫程序。

三、育雏前的准备工作

(一) 育雏前的准备与消毒

根据饲养雏鸡的规模建育雏室，育雏室应建在鸡场的上风向。

清扫冲洗育雏室，当一批鸡育雏结束转出后，应进行清扫屋顶、墙壁、地面拐角。鸡笼内外的脏物，均要清理出去，然后用水枪或喷雾器把屋顶、墙壁、窗户、鸡笼、风机、风帽、地面冲洗干净。

育雏室的消毒：用喷灯或专用火焰消毒器将育雏笼、地面、墙壁均匀地烧灼。

熏蒸：关闭门窗，室内湿度在70%以上，室温24℃以上，消毒药品用高锰酸钾（$7\sim10g/m^3$）加甲醛溶液（$15\sim20mL/m^3$）熏蒸一天，然后打开门窗，流通空气，排除废气。

饲喂用具清洗消毒：用1：100至1：300的毒菌净或用0.2%～0.3%的过氧乙酸，将育雏所用的各种工具清洗干净后消毒。整修育雏室内的设备：电路、鸡笼及架、保温伞、灯、风机、炉子等检修调整，运转正常。

（二）预热　提前预热1～2天

即在进雏前24h将舍内温度升到32～35℃，相对湿度保持在60%～70%。

（三）铺垫加水

雏鸡进舍前1天铺好垫料，进雏前2h饮水器装好温度合适的白开水（冬天水温20℃，夏天清洁的凉水）。

（四）长途运雏

装雏箱要求保温且通风良好，每箱每格20只（规格为120cm×60cm×18cm），每箱分四格，早春和冬季应中午接运，夏季应早晚接运，同时携带防雨防风用具。运输中不得停留，以防受寒、受热、闷死、压死。开车要平稳，严防振荡。

四、雏鸡的饲养管理

（一）育雏方法

农村专业户多采用火炕或地面育雏，鸡场一般采用笼育、网上育雏或育雏伞。

（二）育雏饲养方法

均采用“全进全出”的饲养方式。

（三）适宜的育雏温度

开始1～3周育雏温度至关重要，所以要注意以下两点：一是经长途运回的雏鸡易疲息，甚至有的喘气或脱水，怕冷，故要求进舍温度以环境温度而定，若环境温度高，育雏舍的温度也要高，若环境温度低，育雏室的温度应由低向高升，经2～3h升到适宜温度，防止忽高忽低而引起感冒；二是平面育雏：农村一般采用火炕或火墙，要防止煤烟中毒，掌握填火压火时间，注意夜间温度的稳定，夜间温度应比白天高1～2℃。

（四）适宜的育雏湿度

1～10日龄前相对湿度为60%～70%，11天后的相对湿度为55%～60%。注意前期不能太低，后期不能太高。

（五）饲养管理要点

1. 开食

开食饮水和饲喂饮水对雏鸡非常重要，雏鸡刚出壳2～3h只给水，不给料。雏鸡对水的消耗受环境温度和其他因素的影响，因此要注意饮水的质量与温度。用水应符合水质标准，水温应根据需要尽可能予以提供，一般在前10天饮温水或凉开水，或每千克饮用水中加适量的糖或电解多维和维生素C。

饲喂雏鸡开食应在出壳24～30h进行。为保证让每只雏鸡同时吃到饲料，应注意先饮水后开食，但也有饮水开食同时进行的。耐心训练吃食，做到1～3天内人不离雏，每天喂料8～10次，喂料量以10min喂完为止。饲料可撒在塑料盘、报纸、料槽中，耐心诱导采食，1～3天吃到七八成饱，前3天料中根据情况可加入预防鸡白痢的药物，但注意要拌匀，严格掌握剂量，防止药物中毒。开食时最好用粉料，或粉料中加粒料，也可喂湿料（湿度为捏在手中成团落地即散）。喂料原则少给勤添，防止浪费。喂料时，第1周料槽添满，从第2周开始，每次添料可分2次进行，即每次添半槽，让所有雏都吃到料，如果是笼养，从第2周开始每天下午料槽饲料必须吃干净。

笼育1～3天在笼底铺报纸或塑料布，第3天把报纸取掉，第4天调高料槽。平养从第3天撤掉料盘或塑料布。雏鸡从第2周龄起，料中拌1%的沙砾，粒度为小米粒逐渐大到高粱粒，地面育雏可设沙浴池或箱。定时喂料第1周8次；第2周6次；第3周至第6周为4～5次。防止挑食，开食后喂干粉料。

2. 称重

称重与喂料量每周末应空腹称重1次，万只以上称1%，千只以上称3%，千只以下称5%，不论群大群小，抽样不少于50只。称得体重要与该品种标准体重相对照，若体重超过品种标准1%时，应减饲料计划量的1%，若低于标准，增加饲料计划量的1%，直到符合标准体重为止。

3. 通风

保持育雏舍空气新鲜，通过通风对流，调节温湿度，排除有害气体，有条件的鸡舍可通过仪器测定：二氧化碳不超过0.5%，氨气不超过20mg/kg，硫化氢不超过10mg/kg，没有测定仪器的鸡场以不刺眼、不流眼泪、不呛鼻、无过分的臭味为好。

4. 光照

开放式鸡舍以自然光照为主，密闭式鸡舍控制光照在20lx以内。尤其轻型蛋鸡，体型小，好斗，应激反应强烈，光照强度不能太大。总的原则以能看见吃食为主，每平方米光照强度2.8W（10.76lx）。

5. 分群

适时强弱分群疏散鸡群，首先根据密度、舍温具体情况确定疏散时间，其次减少疾病，提高成活率。第1次整群，在第4周龄进行，第2次在第8周龄。每次调整鸡群须注意：一是对挑出的弱小雏鸡放在靠近热源，重点照护；二是注意观察鸡群，尤其是网上转到地面，天黑闭灯后易产生堆压情况，造成大批死亡；三是结合分群接种疫苗，减少抓鸡。

6. 断喙

适时断喙与修喙，第1次断喙时间为7~10日龄，要求操作准确、速度快，防止流血，断后不要马上离开，要灼烘喙3~5s。断喙的第1天在饲料中添加维生素K_3，每千克饲料约5mg，断喙的标准：断去上喙的1/2，下喙的1/3。在鸡群发病或接种疫苗等情况下，不能断喙。

7. 防应激

防止鸡群惊吓、舍温忽高忽低、突然降温。注意疫苗接种后的反应和疾病发生。按时进行抗体测定与接种疫苗。

（六）育好雏鸡须把好以下几关

（1）选种关。选养有繁育推广体系的品种，而且能就近引种。

（2）选雏关。根据出壳时间挑选具有品种特征，活泼、健壮的雏鸡。

（3）分群关。依照具体情况，不同品种，强弱，定时分群。

（4）开食关。雏鸡在出壳后24~36h开食。先饮水，后开食，或开食饮水同时进行。前10天在饮水中最好加3%~5%的糖水或5%的葡萄糖及维生素C，促进卵黄吸收。

（5）温度关。环境温度是养好雏鸡的关键，尤其长途运输的雏鸡，温度至关重要，否则感冒或脱水，降低成活率。所以，一般给温的原则：初期高，后期低；小群高，大群低；弱雏高，健雏低；阴天高，晴天低；白天低晚上高；冬季高，夏季低；肉仔鸡高，种鸡低；总之根据雏鸡精神状态掌握好温度，也就是以雏鸡不打堆，分布均匀，活泼，伸腿舒展。雏鸡若打堆，叽叽叫，靠近热源等，说明温度低；雏鸡若远离热源，拼命喝水，说明温度高。

（6）湿度关。相对湿度一般要求先高后低，控制在55%~70%范围内。

(7) 密度关。冬季密度大，夏季密度小，同时根据雏鸡品种、饲养方式的不同确定密度。

(8) 通风关。尤其笼养鸡，饲养密度大，要注意有害气体的及时排出和空气对流的速度。开放式育雏室可在适当时间打开门窗定时通风；密闭式育雏室需利用风机，纵向通风，以达到空气新鲜的要求。

(9) 环境。室内卫生防疫关。定期清扫消毒环境，要求做到六净（育雏室内干净，周围的环境干净，用具设备干净，饲料饮水干净，雏鸡干净，饲养员干净）。按时消毒，第1周带鸡消毒2~3次，用0.2%~0.3%的过氧乙酸喷雾消毒；第2周带鸡消毒1~2次，以后每周带鸡消毒1次。结合场内条件，制定免疫程序，坚持预防为主的方针。

第二节 育成期的饲养管理

一、过渡期的饲养要点

雏鸡长到6周龄后，转入育成饲养，须注意以下几点。

(一) 逐步离温

雏鸡转入育成舍后继续给温5~7天，室温保持在15~22℃。

雏鸡离温的适宜时间，应根据季节、气候和体质强弱，宁夏2~3月孵出的雏鸡应在40~50日龄停温。4~6月孵出的雏鸡应在21~30日龄时停温。停温的方法由高到低，逐步过渡。最初可在白天停止给温，夜间继续给温，经7~10天后适应了再停温。刮风、下雨、阴天不能停止供温。停止供温后要注意看护鸡群，防止拥挤践踏，扩大运动场面积。

(二) 逐渐换料

用7~10天的时间在育雏料中掺混育成料，每天加15%~20%，直到全部换成育成期料。

(三) 调整饲养密度

平养每平方米10~15只，笼养20~25只。

二、定期抽样称重

不同品种鸡的育成期都有体重标准，其目的以利于骨架的充分发育。因此，从第8周龄开始，每周末空腹称重1次。随机抽取全群的1%~5%，抽样小群至

少50只，对体重达不到要求的应分群单独照护。

三、限制饲喂

其目的是控制体重，故需注意以下几点。

（1）限制饲喂必须考虑鸡群的健康。

（2）限饲必须要有充足的饲槽位置。

（3）限饲方式必须根据季节和体重进行调整。

（4）根据不同的品种要求限饲。

四、适宜的光照制度

育成期的光照影响母鸡性成熟。无论是密闭鸡舍，还是开放式鸡舍，每日光照的总时数须在11h以上，光照时间应稳定不变，开关灯时间及光照强度也应不变。所以养鸡场（户）应按具体情况制定科学的光照程序。开放式鸡舍从1～8周用自然光照直到22周。

五、饲养方式

采取“全进全出”的饲养方式。

（一）平养

可分地面平养和网上或栅条平养。地面平养一般指地面全铺垫料（稻草、锯末、干砂等）。料槽和饮水器均匀的分布在舍内，料槽与饮水器相距3m左右，使鸡有充足采食和饮水机会。栅条平养和网上平养是指育成鸡养在距地面60～80cm高的木条上或金属网上，所产的粪便直接落到地面，不与鸡接触，以利提高舍温，防止鸡拥挤，打堆（表1.4－1）。

表1.4－1　育成鸡在垫料上饲养密度

品系和性别	每平方米容鸡数（只）
白壳蛋系母鸡	
到18周龄	8.3
到20周龄	6.2
褐壳蛋系母鸡	
到18周龄	6.3
到20周龄	5.4

（二）笼养

可分专用中雏鸡笼和混合（幼雏和中雏综合笼）笼。中雏鸡笼一般每笼养

10～35只，密度随鸡的日龄而进行调整（表1.4－2）。

表1.4－2 育成鸡在垫料上饲养密度

品种	每只所需面积（cm^2）
白壳蛋系母鸡	
到14周龄	232
到18周龄	290
到22周龄	389
褐壳蛋系母鸡	
到14周龄	277
到18周龄	355
到22周龄	484

混合鸡笼从雏鸡开始一直到接近产蛋（性成熟）。这种笼分单层、双层和三层几种不同形式。初生雏仅用一层，以后随鸡龄增长可转入其他空笼层。笼养与平养相比，鸡运动量少，母鸡体脂肪稍高。因此，育成期可进行限制饲喂，定期称重，笼养以利防疫，饲养密度高。节省劳力与饲料，疫病少。

六、防病

对60～70日龄的中雏，应进行鸡新城疫Ⅰ系苗注射，第1次支原体和鸡白痢检疫、体内外寄生虫驱除工作。

七、定期喂沙砾

笼养每周每100只用沙0.5kg，应均匀地撒在食槽中的饲料上，沙砾比高粱粒大些。

第三节 产蛋期的饲养管理

鸡培育到18周龄后转入产蛋期的饲养管理。为使鸡群保持良好的健康状态，达到稳产、高产的目的，必须科学饲养，精心管理。

一、鸡舍消毒

转群装笼之前，需将鸡舍内外，彻底清扫冲洗干净（屋顶、墙壁、网架、门窗、走道、粪池、鸡笼、笼架、水槽、下水管边、水箱、各种饲喂用具）。严格按疫病防治要求，烧灼、熏蒸消毒。

（1）检修鸡舍设备。进鸡前对鸡舍建筑、供电、排水、照明、喂料、清粪等设备逐一检查维修保养，保证运转正常。

（2）准备必须药品，医疗器械，饲料，生产统计表格等。

（3）贮料箱。料槽内装上料，饮水器中装上充足清洁的饮水。

二、装笼、转群

（1）平养转群、笼养装笼。选择适宜的天气，冬季避开风雪严寒，选晴暖天气，一般在中午前后转群，夏季在早晨或晚上进行，避开风雨炎热的天气，同时为便于抓鸡，春、夏、秋可在夜间转鸡。

（2）转鸡。凡是参加转群的工作人员均要严格消毒，包括车辆及鸡舍通道。转时要少装、勤装、勤运，防止中途造成挤压伤亡。抓鸡时抓两胫，轻抓轻放，结合最后1次防疫，减少抓鸡次数。

（3）装笼鸡数与质量。轻型蛋鸡如京白，每笼装够4只，中型蛋鸡如褐壳蛋鸡每笼须装3只。装鸡时，严格挑出弱小、瘸、瘫、瞎、残病鸡，同时1次装够。入笼日龄一致，一般在120～140日龄为宜。

三、喂料、饮水

育成鸡转到产蛋鸡舍后，褐壳（中型）蛋鸡，从19周龄开始换成产蛋期饲料，白壳（轻型）蛋鸡，继续喂育成饲料，直到产蛋率达到5%时换成产蛋期饲料，若到24周龄，产蛋仍达不到5%时也要换成产蛋期饲料，满足产蛋期的蛋白质需要。蛋鸡对蛋白质的要求，从开始产蛋每只每天最少需19g蛋白质，产蛋下降到70%～80%时需18g，由70%产蛋到72周龄或更长时，每天仍给16g，这样可使产蛋高峰早到，而且维持的时间长，因此，饲养员在整个饲养过程中应精心调节蛋白质的增加和减少，始终防止鸡过肥而引起脱肛。故要按饲养操作规程做好以下工作。

（1）自始至终喂干粉料。每天喂料3～4次，固定喂料量和时间。根据气候、营养及产蛋水平，做到够吃，料槽中不剩料，每只母鸡每天平均采食量为110～120g。

（2）喂料。原则是使鸡早晚吃饱，中午吃好，下午不喂，把应喂的饲料加在早晨和晚上；加料要均匀，随时摊平食槽中堆成小堆的饲料，防止鸡把料啄出料槽。料槽每天擦洗1次。

（3）饮水。保证供给清洁不断的常流水，水槽每天擦洗1次。注意在断水、停水前贮水箱装满，以防鸡缺水使产蛋率下降。

四、光照

开产后产蛋鸡的光照应采取渐增法与恒定光照相结合的原则。

具体程序（表1.4－3）。

表1.4－3 育成期和产蛋期在密闭鸡舍的光照程序

日龄	每天光照时间（h）	光照强度瓦（lx）
1～3	22～24	4（40）
4～5	22～20	3（30）
6～7	20～18	3（30）
8～14	18～16	2（20）
15～21	16～8	1.5（1.50）
22～119	9	1（10）
120～126	10	2（20）
127～133	11	2
134～140	12	2
141～147	13	2
148～154	13.5	2
155～161	14	2
162～168	14.5	2
169～175	15	2
176～182	15	2
182～淘汰		

褐壳蛋鸡在产蛋期光照强度控制在20～30lx。即每平方米光照强度为3W左右。人工补充光照在早晚分别增加，阴天时，在白天加长人工光照。气温高时，在一天中气温较低时增加光照。但要注意控制光照时间：开关灯用变阻器控制，使灯光由弱变强，由强变弱。若没有变阻器，可将舍内灯分成几组分别安装控制开关，用时先开单数，后开双数。以防光照应激。每周擦灯1次，以白灯泡为宜并加灯罩，一般用15～25W灯泡（照度为10lx）。光照时间从21周龄逐步增加，保持在14～16h，最多不要超过17h。开放式鸡舍以自然光照为主，人工光照补充。

五、温度、湿度与通风

(1) 温度。产蛋鸡的适宜温度为13～23℃，临界温度低端为0℃，高端为30℃。春天和秋天可以达到适宜范围要求。冬季开放式鸡舍（笼养），关好门

窗，控制排风量，在北方可达到10℃以上。地面平养除关好门窗，还需加炉生火，温度才可达到10℃左右。夏季一般采用纵向加大排风量，地面洒水，可控制在30℃以下。

（2）湿度。产蛋鸡舍，适宜的相对湿度为55%～65%。

（3）通风。根据鸡舍温度、湿度、空气中的有害气体而决定排风量。

对开放式鸡舍通风原则应是保持舍内新鲜空气，排除灰尘和有害气体，同时控制适宜的温度和湿度。在宁夏一般鸡舍是开放式的地面平养或笼养，地面平养关闭门窗及房顶通风孔调节温度、湿度及空气流通，开放式鸡舍笼养，主要靠风机调节温度和通风。

对密闭式鸡舍的通风原则：一般夏季风机开启，春秋季开一半，冬季开1/4，同时要注意交替使用，每次开4h，以防电机烧坏，进出排风口，风扇叶要经常清洗，以防阻风或损坏。排风时，与风机同一侧墙上的窗户不开。冬季在进风口，天窗下接风斗、散风板，以免冷风直接吹到鸡身而引起感冒，冬季风机少用，可进行换擦保养。

六、观察鸡群

（1）注意观察发育不良的鸡。集中加喂微量元素（每只鸡0.15g/kg）、生育酚（5IU/kg），促使早开产。

（2）产蛋高峰期过后。鸡冠开始萎缩，注意加喂微量元素、维生素、青饲料，这样有25天左右可恢复产蛋，否则需2～4个月。

（3）控制体重。每2周按比例抽样称重1次。

（4）产蛋高峰过后，观察挑出白吃鸡。

（5）每天观察鸡群发现病鸡，及时挑出治疗或淘汰。

（6）若发现鸡群中突然死鸡，数量又多，须及时挑出送兽医剖检分析原因，以防疫病流行。

（7）每天夜晚24：00或第二天凌晨1：00检查鸡舍，先停风机，不开灯，静听鸡的呼吸情况，若发现呼吸有异响，马上抓出隔离治疗，以防蔓延。

（8）每天早晨观察鸡粪颜色及形状。若发现鸡粪稀，白色或带血或水样稀便，甚至粪便呈绿色，应及时让兽医诊断治疗，防止蔓延。

（9）观察刚上笼鸡，由于不适应而引起的挂翅，别腿或头部伤亡事故。

（10）新开产鸡易出现脱肛、啄肛现象。应注意观察，及时发现，及时抓出进行缝合，擦碘酒或紫药水消毒；对受伤严重的每只鸡肌内注射青霉素2万～5万IU，口服四环素1片/只，消炎以防感染。

（11）调整鸡笼，发现好斗的鸡，不能及时吃到饲料的，饮不上水的弱小鸡，要调整鸡笼，以防造成损失。

（12）经常观察鸡蛋的品质。蛋壳及颜色、蛋重、蛋内容物（蛋白，蛋黄）、蛋形及血斑蛋、肉斑蛋、畸形蛋、破蛋等，及时发现分析原因，尽快采取措施。

（13）随时注意抓回跑出笼外的鸡，防止飞鸟、鼠害进入鸡舍，引起惊群、炸群、传播疫病等。

（14）随时注意鸡的采食情况，每天应计算饲料消耗量，发现采食下降或季节性的突然下降，都应找出原因，及时采取措施。

（15）观察地面平养鸡。产蛋箱是否够用，一般4~5只鸡一个蛋箱（箱高45cm，宽30~45cm，长35cm）。产蛋箱要放在僻静光线暗的地方。

七、捡蛋

需固定拣蛋的时间，不能随意推后或提前。拣蛋时轻拿轻放。拣蛋时间，一般在下午拣2次或上午、下午各1次。拣蛋注意以下几点。

（1）清点蛋数，严格区别好蛋、格窝蛋、花皮蛋等，并分别存放，分别计数、结算记录。

（2）拣出破蛋、空壳蛋，防鸡偷吃。

（3）脏或污染的蛋，不能用水洗，及时处理。

（4）蛋装箱后，应在箱上标明装箱日期、数量及装箱人姓名。

第五章 优质肉鸡生产

优质肉种鸡主要有两种，一是外来种与我国育成品种杂交，其后代的生长速度较快，中速型和快大型优质肉鸡都属于此类；二是利用我国的地方良种鸡进行选育形成的特优型肉鸡，其生长速度较慢。目前，优质肉鸡的羽毛颜色以黄色或麻色为主，少量为芦花羽色或黑色。部分地区使用肉用种公鸡与褐壳蛋鸡商品代母鸡杂交的后代（俗称“817”）鸡作为肉鸡饲养，也有人把其纳入优质肉鸡的范畴。

第一节　优质肉种鸡的饲养管理

由于不同品种的优质肉种鸡体形和生长速度差异很大，在种鸡的饲养管理过程中所采取的饲养管理措施也有所不同。

种鸡各饲养阶段的划分大致如下：育雏期（0～6 周龄）、育成期（7～20 周龄），21 周龄以后为繁殖期。

优质肉种鸡的饲养方式和饲养管理技术与蛋种鸡有很多相同的地方，这里以饲养较多的中速型优质肉鸡为例来介绍其特殊的饲养管理技术。

一、育雏期的饲养管理要点

目前，绝大多数的种鸡场都采用笼养育雏方式。

（1）公母分群饲养。优质肉种鸡的父系和母系通常是不同的品种或品系，其生产用途和生长速度也不同，所以，肉种鸡在育雏期间要公母分群饲养，以达到各自的培育要求。为了能够准确区分其性别，可以在 1 日龄把公雏的冠剪掉。

（2）做好疫病防治。要做好鸡白痢、球虫病、呼吸道病的防治和免疫接种工作。尤其是一些种鸡场忽视鸡白痢的净化工作，白痢阳性率偏高，育雏期要做好预防和治疗。

（3）选择和淘汰。育雏结束时青年羽更换完成，此时要根据父系和母系各自的特征要求进行选择，淘汰体质差、发育不良、羽毛颜色不符合要求的个体。

二、育成期的饲养管理要点

（1）光照控制。光照制度对育成期种鸡的性成熟时间有很大影响。育成前期（12 周龄前）可以采用较长时间的光照，每天照明时间控制在 14h 左右，育成后期（13～20 周龄）每天照明时间逐渐缩短，每天光照时间不超过 12h 以抑制生殖器官发育，防止早熟。

（2）体重监测与调群。育成期至少每 2 周要称重 1 次，称重时间要固定，并做到随机抽样，抽样比例为公鸡 10%，母鸡 3%～5%，逐只称重并做个体记录。然后计算平均重、标准差和均匀度。

称重后要及时按体重大小调整鸡群，让每个群内的个体大小、强弱相似，对体重偏大的要减少喂料量以减缓其生长速度，对体重小的要增加喂料量以使其增重速度适当加快，使全群内个体差异逐渐缩小并在后期达到一致，符合标准要求。以平均体重 ±10% 为限，均匀度应达到 85% 以上。

（3）合理限制饲养。优质肉种鸡在育成期（尤其是后期）体重容易偏大、体内脂肪容易较多沉积，如果不控制喂饲则会出现体重超标、腹部脂肪沉积过多的问题。

限饲方法一般采用每天限饲法。中等体型的优质肉种鸡育成前期每只鸡每天的喂饲量为 50～70g，后期控制为 80g，每天的饲料一次性喂给。小体型或大体型的优质肉种鸡则适当减少或增加日喂饲量。每天的饲料一次性喂给，以保证每只鸡都能吃到足够的饲料份额。

（4）控制饲料质量。优质肉种鸡育成期的饲料营养水平不宜高，适当增加饲料中糠麸的用量有助于提高其繁殖期的生产性能。但是，这主要是控制饲料中能量和蛋白质含量，复合维生素和微量元素添加剂按照正常用量添加。

（5）选择与淘汰。18～20 周龄鸡群成年羽更换完成，需要进行第 2 次选留。此次选留既要考虑公鸡的毛色、体型符合标准要求，又要选择体质健壮、冠鲜红、雄性特征明显、性刺激反射敏感的公鸡。此次选择按母鸡数量的 4%～5% 留足种公鸡。

种公鸡与种母鸡可以同舍异笼饲养，以便于人工授精，也可单舍饲养。种公鸡要放入特制种公鸡笼内饲养，每个单笼 1 只。种公鸡的其他饲养管理要求可参照母鸡的规程进行。

（6）转群。如果采用两段式饲养则青年鸡转入产蛋鸡舍的时间为 10 周龄前

后，如果采用三段式饲养则转群时间在16～18周龄。

(7) 白痢净化。18周龄对全部种鸡进行白痢净化，淘汰所有阳性个体。

三、繁殖期优质肉种鸡的饲养管理要点

繁殖期优质肉种鸡的环境条件控制、人工授精管理、卫生防疫要求可以参照蛋种鸡进行。

(一) 饲料的要求

性成熟前7～10天或鸡群产蛋率达0.5%时，利用产蛋鸡饲料与育成期料各半混合后喂饲，产蛋率达5%以后完全更换为产蛋鸡饲料。产蛋期饲料分前期和后期两种。营养水平应参考育种公司提供的标准。前期料的蛋白质、复合维生素用量相对较高，后期料的钙、蛋氨酸含量较高。与蛋种鸡相比，优质肉种鸡的饲料能量水平稍高、蛋白质含量略低。

饲料要保持相对稳定，突然变更饲料容易导致鸡群的采食量和产蛋率下降。

饲料要新鲜，发霉变质、被污染和结块的饲料坚决不能使用。每周向料槽内添加1次不溶性石粒，石粒大小与绿豆或黄豆相似，每次按每只鸡10g添加。

(二) 饲喂要求

每天喂饲次数为2～3次，第1次在早上开灯后进行，第2次在晚上关灯前4h进行。每次喂料后30min要匀料1次，使每只鸡都能够采食到合适的饲料量；每天要保证鸡群把料槽内的饲料吃干净1次。

产蛋前、中期采用自由采食方式，产蛋后期由于鸡群产蛋率下降，需要适当限制采食量以防止母鸡过肥，一般在45周龄后按照产蛋率每降低2%，每只鸡每天的喂料量比上周减少1～2g，但是减少的总量不超过10g。我国鸡饲养标准（NY/T 33—2004）中对黄羽肉种鸡生长期体重与耗料量的推荐标准见表1.5－1。

表1.5－1　黄羽肉种鸡产蛋期体重与耗料量

周龄	体重/（g/只）	耗料量/（g/只）	累计耗料量（kg/只）
21	1 780	616	616
22	1 860	644	1 260
24	2 030	700	1 960（2 660）
26	2 200	840	2 800（4 340）
28	2 280	910	3 710（6 160）
30	2 310	910	4 620（7 980）
32	2 330	889	5 509（9 758）

（续表）

周龄	体重/（g/只）	耗料量/（g/只）	累计耗料量（kg/只）
34	2 360	889	6 398（11 536）
36	2 390	875	7 273（13 286）
38	2 410	875	8 148（15 036）
40	2 440	854	9 002（16 744）
42	2 460	854	9 856（18 452）
44	2 480	840	10 696（20 132）
46	2 500	840	11 536（21 812）
48	2 520	826	12 362（23 464）
50	2 540	826	13 188（25 166）
52	2 560	826	14 014（26 768）
54	2 580	805	14 819（28 378）
56	2 600	805	15 624（29 988）
58	2 620	805	16 429（31 598）
60	2 630	805	17 234（33 208）
62	2 640	805	18 039（34 418）
64	2 650	805	18 844（36 028）
66	2 660	805	19 649（37 638）

注：本表最后1列累计耗料量前面为原始数据，从24周龄开始计算是错误的，括号中为修正后的数据

（三）及时催醒就巢母鸡

母鸡的就巢性因品种而不同，现代肉种鸡的就巢性很弱，而土种鸡的就巢性特别强，从而使产蛋量下降。现介绍几种催醒就巢母鸡的方法。

（1）物理方法。将抱窝鸡隔离到通风而明亮的地方，并给予物理因素的干扰，如用冷水泡脚、吊起一只脚、用鸡毛穿鼻孔等，数天之后即醒巢。

（2）化学方法。皮下注射1%的硫酸铜溶液，1mL/只，据报道有效率可达70%以上；每千克体重注射12.5mg的丙酸睾丸素，效果很好；喂服退热的复方阿司匹林（APC），大型母鸡每天2片，小型母鸡每天1片，连服3天左右，催醒率可达90%以上。

（3）育种方法。由于就巢性的遗传力很高，个体选育有效，容易通过选育减轻或失掉就巢性，如现代商品蛋鸡通过长期选育几乎没有就巢性。但有人指出不能完全清除就巢性。

第二节　商品优质肉鸡的饲养管理

不同类型优质肉鸡的饲养时期有差异，快大型的饲养期约8周，公、母鸡体重分别达到1.75kg和1.6kg，中速型的饲养期约11周，公、母鸡体重分别达到1.75kg和1.6kg，特优型的饲养期约17周，公、母鸡体重分别达到1.75kg和1.5kg。

一、饲养方式

(1) 地面平养。这是优质肉鸡生产中采用的主要饲养方式。缺点是地面环境差，球虫病、细菌性疾病发生率高，药费高，劳动强度大，房舍利用率低。

地面平养方式，常常在鸡舍的南侧设置室外运动场，3周后的鸡在天气晴好、温暖无风的时候可以到室外运动场活动或喂饲。这对于提高肉鸡的健康和肉的品质具有很好的效果。

(2) 网上平养。网上平养的优点是减少了鸡与粪接触的机会，切断了球虫卵囊的循环感染，球虫病及其他环境性疾病发生率低，降低了生产成本。在生产中，有的鸡场采用地面平养和网上平养相结合的方式，4周龄前在地面平养，4周龄后网上平养。

(3) 笼养。采用肉鸡饲养笼进行饲养。在实践中有些场采用平养与笼养相结合，即4周龄前平养，4周龄后转入育肥笼中饲养。

二、饲养管理要点

(1) 喂养。选择适合本品种鸡群生长需要的全价配合饲料。除第1周定时喂饲外，优质肉仔鸡的喂料原则是敞开饲喂，自由采食。要求有足够的采食位置，使所有鸡能同时吃到饲料。

(2) 合适的饲养密度。合适的饲养密度是保证优质肉鸡健康和生长良好的重要条件。不同的品种类型和饲养方式对饲养密度的要求也不一样。以中速型优质肉鸡为例，其合适的饲养密度见表1.5－2。

表1.5－2　中速型优质肉鸡饲养密度参考表　(只/m^2)

周龄	1	2	3~4	5~6	7~8	9~10	11~出栏
地面平养	40	32	25	20	15	12	9
网上平养	48	40	30	24	20	15	11
笼　养	55	50	40	30	26	20	15

对于快大型优质肉鸡的饲养密度可以在中速型的基础上降低15%左右，特优型优质肉鸡则可以提高10%左右。

（3）采用“全进全出”的饲养制度。“全进全出”就是在同一鸡场或养殖小区内只进同一批雏、饲养同一日龄的鸡，同时进雏、同时出栏销售。出场后彻底打扫、清洗、消毒，切断病原的循环感染。

（4）断喙。优质肉鸡如果采用舍内饲养（包括平养和笼养）很容易发生啄癖，断喙则能减少损失。但是，断喙的优质肉鸡市场销售价格偏低。因此，饲养者需要权衡利弊。如果断喙则可以参照蛋鸡育雏阶段的断喙方法。

如果采用室外放养或设计有室外运动场的鸡舍，让鸡群能够有一定的时间到室外运动，同时能够补充一些青绿饲料、满足其沙浴习性，则很少发生啄癖，可以不进行断喙处理。

（5）鸡群的室外活动。地面平养鸡舍（包括有些网上平养鸡舍）可以在鸡舍的南侧设置室外运动场，让20日龄以后的鸡群在天气晴好、温暖无风时到室外活动，以增强体质、提高外观质量。

三、提高产品合格率的措施

优质肉鸡在大多数情况下是以活鸡的形式出售，鸡的外观质量对销售价格会有很大影响，因此，提高鸡的合格率是提高生产效益的关键措施。做好前述的饲养管理工作是提高产品合格率的基础，但还要从以下几方面做好工作。

（1）搞好免疫接种，培养健康鸡群。在优质肉仔鸡饲养中，除做好常规免疫接种外，1日龄要接种马立克疫苗，原因是优质肉仔鸡饲养期相对较长，注射马立克疫苗可以预防马立克病的发生，提高成活率，从而提高屠体品质。任何疾病的发生都会使鸡的精神状态不佳，如鸡冠小而且发黄、发白或发紫，羽毛散乱。

（2）公母分群饲养。由于公、母鸡在生理机能上存在较大差异，对生活条件的要求与反应也有差异。如公鸡骨架大，活泼好斗；母鸡少动，不善斗，采食力较差；公鸡生长速度快于母鸡，对饲料中的蛋白质和赖氨酸能很好利用，故饲料转化率较高；母鸡转化沉积脂肪的能力强，长羽快，而公鸡羽毛长速慢。试验表明，公、母鸡分开饲养既能节省饲料，又能提高生长速度、整齐度和产品合格率。

（3）提高鸡群发育整齐度。鸡群发育的整齐度是评价优质肉鸡质量的重要指标。在实际生产中需要采用分群饲养的措施，把体重大小、体质强弱不同的鸡挑开，让每个小群内的鸡体重和体质相似。这样做的目的是把体格相对较小、体

质较弱的鸡集中单独饲养，加强管理，避免在大群饲养中出现吃不到料或吃剩料而导致的死淘率高、整齐度差等现象。如果有羽毛不全的鸡，也要挑出单独隔离饲养，并补充能促进羽毛生长的添加剂。

(4) 减少药物残留。尽管优质肉仔鸡抗病力较强，但在环境条件差、管理水平低的情况下，同样会感染发病，用药治疗是普遍现象。在优质肉鸡生产中药物滥用现象比较多，这就要求作为一个生产经营者要有质量意识，只有高质量的产品才能拥有长期、大量的客户。不能使用违禁药品和添加剂，出栏前 7~10 天停止使用各种药物。

第六章 鸡常见病防治

第一节 鸡病毒性传染病

一、高致病性禽流感

高致病性禽流感，又名真性鸡瘟或欧洲鸡瘟，通常是由正黏病毒科 A 型流感病毒 H5 和 H7 亚型禽流感病毒引起的一种急性、高度致死性传染病。临床上以鸡群突然发病、发热、羽毛松乱，成年母鸡停止产蛋、呼吸困难、冠髯发紫、颈部皮下水肿、腿部鳞片出血，高发病率和高死亡率，胰腺出血坏死、腺胃乳头轻度出血等为特征。该病已被世界动物卫生组织（OIE）规定为 A 类传染病，中华人民共和国农业部关于《一、二、三类动物疫病病种名录》的公告（第1125号）将其列为一类疫病。自 2004 年在我国周边国家暴发以后，在我国的广西壮族自治区等十多个省区也先后暴发了禽流感的疫情，对养鸡业造成了较大的经济损失和重大的社会影响。目前，我国高度重视高致病性禽流感的防控，免费发放疫苗并实行强制免疫。

（一）诊断要点

〔流行特点〕不同日龄、不同品种、不同性别的鸡均可感染发病。没有免疫接种或接种失败的鸡群一旦感染本病，其发病率和死亡率可达 100%。本病一年四季均可发生，以冬春季节发生较多。本病的主要传染源是病鸡或带毒鸭及候鸟，病毒主要经消化道和呼吸道或损伤的黏膜感染，吸血昆虫也可传播本病毒。

〔临床表现〕本病潜伏期为 3～5 天，急性病例病程极短，常无任何临床症状而突然死亡。病程 1～2 天时，病鸡精神极度沉郁，体温升高达 43℃以上，不食，蛋鸡停止产蛋。鸡冠、肉垂和眼的周围呈紫红色或紫黑色，头部、颈部及声门出现水肿，伴有呼吸湿啰音，鼻腔有灰色或红色渗出物，腿部鳞片出血呈紫黑色。有的病鸡见腹泻，粪便呈灰绿色或红色，后期出现神经症状，头颈麻痹、抽搐，甚至出现眼盲，最后衰竭死亡。

〔剖检病变〕病（死）鸡剖检时可见头部、眼周围、耳和肉垂有水肿，皮下可见黄色胶冻样液体；胸部肌肉、脂肪及胸骨内面有小出血点，腺胃乳头肿胀、轻度出血，腺胃和肌胃的交界处黏膜出血；胰腺出血、表面有少量的白色或淡黄色坏死点；消化道黏膜广泛出血，尤其是十二指肠黏膜和盲肠扁桃体出血更为明显；呼吸道黏膜充血、出血；心冠脂肪、心肌出血；肝脏肿大、淤血；脾脏、肺脏、肾脏出血；蛋鸡或种鸡的卵泡充血、出血，卵巢萎缩，输卵管内可见乳白色分泌物或凝块，有的可见卵泡破裂引起的卵黄性腹膜炎。

（二）治疗

该病一旦发生，必须严格按《中华人民共和国动物防疫法》的要求，采取果断措施扑杀感染鸡群（高温处理、深埋或烧毁），常可收到阻止其蔓延和缩短流行过程的效果。严禁将病鸡、死鸡和污染肉品出售。对鸡舍、饲槽、饮水器、用具、栖架及环境进行清扫和消毒。将垃圾、粪便、垫草、吃后剩余饲料等清除、堆积发酵、深埋或烧掉。

（三）预防

1. *疫苗免疫接种*

目前，使用的疫苗品种有灭活疫苗和重组活载体疫苗两大类。灭活疫苗有H5亚型、H9亚型、H5－H9亚型二价和变异株疫苗4类。H5亚型有N28（H5N2亚型从国外引进，曾售往中国香港和澳门用于活鸡免疫）、H5N1亚型毒株、H5亚型变异株（2006年起已在北方部分地区使用）、H5N1基因重组病毒Re－1株（是CS/GD/96/PR8的重组毒株，广泛用于鸡和水禽）等；H9亚型有SS株和F株等，均为H9N2亚型。重组活载体疫苗有重组新城疫病毒活载体疫苗（rl－H5株）和禽流感重组鸡痘病毒载体活疫苗。为了达到一针预防多病的效果，目前已经有禽流感与其他疫病的二联和多联疫苗，在临床上可根据鸡场的情况选用。

蛋鸡（包括商品蛋鸡与父母代种鸡）参考免疫程序：14日龄进行首免，肌内注射H5N1亚型禽流感灭活苗或重组新城疫病毒活载体疫苗。35～40日龄时用同样疫苗进行2免。开产前再用H5N1亚型禽流感灭活苗进行强化免疫，以后每隔4～6个月免疫1次。在H9亚型禽流感流行的地区，应免疫H5－H9亚型二价灭活苗。

肉鸡参考免疫程序：7～14日龄时肌内注射H5N1亚型或H5－H9亚型二价禽流感灭活苗即可，或7～14日龄时用重组新城疫病毒活载体疫苗进行首免，2

周后用同样疫苗进行2免。

2. 加强检疫和抗体监测

检疫物包括进口的鸡、水禽、野禽、观赏鸟类、精液、禽产品、生物制品等，严防高致病性禽流感病毒从外地传入。同时，做好免疫鸡群的抗体检测工作，为优化免疫程序和及时免疫接种提供参考依据。

3. 加强饲养管理

坚持全进全出或自繁自养的饲养方式，在引进种鸡及产品时，一定要选择无禽流感的养鸡场；采取封闭式饲养，饲养人员进入生产区应更换衣、帽及鞋靴；严禁其他养禽场人员参观；生产区设立消毒设施，对进出车辆彻底消毒，定期对鸡舍及周围环境进行消毒，加强带鸡消毒；设立防护网，严防野鸟进入鸡舍；定期消灭养鸡场内的有害昆虫（如蚊、蝇）及鼠类。

二、鸡新城疫

俗称鸡瘟，是由鸡新城疫病毒引起的一种急性、高度接触性传染病。临床上以发热、呼吸困难、排黄绿色稀便、扭颈、腺胃乳头出血、肠黏膜出血、浆膜出血等为特征。该病的分布广、传播快、死亡率高，它不仅可引起养鸡业的直接经济损失，而且可严重阻碍国内和国际的禽产品贸易。现在我国已经将其列为一类动物疫病，应引起养鸡工作者的高度重视。

（一）诊断要点

〔流行特点〕各种日龄的鸡都可能感染发病，但雏鸡的发病率较成年鸡高。没有免疫接种或接种失败的鸡群一旦感染本病，常在3～5天内波及全群，死亡率可达90%以上；而免疫不均或免疫力不强的鸡群，其发病率和病死率与传入病毒的毒力、鸡群的日龄、饲养状况及疾病的并发情况密切相关。本病一年四季均可发生，以冬春季节发生较多。本病的主要传染源是病鸡或带毒鸭及候鸟，病毒主要经消化道和呼吸道接触传播。

〔临床表现〕

（1）最急性型。发病急、病程短，一般病鸡无特征性症状而突然死亡，多见于疾病流行初期和雏鸡。

（2）急性型。起初鸡体温升高达43～44℃，突然减食，饮欲增加，精神沉郁，食欲减退，闭目缩颈，尾下垂，离群呆立一隅，冠、髯呈紫色，嗉囊积液。将病死鸡倒提时，从口腔中流出大量黏液。呼吸困难，张口呼吸，喉部发出“咯咯”声，有时打喷嚏，排黄绿色或黄白色恶臭稀粪，产蛋鸡还表现产蛋停止。发病后2～3天鸡的死亡数量明显增多。

(3) 亚急性型和慢性型。疾病的后期部分鸡出现神经症状，如站立不稳，跛行，垂翅，头颈转向一侧，当惊扰或抢食时，常可见到个别病鸡突然后仰倒地，抽搐就地旋转，数分钟后又恢复正常。成年鸡发病时死亡率较低，但产蛋率急剧下降、蛋壳褪色、软壳蛋增多及剧烈腹泻等。

〔剖检病变〕病死鸡剖检时见口腔、鼻腔、喉气管内有大量浑浊黏液；喉头和气管黏膜充血、出血；嗉囊肿大，内充满酸臭液体和气体；腺胃黏膜水肿，乳头出血；小肠黏膜有枣核形的出血区，略突出于黏膜表面；盲肠扁桃体肿大、出血和溃疡；直肠黏膜呈条纹状出血。产蛋鸡卵泡充血、出血，有的卵泡破裂使腹腔内有蛋黄液。

〔鉴别诊断〕①病鸡常表现呼吸道症状（呼吸困难），伴发呼噜声、甩头、张口伸颈呼吸等，与此临床表现相似的其他疾病主要有禽流感、禽霍乱、传染性支气管炎、传染性喉气管炎、支原体病、传染性鼻炎、曲霉菌病、白喉型鸡痘等。②病鸡腹泻，排黄绿色或黄白色稀粪，有此相似症状的其他疾病有禽流感、鸡传染性法氏囊病、鸡白痢、鸡伤寒、鸡痛风等。③病鸡表现为头颈歪斜或扭颈、站立不稳、转圈等神经症状，有此相似症状的其他疾病有传染性脑脊髓炎、维生素 E 或硒缺乏症、大肠杆菌性脑炎、沙门氏菌性脑炎、食盐中毒等。④蛋鸡发病时常伴随产蛋率下降，一般为慢性过程，这一现象与传染性脑脊髓炎、传染性喉气管炎、鸡白痢等相似。⑤新城疫发生时常见鸡急性死亡，类似的疫病还有禽流感、鸡霍乱、急性败血型大肠杆菌病、某些毒物中毒等。⑥腺胃乳头出血，有此相似病变的其他疾病包括禽流感、急性禽霍乱、喹乙醇中毒、传染性腺胃炎和呕吐毒素中毒。

(二) 治疗

该病一旦发生，必须严格按《中华人民共和国动物防疫法》的要求，采取果断措施淘汰全部病鸡（高温处理、深埋或烧毁），常可收到阻止蔓延和缩短流行过程的效果。严禁将病鸡、死鸡和污染肉品出售。对鸡舍、饲槽、饮水器、用具、栖架及环境进行清扫和消毒。将垃圾、粪便、垫草、吃后剩余饲料等清除、堆积发酵、深埋或烧掉。

对受到传染威胁的鸡群进行详细观察和检查，对临床健康的鸡群用 2～3 倍剂量的鸡新城疫弱毒疫苗进行点眼、滴鼻、皮下或肌内注射紧急接种。

(三) 预防

1. 免疫接种

非疫区（或安全鸡场）的鸡群一般在 10～14 日龄用鸡新城疫Ⅱ系（B_1 株）、

Ⅳ系（LaSota 株）、C30、N79、V4 株等弱毒苗点眼或滴鼻，25～28 日龄时用同样的疫苗进行饮水免疫，并同时肌内注射 0.3mL 的新城疫油佐剂灭活苗。疫区鸡群于 4～7 日龄用鸡新城疫弱毒苗进行首免（点眼或滴鼻），17～21 日龄用同样的疫苗同样的方法进行 2 免，35 日龄时进行 3 免（饮水）。利用监测手段掌握抗体水平，若在 70～90 天抗体水平偏低，再补做 1 次弱毒苗的气雾免疫或Ⅰ系苗接种，120 天和 240 天分别进行 1 次油佐剂灭活苗加强免疫即可。当鸡群发生新城疫或受到威胁时（免疫失败或未作免疫接种的情况下）可进行紧急免疫接种，经多年实践证明，紧急注射接种可缩短流行过程，是一种较经济而积极可行的措施。当然，此种做法在一些已经潜在感染的鸡群会加速部分鸡的死亡。

2. 重视抗体监测

有条件的鸡场应定期对不同大小的鸡群抽样检查 HI 抗体，以便及时了解鸡群的抗体水平的变化情况，为及时采取相应的措施和完善免疫程序提供依据。无条件的鸡场可委托有关单位测定。

3. 严格执行卫生消毒措施

结合平时的饲养管理对鸡舍、场地、用具、饮水等进行定期消毒，一般来说，进鸡后第 1 次消毒时间不应低于 10 日龄，以后每周进行 1 次。育成鸡 10 天消毒 1 次，成年鸡 15 天消毒 1 次。同时防止其他禽类（如鸭、鹅）、候鸟、犬、猫、鼠等动物进入鸡舍，避免一切可能带病原的因素。

三、鸡传染性法氏囊病

是由鸡传染性法氏囊病毒引起的中幼雏鸡发生的一种急性接触性、免疫抑制性传染病。临床上以排石灰水样粪便，法氏囊显著肿大并出血，胸肌和腿肌呈斑块状出血为特征。该病主要侵害鸡的体液免疫中枢器官——法氏囊，所以鸡群发生本病后，不仅会造成一部分鸡死亡，更重要的是导致鸡体液免疫机能障碍，降低机体对一些疾病的抵抗力，给养鸡生产造成严重损失。

（一）诊断要点

〔流行特点〕本病的易感性与鸡法氏囊的发育阶段有关，2～15 周龄易感，其中 3～5 周龄最易感，法氏囊已退化的成年鸡只发生隐形感染。本病一旦发生便迅速传播，同群鸡约在 1 周内均可被感染，感染率可达 100%，若不采取措施，邻近鸡舍在 2～3 周后也可被感染发病，一般发病后第 3 天开始死亡，5～7 天内死亡达到高峰并很快减少，呈尖峰形死亡曲线。死亡率一般为 5%～15%，最高可高达 40%。本病一年四季均有发生，但在 4～6 月间多发。本病的主要传染源是病鸡和隐形感染鸡，病毒主要经消化道和呼吸道或被病毒污染的媒介（如饲料、饮水、粪便）传播。

〔临床表现〕表现为发病突然，病势严重。初、中期鸡体温升高可达43℃，后期体温下降。精神不振，采食下降，怕冷，打堆，伏地昏睡，走动时步态不稳。羽毛蓬松，颈部羽毛略呈现逆立。排白色石灰水样粪便，趾爪干枯，眼窝凹陷，最后衰竭而死。有时病鸡频频啄肛，严重者尾部被啄出血。发病1周后，病亡鸡数逐渐减少，迅速康复。

〔剖检病变〕见法氏囊肿胀，一般在发病后第4天肿至最大，约为原来的2倍左右。囊外有淡黄色胶冻样渗出物，纵行条纹变得明显，囊内黏膜水肿、充血、出血、坏死，并有奶油样或棕色的渗出物，严重者法氏囊外观呈紫葡萄样。发病后第5天法氏囊开始萎缩，第8天以后仅为原来的1/3左右，萎缩后黏膜失去光泽，较干燥，呈灰白色或土黄色，渗出物大多消失。胸肌和腿肌有条纹状或斑块状出血；腺胃与肌胃交界处的黏膜有条状出血带；肾脏肿大呈花斑样，输尿管扩张，内有尿酸盐沉积。

〔鉴别诊断〕①传染性法氏囊病鸡腹泻，排白色水样稀粪，表现相似症状的其他疾病有鸡白痢、副伤寒、大肠杆菌病等。②传染性法氏囊病剖检见胸肌和腿肌出血，表现相似症状的其他疾病主要有鸡住白细胞原虫病、维生素E和（或）硒缺乏症、磺胺类药物中毒、黄曲霉菌毒素中毒等。③传染性法氏囊病剖检见肾脏苍白肿大、有尿酸盐沉积，输尿管扩张、有尿酸盐沉积，表现相似症状的其他疾病主要有肾型传染性支气管炎、痛风、维生素A缺乏症、磺胺类药物中毒等。④传染性法氏囊病剖检见法氏囊可能肿大或缩小，应注意与由鸡马立克氏病和淋巴细胞性白血病引起的类似病变相区别。

（二）治疗

宜采取抗体疗法，同时配合抗病毒、抗感染辅助疗法。

1. 立即注射抗鸡传染性法氏囊病高免血清

利用病愈鸡的血清（中和抗体价在1：（1 024～4 096））或人工高免的血清（中和抗体价在1：（16 000～32 000）），每只皮下或肌内注射0.1～0.3mL，必要时第2天再注射1次。同时在饮水中加入如恩诺沙星（25mg/kg体重）、复合多维和黄芪多糖等，可显著提高疗效。

2. 立即注射抗鸡传染性法氏囊病高免卵黄抗体（每瓶加入青霉素约800万IU和链霉素500万IU）

每只皮下或肌内注射1.5～2mL，必要时第2天再注射1次。利用高免卵黄抗体进行法氏囊病的紧急治疗效果较好，但也存在一些问题。一是卵黄抗体中可能存在垂直传播的病毒（如禽白血病、产蛋下降综合征等病的病毒）和病菌（如大肠杆菌或沙门氏菌等），接种后造成新的感染；二是卵黄中含有大量蛋白质，注射后可能造成应激反应和过敏反应等；三是卵黄液中可能含有多种疫病的抗体，注射后干扰预定的免疫程序，导致免疫失败。

3. 复方炔诺酮片

每片含炔诺酮 0.6mg，炔雌酮 0.035mg。每千克体重 0.5 片，口服或混于饲料中，每天喂 2 次，连喂 2～3 天。

4. 防治本病的商品中成药

用速效管囊散、速效囊康、独特（荆防解毒散）、克毒Ⅱ号、瘟病消、瘟喘康、黄芪多糖注射液（口服液）、芪蓝囊病饮、病菌净口服液、抗病毒颗粒等结合抗生素试治。

（三）预防

1. 免疫接种

鸡传染性法氏囊病的疫苗有两大类，活疫苗和灭活苗。活疫苗分为 3 种类型，一类是温和型或低毒力型的活苗，如 A80、D78、PBG98、LKT、LZD228 等；二类是中等毒力型活苗，如 IBD－B2、BJ836、Cu1M、B87、WS－2、Lukert 细胞毒等；三类是高毒力型的活疫苗，如低代次的 2512 毒株、J1 株等。灭活苗有 CJ－801－BKF 株、X 株、强毒 G 株等。制定免疫程序时，应根据当地本病的流行特点、饲养管理条件、疫苗毒株的特点、鸡群母源抗体水平等来决定，以便选择适当的免疫时间，有效地发挥疫苗的保护作用。现仅提供几种免疫程序，供参与。

（1）对于母源抗体水平正常的种鸡群。可于 2 周龄时选用中等毒力活疫苗进行首免，5 周龄时用同样疫苗进行 2 免，产蛋前（20 周龄时）和 38 周龄时各注射油佐剂灭活苗 1 次。

（2）对于母源抗体水平正常的肉用雏鸡或蛋鸡。10～14 日龄选用中等毒力活疫苗时行首免，21～24 日龄时用同样疫苗进行 2 免。

（3）对于母源抗体水平偏高的肉用雏鸡或蛋鸡。18 日龄选用中等毒力活疫苗进行首免，28～35 日龄时用同样疫苗进行 2 免。

（4）对于母源抗体水平低或无的肉用雏鸡或蛋鸡。1～3 日龄时用低毒力活疫苗（如 D78 株），或 1/3～1/2 剂量的中等毒力活疫苗进行首免，10～14 日龄时用同样疫苗进行 2 免。

2. 完善鸡群的环境条件

避免应激发生。

3. 在本病流行区的鸡场

在前后两批的间隔期间，应对鸡舍进行彻底打扫、消毒，加强隔离措施，严格限制无关人员进入鸡舍。

4. 抗体被动免疫

对于受到鸡传染性法氏囊病威胁的鸡群或病毒污染比较严重的鸡场，每只鸡皮下注射 1～1.5mL 高免血清或高免卵黄液，可有效地控制该病的发生和蔓延。

四、鸡传染性支气管炎

(一) 呼吸型传染性支气管炎

是由鸡传染性支气管炎病毒引起的鸡急性、高度接触性的呼吸道疾病，临床上以气管和支气管黏膜发炎、呼吸困难、伴有气管啰音、咳嗽、张口打喷嚏，成年鸡产蛋率下降、产软壳蛋和畸形蛋等为特征。

1. 诊断要点

〔流行特点〕各种日龄、品种的鸡都可发病，但以 6 周龄以下的雏鸡最严重，本病在鸡群中传播迅速，几乎在同一时间内，有接触史的易感鸡均可感染，在一个鸡群中的流行过程为 2～3 周，仔鸡的病死率在 6%～30%。6 周龄以上的鸡感染后呼吸道症状轻微，产蛋鸡产蛋率急剧下降，且难以恢复。本病一年四季都可发生，但以冬春季节最严重。本病的主要传染源是病鸡和康复后的带毒鸡，其病毒可通过空气飞沫或饮水、饲料从呼吸道或消化道感染。

〔临床表现〕病雏表现为伸颈、张口喘息，伴有啰音和嘶哑的声音（多只病鸡聚在一起时），打喷嚏和流鼻液，有时伴有流泪和面部水肿。出现呼吸道症状 2～3 天后，精神、食欲大受影响，病死率的高低与毒株的毒力、环境因素和并发症有关。育成鸡呈现半张口呼吸，咳嗽，发出“喉喉”的声音；为排出气管内的黏液，频频甩头；发病 3～4 天后，出现腹泻，粪便呈黄白色或绿色，一般病死率不高。产蛋鸡除出现气管啰音，喘气、咳嗽，打喷嚏等症状外，突出的表现是产蛋率显著下降（约下降 50% 左右），并产软壳蛋、畸形蛋和粗壳蛋。即使在产蛋率逐步恢复后的一段时间内，蛋质变差，蛋黄与蛋白分开，蛋白稀薄呈水样，或者蛋白粘在壳膜的内层，病程 10～20 天。

〔剖检变化〕剖检病鸡可见气管、支气管、鼻腔和鼻旁窦内有水样或黏稠的黄白色渗出物，黏膜肥厚；有的病例在气管内有灰白色痰状栓子，肺充血、水肿；气囊混浊、变厚、有渗出物。2 周龄的雏鸡感染后，有的输卵管受到永久性损害，即发生输卵管发育受阻、变细、变短或呈囊状，失去正常功能。产蛋期发病时可见卵泡充血、出血，有的萎缩、变形，输卵管水肿。

〔鉴别诊断〕①病鸡表现呼吸道症状（呼吸困难），如发出呼噜声、甩头、张口伸颈呼吸等，表现相似症状的其他疾病主要有禽流感、禽霍乱、新城疫、传染性喉气管炎、支原体病、传染性鼻炎、黄曲霉菌病、白喉型鸡痘等。②蛋鸡发病时产蛋率下降，一般呈急性经过，这一现象也见于产蛋下降综合症、禽霍乱、禽流感、禽肠球菌病等。

2. 治疗

选用抗病毒药抑制病毒的繁殖，添加抗生素防止继发感染，用黄芪多糖等提高鸡群的抵抗力，配合镇咳等对症疗法。

（1）加强饲养管理。改善鸡群的饲养和管理环境，提高育雏室温度2～3℃，防止应激因素，保持鸡群安静，降低饲料蛋白质的水平，增加维生素用量，供给充足清洁的饮水。

（2）防止继发感染。在饲料或饮水中添加抗生素，如环丙沙星、氧氟沙星、林可霉素或咳喘灵等（用药剂量请参考本章第三节鸡大肠杆菌病治疗部分），以防细菌继发感染。

（3）扩张支气管。用氨茶碱片口服，每只鸡每天1次，用量为0.5～1g，同时肌内注射青霉素（每只3 000IU）和链霉素（每只4 000IU），连用4天。

（4）抗病毒。用病毒唑水溶液（30mg/kg体重），恩诺沙星（25mg/kg体重）二者混饮，全群饲喂，连用5天。

3. 预防

（1）免疫接种。在4～5日龄或2周龄用H120弱毒苗或新城疫－传染性支气管炎二联苗滴鼻、点眼、气雾和饮水；5周龄或1月龄接种第2次。种用鸡在2～4月龄加强1次，用毒力较强的H52疫苗，免疫期5～6个月。种鸡和蛋鸡在开产前用油乳剂灭活苗（或多联苗）肌内注射1次，以使雏鸡在3周龄内获得母源抗体的保护。

（2）做好引种和卫生消毒工作。防止从病鸡场引进种鸡，做好防疫、消毒工作；加强饲养管理，注意鸡舍环境卫生；做好冬季保温，并保持通风良好，防止鸡群密度过大；供给营养优良的饲料；有易感性的鸡不能和病愈鸡或来历不明的鸡接触或混群饲养。

（二）肾病型传染性支气管炎

20世纪90年代以来，我国一些地区发生一种以肾病为主的支气管炎，临床上以突然发病，迅速传播，排白色稀粪、渴欲增加、严重脱水、肾脏肿大为特征。

1. 诊断要点

〔临床表现〕主要见到 20～50 日龄的雏鸡，其发病与环境应激（特别是冷应激）有关。典型的病程分为 2 个阶段：第 1 阶段出现轻微的呼吸道症状，往往不被察觉，经 2～4 天症状近乎消失，表面上“康复”；第 2 阶段是发病后 10～12 天，出现严重的全身症状，精神沉郁，羽毛松乱，厌食，排白色石灰水样稀粪，失水，脚趾干枯。整个病程 21～25 天，发病率和死亡率因感染日龄、病毒毒力大小和饲养管理条件而不同，通常在 5%～45%不等。

〔剖检病变〕主要表现为肾脏肿，苍白；肾小管和输尿管扩张，充满白色的尿酸盐，外观呈花斑状，称之为“花斑肾”。盲肠后段和泄殖腔中常沉积白色的尿酸盐，有的病例可见呼吸道病变。

〔鉴别诊断〕本病剖检见肾脏和输尿管有大量的尿酸盐沉积，表现相似症状的疾病还有传染性法氏囊病、痛风等。

2. 治疗

选用抗病毒药抑制病毒的繁殖，添加抗生素防止继发感染，用黄芪多糖等提高鸡群的抵抗力（参考鸡传染性支气管炎相关治疗），其他对症疗法如下。

(1) 减轻肾脏负担。将日粮中的蛋白质水平降低 2%～3%，禁止使用对肾有损伤的药物，如庆大霉素、磺胺类药物等。

(2) 维持肾脏的离子及酸碱平衡。可在饮水中加入肾肿解毒药（肾肿消、益肾舒或口服补液盐）或饮水中加 5% 的葡萄糖或 0.1% 的盐和 0.1% 维生素 C，并且饮水要供足，连用 3～4 天，有较好的辅助治疗作用。

(3) 中草药疗法。中草药方剂（板蓝根、山荆芥、防风、射干、山豆根、苏叶、甘草、地榆炭、桔梗、炙杏仁、紫菀、川贝母、苍术等各适量炮制粉碎，过筛混匀备用）拌料或饮水投喂，有一定的效果。

3. 预防

肉仔鸡预防肾型传染性支气管炎时，1 日龄用新城疫Ⅳ系、H120 和 28/86 三联苗点眼或滴鼻进行首免，15～21 日龄用 Ma5 点眼或滴鼻进行 2 免。蛋鸡预防肾型传染性支气管炎时，1～4 日龄用 Ma5 或 H120 或新城疫传支二联苗点眼或滴鼻进行首免，15～21 日龄用 Ma5 点眼或滴鼻进行 2 免，30 日龄用 H52 点眼或滴鼻，6～8 周龄时用新支二联弱毒苗点眼或滴鼻，16 周龄时用新支二联灭活油乳剂苗肌内注射。

五、鸡传染性喉气管炎

是由鸡传染性喉气管炎病毒引起的一种急性、高度接触性的上呼吸道传染病。临床上以发病急、传播快、呼吸困难、咳嗽、咳出血样渗出物，喉头和气管黏膜肿胀、糜烂、坏死、大面积出血和产蛋率下降等为特征。该病是集约化养鸡场出现的主要疫病之一。

（一）诊断要点

〔流行特点〕不同品种、性别、日龄的鸡均可感染本病，但通常只有育成鸡和成年产蛋鸡才表现出典型的临床症状。本病在易感鸡群中传播迅速，感染率可达90%～100%，死亡率在5%～70%不等。饲养管理条件不良，如空气污浊、缺乏某些维生素或微量元素、寄生虫或慢性病的感染等情况下，都可诱发或加重本病。本病一年四季都可发生，但以寒冷的季节多见。本病的主要传染源是病鸡，其病毒主要是通过呼吸道、眼结膜、口腔侵入体内，也可经消化道传播，是否经种蛋垂直传播目前尚不清楚。

〔临床表现〕4～10月龄的成年鸡感染该病时多出现特征性症状。发病初期，常有数只鸡突然死亡，其他患鸡开始流泪，流出半透明的鼻液。经1～2天后，病鸡出现特征性的呼吸道症状，包括伸颈，张嘴，喘气，打喷嚏，不时发出“咯咯”声，并伴有啰音和喘鸣声，咳嗽，甩头并咳出血痰和带血液的黏性分泌物。在急性期，此类病鸡增多，带血样分泌物污染病鸡的嘴角、颜面及头部羽毛，也污染鸡笼、垫料、水槽及鸡舍墙壁等。多数病鸡体温升高至43℃以上，间有下痢。最后病鸡往往因窒息而死亡。产蛋鸡发病时产蛋率下降10%～20%甚至更多。本病的病程不长，通常7日左右症状消失，但大群笼养蛋鸡感染时，从发病开始到终息，大约需要4～5周。产蛋高峰期产蛋率下降10%～20%的鸡群，约1个月后恢复正常；而产蛋率下降超过40%的鸡群，一般很难恢复到产前水平。

〔剖检病变〕病死鸡剖检的特征性的病变为喉头和气管黏膜肿胀、充血、出血，甚至坏死，气管内有血凝块、黏液或淡黄色干酪样渗出物，有时喉头和气管完全被黄色干酪样渗出物堵塞，干酪样物质易剥离。

（二）治疗

早期确诊后可紧急接种疫苗或注射高免血清，有一定的治疗效果。投服抗菌药物，对防止继发感染有一定的作用，采取对症疗法可减少死亡。

1. 紧急接种

用传染性喉气管炎活疫苗对鸡群作紧急接种，采用泄殖腔接种的方式。具体做法为：每克脱脂棉制成10个棉球，每个鸡用1个棉球，以每个棉球吸水10mL的量计算稀释液，将疫苗稀释成每个棉球含有3倍的免疫量，将棉球浸泡其中后，用镊子夹取1个棉球，通过鸡肛门塞入泄殖腔中并旋转晃动，使其向泄殖腔四壁涂抹，然后松开镊子并退出，让棉球暂留于泄殖腔中。

2. 对症疗法

用“麻杏石甘口服液”饮水，用以平喘止咳，缓解症状；干扰素肌内注射，每瓶用250mL生理盐水稀释后每只鸡注射1mL；用喉毒灵给鸡饮水，同时在饮水中加入林可霉素（每升饮水中加0.1g）以防止继发感染，连用4天；用0.02%的氨茶碱给鸡饮水，连用4天；饮水中加入黄芪多糖，连用4天。

3. 加强消毒和饲养管理

发病期间用12.8%的戊二醛溶液与水按1∶1 000，10%的聚维酮碘溶液与水按1∶500喷雾消毒，每天1次，交替进行，提高饲料中蛋白质和能量水平，并注意营养的全面性和适口性。

（三）预防

1. 免疫接种

现有的疫苗有冻干活疫苗、灭活苗和基因工程苗等。制定免疫程序时，应根据当地本病的疫情状况、饲养管理条件、疫苗毒株的特点、鸡群母源抗体水平等来决定，以便选择适当的免疫时间，有效地发挥疫苗的保护作用。下面提供几种免疫程序供参考。

（1）未污染的蛋鸡和种鸡场。50日龄时进行首免，选择冻干活疫苗，点眼的方式进行，90日龄时用同样疫苗同样方法再免1次。

（2）污染的鸡场。30～40日龄进行首免，选择冻干活疫苗，点眼的方式进行，80～110日龄用同样疫苗同样方法进行2免；或20～30日龄首免，选择基因工程苗，以刺种的方式进行接种，80～90日龄时选用冻干活疫苗，点眼的方式进行2免。

2. 加强饲养管理

改善鸡舍通风，注意环境卫生，并严格执行消毒卫生措施。不要引进病鸡和带毒鸡。病愈鸡不可与易感鸡混群饲养，最好将病愈鸡淘汰。

六、鸡马立克氏病

是由鸡马立克氏病病毒引起的一种鸡淋巴组织增生性疾病，临床上以外周神经、虹膜、各种内脏器官、性腺、虹膜肌肉和皮肤出现单独或多发的肿瘤样病变为特征。目前，马立克氏病呈世界性分布，加之又是一种免疫抑制性疾病，易造成免疫失败，给养鸡业造成巨大经济损失。

（一）诊断要点

〔流行特点〕本病感染日龄越早，发病率越高，1日龄的雏鸡比10日龄以上的仔鸡易感性高出几百倍。肉鸡多在 40 ~ 60 日龄发病，蛋鸡发病多在 60 ~ 120 日龄，170 日龄之后仅有个别鸡发病。可造成肉鸡的废弃率增高及蛋鸡的产蛋率下降等损失。其发病率一般在5% ~30%，严重的可达60%，病鸡的死亡率可达100%。该病毒可通过呼吸道和消化道入侵，此外，进出育雏室的人员、昆虫(甲虫)、鼠类可成为传播媒介。

［临床表现和剖检病变］本病的潜伏期一般为 3 周左右，鸡感染后 4 周龄以上才会表现症状，8 ~ 9 周龄的鸡发病严重。因病变发生的主要部位不同，其临床表现和剖检病变也有较大差异，通常分为4 种类型，临床上同一病鸡往往同时表现其中的几种类型。

(1) 内脏型。病鸡食欲减退、渐进性消瘦、鸡冠发白、精神不振、离群独处于角落，发病后几天内死亡。剖检见卵巢、肺脏、脾脏、肾脏、腺胃、肠壁、胰腺、睾丸、肌肉、心和肝脏等器官有针尖大小或米粒大小或黄豆大小，甚至如鸡蛋黄大小的肿瘤生长在实质脏器内或突出于脏器表面。该型幼鸡多发，死亡率高。

(2) 神经型。病鸡极度消瘦、体重下降、鸡冠发白，根据病变部位的不同，可见脖子斜向一侧、翅膀或腿的不对称麻痹或完全瘫痪，典型症状是呈现出一腿向前伸，一腿向后伸的“劈叉”姿势。剖检见坐骨神经、臂神经和迷走神经肿大 2 – 3 倍，外观呈灰色或淡黄色，神经的纹路消失。有些病例用手摸可以感觉到有大小不等的结节，外观神经粗细不均。

(3) 皮肤型。病鸡皮肤上（尤其在颈部、翅膀和大腿）有淡白色或淡黄色肿瘤结节，突出于皮肤表面，有时破溃。

(4) 眼型。病鸡一侧或两侧眼睛发病，表现为虹膜死亡、色素消失，呈同心环状、斑点状或弥漫性灰白色，俗称“灰眼”或“银眼”；瞳孔的边缘不整齐，呈锯齿状，而且逐渐缩小，最后仅有粟粒大，不能随外界光线强弱而调节大小，病眼视力丧失。剖检见病鸡一侧或两侧眼的虹膜有肿瘤生长。

［鉴别诊断］①病鸡躯体无毛部位的结节，与皮肤型鸡痘有相似的表现。②内脏肿瘤结节，与鸡白血病、网状内皮组织增殖病的表现相似。③病鸡表现出的免疫抑制，与传染性法氏囊病、网状内皮组织增殖病、鸡白血病、传染性贫血病和呼肠孤病毒感染等相似。都应注意区别诊断。

(二) 治疗

对于患该病的鸡群，目前尚无有效的治疗方法。一旦发病，应隔离病鸡和同群鸡，对鸡舍及周围环境进行彻底消毒，对重症病鸡应立即扑杀，并连同病死

鸡、粪便、羽毛及垫料等进行深埋或焚烧等无害化处理。

(三) 预防

1. 免疫接种

目前，使用的疫苗有3种，人工致弱的Ⅰ型（如CV1988）、自然不致瘤的Ⅱ型（如SB1，Z4）和Ⅲ型HVT（如FC126）。HVT疫苗使用最为广泛，但有很多因素可以影响疫苗的免疫效果。参考免疫程序：选用HVT疫苗或CV1988疫苗，小鸡在1日龄接种，1周龄时再接种1次；或以低代次种毒生产的CV1988疫苗，每头份的病毒含量应大于2 000PFU，通常1次免疫即可，必要时还可加上HVT同时免疫。疫苗稀释后仍要放在冰瓶内，并在2h内用完。

2. 防止雏鸡早期感染

在种蛋入孵前应对种蛋进行消毒；育雏室、孵化室、孵化箱和其他笼具应进行彻底消毒；雏鸡最好在严格隔离的条件下饲养；采用全进全出的饲养制度，防止不同日龄的鸡混养于同一鸡舍。

3. 加强饲养管理

防止应激因素，改善鸡群的环境条件，增强鸡体的抵抗力。

4. 加强监测和检疫

防止因引种或购入苗鸡或种蛋将病毒带入鸡场。对可能存在超强毒株的高发鸡群使用814 + SB - 1二价苗或814 + SB - 1 + FC126三价苗进行免疫接种。

第二节　鸡细菌性传染病

一、鸡大肠杆菌病

是由不同血清型的埃希氏大肠杆菌引起的一类人与动物共患传染病的总称。随着集约化养鸡业的发展，大肠杆菌病的发病率日趋增多，造成鸡的成活率下降，增重减慢和屠宰废弃率增加，给养鸡业造成巨大的经济损失。

(一) 诊断要点

[流行特点] 各种日龄、品种的鸡均可发病，以4月龄以内的鸡易感性较高。鸡大肠杆菌病既可单独感染，也可能是继发感染。本病的发病率和死亡率因饲养管理水平、环境卫生状况和防治措施的不同而呈现较大的差异。本病一年四季均可发生，但在多雨、闷热和潮湿季节发生更多。该细菌可以经种蛋带菌垂直传播，也可经消化道、呼吸道和生殖道（自然交配或人工授精）及皮肤创伤等门

户入侵，饲料、饮水、垫料，空气等是主要的传播媒介。

〔临床表现和剖检病变〕①雏鸡脐炎型：病雏的脐带发炎，愈合不良。②脑炎型：见于1～7日龄的雏鸡，病雏扭颈，出现神经症状，采食减少或不食。③浆膜炎型：常见于2～6周龄的雏鸡，病鸡精神沉郁，缩颈闭眼，嗜睡，羽毛松乱，两翅下垂，食欲不振或废绝，气喘、甩鼻、出现呼吸道症状，眼结膜和鼻腔带有浆液性或黏液性分泌物，部分病例腹部膨大下垂，行动迟缓，重症者呈“企鹅”状，腹部触诊有液体波动。死于浆膜炎型的病鸡，可见心包积液，纤维素性心包炎，气囊混浊，呈纤维素性气囊炎，肝脏肿大，表面也有纤维素膜覆盖，有的肝脏伴有坏死灶。④急性败血症型（大肠杆菌败血症）：是大肠杆菌病的典型表现，6～10周龄的鸡多发，呈散发性或地方流行性，病死率5%～20%，有时可达50%，特征性的病理剖检变化是可见明显的纤维蛋白性心包炎，肝周炎和气囊炎，肝脏肿大，脾、肾脏肿大，有时肝表面可见灰白色针尖状坏死点，胆囊扩张，充满胆汁，脾、肾脏肿大。⑤关节炎和滑膜炎型：一般是由关节的创伤或大肠杆菌性败血时细菌经血液途径转移至关节所致，病鸡表现为行走困难、跛行或呈伏卧姿势，一个或多个腱鞘、关节发生肿大。剖检可见关节液混浊，关节腔内有干酪样或脓性渗出物蓄积，滑膜肿胀、增厚。⑥气囊炎型：气囊炎多发生于5～12周龄的幼鸡，6～9周龄为发病高峰。病鸡表现为轻重不一的呼吸道症状。剖检病变为气囊壁增厚混浊呈灰黄色，囊内有淡黄色干酪样渗出物或干酪样物。心包增厚不透明，心包腔内积有淡黄色液体。肝、脾脏肿大、肝包膜增厚、表面有纤维素性渗出物覆盖。死亡率约为8%～10%。⑦大肠杆菌性肉芽肿型：是一种常见的病型，45～70日龄鸡多发。病鸡进行性消瘦，可视黏膜苍白，腹泻，特征性病理剖检变化是在病鸡的小肠、盲肠、肠系膜及肝脏、心脏等表面见到黄色脓肿或肉芽肿结节，肠粘连不易分离，脾脏无病变。外观与结核结节及马立克氏病的肿瘤结节相似。严重的死亡率可高达75%。⑧卵黄性腹膜炎和输卵管炎型：主要发生于产蛋母鸡，病鸡表现为产蛋停止，精神委顿、腹泻，粪便中混有蛋清及卵黄小块，有恶臭味。剖检时可见腹腔中充满黄色腥臭的液体和纤维素性渗出物，肠壁互相粘连，卵泡皱缩变成灰褐色或酱紫色。输卵管扩张，黏膜发炎，上有针尖状出血，扩张的输卵管内有核桃大至拳头大的黄白色干酪样团块，切面呈轮层状，人们常称其为“蛋子瘟”可持续存在数月，并可随时间的延长而增大。⑨全眼球炎型：当鸡舍内空气中的大肠杆菌密度过高时，或在发生大肠杆菌性败血症的同时，部分鸡可引起眼球炎，表现为一侧眼睑肿胀，流泪，羞明，眼内有大量脓液或干酪样物质，角膜混浊，眼球萎缩，失明。偶尔可见两

侧感染，内脏器官一般无异常病变。⑩肿头综合征：是指在鸡的头部皮下组织及眼眶周围发生急性或亚急性蜂窝状炎症。可以看到鸡眼眶周围皮肤红肿，严重的整个头部明显肿大，皮下有干酪样渗出物。

〔鉴别诊断〕①该病剖检出现的心包炎、肝周炎和气囊炎（俗称“三炎”或“包心包肝”）病变与鸡毒支原体、鸡痛风的剖检病变相似。②该病表现的腹泻与球虫病、禽肠道病毒样病毒、轮状病毒、疏密螺旋体、某些中毒病等出现的腹泻相似。③该病出现的输卵管炎与鸡白痢、禽伤寒、禽副伤寒等呈现的输卵管炎相似。④该病表现的呼吸困难与鸡毒支原体、新城疫、鸡传染性支气管炎、禽流感、鸡传染性喉气管炎等表现的呼吸困难相似。⑤该病引起的关节肿胀、跛行与葡萄球菌或巴氏杆菌或沙门氏菌关节炎、病毒性关节炎、锰缺乏症等引起的病变类似。⑥该病引起的脐炎、卵黄囊炎与鸡沙门氏菌病、葡萄球菌病等引起的病变类似。⑦该病引起的眼炎与葡萄球菌性眼炎、衣原体病、氨气灼伤、维生素A缺乏症等引起的眼炎类似，都应注意区别。

（二）治疗

1. 抗菌药物治疗

在鸡群中流行本病时，首先应从改善饲养管理、搞好环境卫生着手，剔除病鸡，及时进行隔离治疗或淘汰，对于同群的健康鸡，使用以下抗菌药物治疗。

（1）头孢噻呋（赛得福、速解灵、速可生）。注射用头孢噻呋钠或5%的盐酸头孢噻呋混悬注射液，雏鸡按每只0.08～0.2mg颈部皮下注射。

（2）氟苯尼考（氟甲砜霉素）。氟苯尼考注射液按每千克体重20～30mg 1次肌内注射，每天2次，连用3～5天；或按每千克体重10～20mg 1次内服，每天2次，连用3～5天。10%的氟苯尼考散按每千克饲料50～100mg混饲3～5天。以上均以氟苯尼考计。

（3）安普霉素（阿普拉霉素、阿布拉霉素）。40%的硫酸安普霉素可溶性粉按每升饮水250～500mg混饮5天。以上均以安普霉素计。产蛋期禁用，休药期7天。

（4）诺氟沙星（氟哌酸）。2%的烟酸或乳酸诺氟沙星注射液按每千克体重10mg 1次肌内注射，每天2次。2%或10%的诺氟沙星溶液按每千克体重10mg 1次内服，每天1～2次；或按每千克饲料50～100mg混饲，或按每升饮水100mg混饮。

（5）环丙沙星（环丙氟哌酸）。2%的盐酸或乳酸环丙沙星注射液按每千克体重5mg 1次肌内注射，每天2次，连用3天；或按每千克体重5～7.5mg 1次内服，每天2次。2%的盐酸或乳酸环丙沙星可溶性粉按每升饮水25~50mg混饮，连用3~5天。

(6) 恩诺沙星（乙基环丙沙星、百病消）。0.5%或2.5%的恩诺沙星注射液按每千克体重2.5~5mg 1次肌内注射，每天1~2次，连用2~3天。恩诺沙星片按每千克体重5~7.5mg 1次内服，每天1~2次，连用3~5天。2.5%或5%的恩诺沙星可溶性粉按每升饮水50~75mg混饮，连用3~5天。休药期8天。

(7) 甲磺酸达氟沙星（单诺沙星）。2%的甲磺酸达氟沙星可溶性粉或溶液按每升饮水25~50mg混饮3~5天。

此外，其他抗鸡大肠杆菌病的药物有氨苄西林（氨苄青霉素、安比西林）、链霉素、卡那霉素，庆大霉素、新霉素、土霉素（氧四环素）（用药剂量请参考鸡白痢治疗部分），泰乐菌素（泰乐霉素、泰农）、阿米卡星（丁胺卡那霉素）、大观霉素（壮观霉素、奇观霉素）、盐酸大观-林可霉素（利高霉素）、多西环素（强力霉素、脱氧土霉素）、氧氟沙星（氟嗪酸）（用药剂量请参考鸡慢性呼吸道病治疗部分）、磺胺对甲氧嘧啶（消炎磺、磺胺-5-甲氧嘧啶、SMD），磺胺氯达嗪钠，沙拉沙星（用药剂量请参考禽霍乱治疗部分）。

2. 中草药治疗

(1) 黄柏100g，黄连100g，大黄50g，加水1500mL，微火煎至1 000mL，取药液；药渣加水如上法再煎1次，合并2次煎成的药液以1:10的比例稀释饮水，供1 000只鸡饮水，每天1剂，连用3天。

(2) 黄连、黄芩、栀子、当归、赤芍、丹皮、木通、知母、肉桂、甘草、地榆炭按一定比例混合后，粉碎成粗粉，成鸡每次1~2g，每天2次，拌料饲喂，连喂3天；症状严重者，每天2次，每次2~3g，做成药丸填喂，连喂3天。

（三）预防

1. 免疫接种

为确保免疫效果，须用与鸡场血清型一致的大肠杆菌制备的甲醛灭活苗、大肠杆菌灭活油乳苗、大肠杆菌多价氢氧化铝苗或多价油佐剂苗进行2次免疫，第1次接种时间为4周龄，第2次接种时间为18周龄，以后每隔6个月进行1次加强免疫注射。体重在3kg以下皮下注射0.5mL，在3kg以上皮下注射1mL。

2. 建立科学的饲养管理体系

鸡大杆菌病在临床上虽然可以使用药物控制，但不能达到永久的效果，加强饲养管理，搞好鸡舍和环境的卫生消毒工作，避免各种应激因素显得至关重要。

(1) 种鸡场要及时收拣种蛋，避免种蛋被粪便污染。

(2) 搞好种蛋、孵化器及孵化全过程的清洁卫生及消毒工作。

(3) 注意育雏期间的饲养管理，保持较稳定的温度、湿度（防止时高时低），做好饲养管理用具的清洁卫生。

(4) 控制鸡群的饲养密度，防止过分拥挤。保持空气流通、新鲜，防止有害气体污染。定期消毒鸡舍、用具及养鸡环境。

(5) 在饲料中增加蛋白质和维生素 E 的含量，可以提高鸡体抗病能力。应注意饮水污染，鸡群可以不定期的饮用“生态王”维持肠道正常菌群的平衡，减少致病性大肠杆菌的侵入。

此外，定期给鸡群投放抗生素或益生素等生物制剂，对预防大肠杆菌病有很好的效果。

3. 建立良好的生物安全体系

正确选择鸡场场址，场内规划应合理，尤其应注意鸡舍内的通风。消灭传染源，减少疾病发生。重视新城疫、传染性法氏囊病、传染性支气管炎等传染病的预防，重视免疫抑制性疾病的防控。

4. 药物预防

一般的雏鸡出壳后开食时，在饮水中加入庆大霉素（剂量为 0.04% ~ 0.06%，连饮 1 ~ 2 天）或其他广谱抗生素；或在饲料中添加微生态制剂，连用 7 ~ 10 天，有一定的效果。

二、鸡沙门氏菌病

(一) 鸡白痢

是由鸡白痢沙门氏菌引起的一种传染病，其主要特征是患病雏鸡排白色糊状粪便。

1. 诊断要点

〔流行特点〕经蛋严重感染的雏鸡往往在出壳后 1 ~ 2 天内死亡，部分外表健康的雏鸡 7 ~ 10 天时发病，7 ~ 15 日龄为发病和死亡的高峰，16 ~ 20 日龄时发病率逐日下降，20 日龄后发病率迅速减少。其发病率因品种和性别而稍有差别，一般在 5% ~ 40% 左右，但在新传入本病的鸡场，其发病率显著增高，有时甚至达 100%，病死率也较老疫区的鸡群高。该细菌主要经蛋垂直传播，也可通过被粪便污染的饲料、饮水和孵化设备而水平传播，野鸟、啮齿类动物和蝇可作为传播媒介。

〔临床表现和剖检病变〕①雏鸡：多数病雏排出白色糊状或带绿色的稀粪，沾染肛门周围的绒毛，粪便干后结成石灰样硬块，常堵塞肛门，病雏因排粪困难而发出尖叫声。同时出现呼吸急促继而呼吸困难、离群呆立、缩颈闭目、两翅下垂、后躯下坠、喜欢靠近热源、打堆等。出壳后不久即死亡的雏鸡和3~4日龄以内死亡的病鸡剖检病变不明显。病程稍长者见卵黄吸收不良，呈污绿色或灰黄色奶油样或干酪样，肾脏因充满尿酸盐而扩张呈花斑状，肺和心肌表面、肝、脾、肌胃、小肠及盲肠表面扩张呈花斑状，肺和心肌表面、肝、脾、肌胃、小肠及盲肠表面有灰白色稍隆起的坏死结节或块状出血，嗉囊空虚，肝、脾脏肿大，胆囊扩张。②青年鸡：多发生于40~80日龄，青年鸡的发病受应激因素（如密度过大、气候突变、卫生条件差等）的影响较大。一般突然发生，鸡呈现零星突然死亡，从整体上看鸡群没有什么异常，但总有几只鸡精神沉郁、食欲差和腹泻。病程较长，为15~30天，死亡率达5%~20%。剖检病鸡见肝脏肿大，有散在或密集的大小不等的白色坏死灶，偶见整个腹腔充满血水，心包膜增厚呈黄色不透明，心肌上有数量不等的坏死灶，肠道有卡他性炎症。③成年鸡：多为慢性或隐性感染。感染母鸡的产蛋率、受精率和孵化率下降，极少数病鸡表现精神委顿，排出稀粪，产卵停止。有的感染鸡因卵黄囊炎引起腹膜炎、腹膜增生而呈"垂腹"现象。成年母鸡的主要剖检病变为卵子变形、变色，有腹膜炎，伴以急性或慢性心包炎，成年公鸡睾丸极度萎缩，输精管管腔增大，充满稠密的均质渗出物。

〔鉴别诊断〕请参考本章第三节鸡大肠杆菌病的相关叙述。

2. *治疗*

（1）隔离病鸡，加强消毒。

（2）药物治疗。

①氨苄西林（氨苄青霉素、安比西林）：注射用氨苄西林钠按每千克体重10~20mg 1次肌内或静脉注射，每天2~3次，连用2~3天。氨苄西林钠胶囊按每千克体重20~40mg 1次内服，每天2~3次，55%的氨苄西林钠可溶性粉按每升饮水600mg混饮。

②链霉素：注射用硫酸链霉素每千克体重20~30mg 1次肌内注射，每天2~3次，连用2~3天。硫酸链霉素片按每千克体重50mg内服，或按每升饮水30~120mg混饮。

③卡那霉素：25%的硫酸卡那霉素注射液按每千克体重10~30mg 1次肌内注射，每天2次，连用2~3天。或按每升饮水30~120mg混饮2~3天。

④庆大霉素：4%的硫酸庆大霉素注射液按每千克体重5~7.5mg 1次肌内注射。每天2次，连用2~3天。硫酸庆大霉素片按每千克体重50mg内服，或按每

升饮水20~40mg混饮3天。

⑤新霉素：硫酸新霉素片按每千克饲料70~140mg混饲3~5天。3.25%或6.5%的硫酸新霉素可溶性粉按每升饮水35~70mg混饮3~5天。蛋鸡禁用，肉鸡休药期5天。

⑥土霉素（氧四环素）：注射用盐酸土霉素按每千克体重25mg 1次肌内注射。土霉素片按每千克体重25~50mg 1次内服，每天2~3次，连用3~5天，或按每千克饲料200~800mg混饲。盐酸土霉素水溶性粉按每升饮水150~250mg混饮。

⑦甲砜霉素：甲砜霉素片按每千克体重20~30mg 1次内服，每天2次，连用2~3天。5%的甲砜霉素散，按每千克饲料50~100mg混饲。以上均以甲砜霉素计。

此外，其他抗鸡白痢药物还有氟苯尼考（氟甲砜霉素）、安普霉素（阿普拉霉素、阿布拉霉素）、诺氟沙星（氟哌酸）、环丙沙星（环丙氟哌酸）、恩诺沙星（乙基环丙沙星、百病消）（用药剂量请参考鸡大肠杆菌病治疗部分）；多西环素（强力霉素、脱氧土霉素）、氧氟沙星（氟嗪酸）（用药剂量请参考鸡慢性呼吸道病治疗部分）；磺胺甲噁唑（磺胺甲基异噁唑、新诺明、新明磺、SMZ）（用药剂量请参考禽霍乱治疗部分）等。

3. 预防

（1）免疫接种。一种是雏鸡用的菌苗为9R，另一种是青年鸡和成年鸡用的菌苗为9S，这两种弱毒菌苗对本病都有一定的预防效果，但在国内使用不多。

（2）药物预防。在雏鸡首次开食和饮水时添加防治鸡白痢的药物（见治疗部分）。

（3）利用微生态制剂预防本病。用蜡样芽孢杆菌、乳酸杆菌或粪肠球菌等制剂混在饲料中喂鸡，这些细菌在肠道中生长后，有利于厌氧菌的生长，从而抑制了沙门氏菌等需氧菌的生长。目前，市场上此类制剂有促菌生、止痢灵、康大宝等。

（4）做好鸡场生物安全防范措施。要注意切断传染源，防止鸡被沙门氏菌感染，因此，要求对鸡舍和用具要经常消毒，产蛋箱内应清洁无粪便，及时收蛋并送至种蛋室保存和消毒。孵化器（尤其是出雏器）内的死胚、破碎的蛋壳及绒毛等应仔细收集后消毒。重视雏鸡的饮水卫生，大小鸡不能混养。防止鼠、飞鸟进入鸡舍，禁止无关人员随便出入鸡舍。发现死鸡，尽快请当地有执业资格证的兽医专业人士诊断；死鸡不要随手乱扔，要做无害化处理，焚烧或丢入化粪池。

(5) 有计划地培育无白痢病的种鸡群是控制本病的关键。对种鸡包括公鸡逐只进行鸡白痢血凝试验，一旦出现阳性立即淘汰或转为商品鸡用，以后种鸡每月进行1次鸡白痢血凝试验，连续3次，公鸡要求在12月龄后再进行1~2次检查，阳性者一律淘汰或转为商品鸡。购买鸡苗时，应尽可能地避免从有白痢病的种鸡场引进鸡苗。

(二) 鸡伤寒

是由鸡伤寒沙门氏菌引起的一种败血性传染病。该细菌可经消化道传播，也可经蛋垂直传播。

1. 诊断要点

〔临床表现〕各种日龄的鸡都能感染，但主要侵害3周龄以上的鸡。在3周龄以下的雏鸡有时也有发生，但常被认为是白痢。但与白痢不同的是伤寒病雏，除一部分急性死亡外，其余还经常零星死亡，一直延续到成年期，而白痢病在15日龄之后即渐趋平息，不再出现明显的症状和死亡。病鸡主要表现体温升高，精神委顿，呆立一隅，羽毛蓬乱，食欲废绝，腹泻，排出黄绿色的稀粪，鸡冠呈暗红色，慢性者病程10天以上，表观极度消瘦。一般呈散发或地方流行性，致死率为10%~15%。

〔剖检病变〕病鸡和死鸡剖检见肝、脾、肾脏肿大，亚急性和慢性病例肝脏呈绿色或古铜色，肝脏和心脏中有灰白色结节，有些病鸡伴有心包炎，卵黄性腹膜炎，卵泡出血、变性等。

2. 治疗和预防

请参考鸡白痢部分的相关叙述。

(三) 鸡副伤寒

是由鸡伤寒沙门氏菌、肠炎沙门氏菌等引起的一种败血性传染病。该病广泛存在于各类鸡场，给养鸡业造成严重的经济损失。

1. 诊断要点

〔流行特点〕经蛋传播或早期孵化器感染时，在出雏后的几天发生急性感染，6~10天时达到死亡高峰，死亡率在20%~100%。通过病雏的排泄物引起其他雏鸡的感染，多于10~12日龄发病，死亡高峰在10~21日龄，1月龄以上的鸡一般呈慢性或隐性感染，很少发生死亡。该细菌主要经消化道传播，也可经蛋垂直传播。

〔临床表现和剖检病变〕病雏鸡主要表现为精神沉郁，呆立，垂头闭眼，羽

毛松乱，恶寒怕冷，食欲减退，饮水增加，水样腹泻。有些病雏鸡可见结膜炎和失明。成年鸡一般不表现症状。最急性感染的病死雏鸡可能看不到病理变化，病程稍长时可见消瘦、脱水、卵黄凝固，肝、脾脏充血、出血或有点状坏死，肾脏充血，心包炎等，肌肉感染处可见肌肉变性、坏死。有些病鸡关节上有多个大小不等的肿胀物。成年鸡急性感染表现为肝、脾脏肿大、出血，心包炎，腹膜炎，出血性或坏死性肠炎。

2. 治疗

药物治疗可以减少发病率和死亡率，但应注意治愈鸡仍可长期带菌。具体用药请参考本节鸡白痢的治疗部分。

3. 预防

请参考本节鸡白痢的预防部分。此外，要重视鸡副伤寒在人类公共卫生上的意义，并给以预防，以消除人类的食物中毒。

三、鸡霍乱

是由多杀性巴氏杆菌引起的一种接触性、传染性、烈性传染病。临床上以传播快、心冠脂肪出血和肝脏有针尖大小的坏死点等为特征。

(一) 诊断要点

〔流行特点〕各种日龄、品种的鸡均易感染，以产蛋期初期、性成熟期的鸡最易感。常因应激因素的作用（如断水、断料、饲料突然改变、天气骤变等）使鸡的抵抗力降低而发病。强毒力菌株感染后多呈急性败血性经过，病死率高，可达30%～40%，较弱毒力的菌株感染后发展较慢，死亡率也不高，常呈散发性。本病一年四季均可发生，但以夏、秋季节多发。该细菌主要经消化道和呼吸道入侵，也能经皮肤伤口和带菌的吸血昆虫叮刺皮肤传播。

〔临床表现和剖检病变〕①急性型：表现为体温升高，食欲减少，口、鼻分泌物增多而引起呼吸困难，摇头企图甩出喉头黏液，腹泻，排黄绿色稀粪。蛋鸡产蛋率减少，一般在发病后1～3天死亡。剖检见心冠脂肪上有刷状缘样出血或出血点，肝、脾脏肿大、变脆，表面有大量针尖大的圆形灰白色坏死点，肠道出血严重，肠内容物呈胶冻样，肠淋巴集结环状肿大、出血，有的腹部皮下脂肪出血。产蛋鸡卵泡出血、破裂。②慢性型：常见于发病后期，病鸡表现为消瘦，下痢、鼻炎，关节炎，肉髯肿大。病程较长，可拖延几周，蛋鸡产蛋率减少。

〔鉴别诊断〕请参考本节鸡大肠杆菌病的相关叙述。

（二）治疗

1. 特异疗法

将牛或马等异种动物及禽制备的禽霍乱抗血清，用于本病的紧急治疗，有较好的效果。

2. 紧急接种禽霍乱荚膜亚单位苗或禽霍乱蜂胶灭活疫苗

每只鸡肌内注射 2～3 羽份。

3. 抗菌药物治疗

（1）磺胺甲噁唑（磺胺甲基异噁唑、新诺明、新明磺、SMZ）。40% 的磺胺甲噁唑注射液按每千克体重 20～30mg 1 次肌内注射，连用 3 天。磺胺甲噁唑片按 0.1%～0.2% 混饲。

（2）磺胺对甲氧嘧啶（消炎磺、磺胺－5－甲氧嘧啶、SMD）。磺胺对甲氧嘧啶片按每千克体重 50～150mg 1 次内服，每天 1～2 次，连用 3～5 天。按 0.05%～0.1% 混饲 3～5 天，或按 0.025%～0.05% 混饮 3～5 天。

（3）磺胺氯达嗪钠。30% 的磺胺氯达嗪钠可溶性粉，肉鸡按每升饮水 300mg 混饮 3～5 天。产蛋期禁用，休药期 1 天。

（4）沙拉沙星。5% 的盐酸沙拉沙星注射液 1 日龄雏鸡按每只 0.1mL 1 次皮下注射。1% 的盐酸沙拉沙星可溶性粉按每升饮水 20～40mg 混饮，连用 5 天，产蛋鸡禁用。

此外，其他抗鸡霍乱的药物还有链霉素、土霉素（氧四环素）（用药剂量请参考鸡白痢治疗部分），金霉素（氯四环素）（用药剂量请参考鸡慢性呼吸道病治疗部分）环丙沙星（环丙氟哌酸）、甲磺酸达氟沙星（单诺沙星）（用药剂量请参考鸡大肠杆菌病治疗部分）。

4. 中草药治疗

（1）穿心莲、板蓝根各 6 份，蒲公英、旱莲草各 5 份，苍术 3 份，粉碎成细粉，过筛，混匀，加适量淀粉，压制成片，每片含生药为 0.45g，鸡每次 3～4 片，每天 3 次，连用 3 天。

（2）雄黄、白矾、甘草各 30g，双花、连翘各 15g，茵陈 50g，粉碎成末拌入饲料投喂，每次 0.5g，每天 2 次，连用 5～7 天。

（3）茵陈、半枝莲、大青叶各 100g，白花蛇舌草 200g，霍香、当归、车前子、赤芍、甘草各 50g，生地 150g，水煎取汁，为 100 只鸡 3 天用量，分 3～6 次饮服或拌入饲料，病重不食者灌少量药汁，适用于治疗急性禽霍乱。

（4）茵陈、大黄、茯令、白术、泽泻、车前子各 60g，白花蛇舌草、半枝莲各80g，生地、生姜、半夏、桂枝、白芥子各50g，水煎取汁供100只鸡1天用，饮服或拌入饲料，连用3天，用于治疗慢性禽霍乱。

(三) 预防

1. *免疫接种*

弱毒菌苗有禽霍乱G190E40弱毒菌苗等，灭活菌苗有禽霍乱氢氧化铝菌苗、禽霍乱油乳剂灭活菌苗、禽霍乱乳胶灭活菌苗等。建议免疫程序为：肉鸡于20~30日龄免疫1次即可；蛋鸡或种鸡于20~30日龄进行首免，开产前半个月进行2免，开产后每半年免疫1次。

2. *被动免疫*

患病鸡群可用猪源抗禽霍乱高免血清，在鸡群发病前作短期预防接种，每只鸡皮下或肌内注射2~5mL，免疫期为2周左右。

3. *加强饲养管理*

平时应坚持自繁自养原则，由外地引进种鸡时，应从无本病的鸡场选购，并隔离观察1个月，无问题再与原有的鸡合群。采取全进全出的饲养方式，搞好清洁卫生和消毒工作。

四、鸡支原体病

(一) 鸡毒支原体病

又称鸡慢性呼吸道病（慢呼）或败血支原体病，是由鸡毒支原体引起的一种接触性、慢性呼吸道传染病。临床上以呼吸道发生啰音、咳嗽、流鼻液和窦部肿胀为特征。

1. *诊断要点*

〔流行特点〕各种日龄的鸡均能感染，以30~60日龄最易感。由于饲养管理条件不良，或有其他慢性病混合感染而暴发，其严重程度及死亡率与有无并发症、环境的改善及是否接种疫苗等因素有关。有的地区发病率可高达90%以上，病死率达10%~30%。本病的传染源是病鸡或带菌鸡，在冬末春初多发，可通过直接接触传播或经蛋垂直传播。一般情况下，本病传播较慢，病程长达1~6个月或更长，但在新发病的鸡群中传播较快。

〔临床表现〕潜伏期4~21天。雏鸡感染后主要表现出呼吸道的症状，病初流鼻液、咳嗽、喷嚏、呼吸时有啰音，到后期呼吸困难时常张口呼吸，病鸡眼部和脸部肿胀，眼内积有干酪样渗出物，严重时眼球萎缩可造成失明。产蛋鸡感染时呼吸道症状不明显，主要表现为产蛋率下降，种蛋的孵化率明显降低、弱雏率上升。

〔剖检病变〕病（死）鸡剖检见鼻腔、眶下窦、气管、支气管和气囊内含有稍混浊的黏稠渗出物，其黏膜面外观呈念珠状。严重者炎症可波及气囊，使气囊混浊，含有黄色泡沫样黏液或干酪样物质；纤维蛋白性或纤维蛋白性~化脓性肝被膜炎和心包炎、输卵管炎。

〔鉴别诊断〕请参考本节鸡大肠杆菌病相关部分的叙述。

2. 治疗

（1）淘汰病鸡。种鸡或蛋鸡早期发现本病，可考虑将其全部淘汰。

（2）对已感染鸡毒支原体种蛋的处理。

①抗生素处理法：在处理前，先从大环内酯类、四环素类、氟喹诺酮类中，挑选对本种蛋中鸡毒支原体敏感的药物。分为抗生素注射法，即将敏感药物配比成适当的浓度，于气室上用消毒后的12号针头打1小孔，再往卵内注射敏感药物，进行卵内接种。温差给药法，即将孵化前的种蛋升温到37℃，然后立即放入5℃左右的敏感药液中，等待15~20min，取出种蛋。压力差给药法，即把常温种蛋放入1个能密闭的容器中，然后往该容器中注入对鸡毒支原体敏感的药液，直至浸没种蛋，密闭容器，抽出部分空气，而后再徐徐放入空气，使药液进入卵内。

②物理处理法：加压升温法，即对1个可加压的孵化器进行升压并加温，使内部温度达到46.1℃，保持12~14h，而后转入正常温度孵化，对消灭卵内鸡毒支原体有比较满意的效果，但孵化率下降8%~12%。常压升温法，即恒温45℃的温箱处理种蛋14h，然后转入正常孵化，能收到比较满意的消灭卵内鸡毒支原体的效果。

（3）抗生素药物治疗。

①泰乐菌素（泰乐霉素、泰农）：5%或10%的泰乐菌素注射液或注射用酒石酸泰乐菌素按每千克体重5~13mg 1次肌内或皮下注射，每天2次，连用5天。8.8%的磷酸泰乐菌素预混剂按每千克饲料300~600mg混饲。酒石酸泰乐菌素可溶性粉按每升饮水500mg混饮3~5天。蛋鸡禁用，休药期1天。

②泰妙菌素（硫姆林、泰妙灵、枝原净）：45%的延胡索酸泰妙菌素可溶性粉按每升饮水125~250mg混饮3~5天，以上均以素妙菌素计。休药期2天。

③红霉素：注射用乳糖酸红霉素或10%的硫氰酸红霉素注射液，育成鸡按每千克体重10~40mg 1次肌内注射，每天2次。5%的硫氰酸红霉素可溶性粉按每升饮水125mg混饮3~5天。产蛋鸡禁用。

④吉他霉素（北里霉素、柱晶白霉素）：吉他霉素片，按每千克体重20~

50mg 1 次内服，每天 2 次，连用 3 ~ 5 天。50% 的酒石酸吉他霉素可溶性粉，按每升饮水 250 ~ 500mg 混饮 3 ~ 5 天。产蛋鸡禁用，休药期 7 天。

⑤阿米卡星（丁胺卡那霉素）：注射用硫酸阿米卡星或 10% 的硫酸阿米卡星注射液按每千克体重 15mg 1 次皮下、肌内注射。每天 2 ~ 3 天，连用 2 ~ 3 天。

⑥大观霉素（壮观霉素、奇观霉素）：注射用盐酸大观霉素按每只雏鸡 2.5 ~ 5mg 肌内注射，成年鸡按每千克体重 30mg，每天 1 次，连用 3 天。50% 的盐酸大观霉素可溶性粉按每升饮水 500 ~ 1 000mg 混饮 3 ~ 5 天。产蛋期禁用，休药期 5 天。

⑦盐酸大观霉素 ~ 林可霉素（利高霉素），按每千克体重 50 ~ 150mg 1 次内服，每天 1 次，连用 3 ~ 7 天。盐酸大观霉素 - 林可霉素可溶性粉按每升水 0.5 ~ 0.8g 混饮 3 ~ 7 天。

⑧金霉素（氯四环素）：盐酸金霉素片或胶囊，内服剂量同土霉素。10% 的金霉素预混剂按每千克饲料 200 ~ 600mg 混饲，不超过 5 天。盐酸金霉素粉剂按每升饮水 150 ~ 250mg 混饮，以上均以金霉素计。休药期 7 天。

⑨多西环素（强力霉素、脱氧土霉素）：盐酸多西环素片按每千克体重 15 ~ 25mg 1 次内服，每天 1 次，连用 3 ~ 5 天。按每千克饲料 100 ~ 200mg 混饲。盐酸多西环素可溶性粉按每升饮水 50 ~ 100mg 混饮。

⑩氧氟沙星（氟嗪酸）：1% 的氧氟沙星注射液按每千克体重 3 ~ 5mg 1 次肌内注射，每天 2 次，连用 3 ~ 5 天。氧氟沙星片按每千克体重 10mg 1 次内服，每天 2 次。4% 的氧氟沙星水溶性粉或溶液按每升饮水 50 ~ 100mg 混饮。

此外，其他抗鸡慢性呼吸道病的药物还有卡那霉素、庆大霉素、土霉素（氧四环素）、（用药剂量请参考鸡白痢治疗部分），氟笨尼考（氟甲砜霉素）、安普霉素（阿普拉霉素、阿布拉霉素）、诺氟沙星（氟哌酸）、环丙沙星（环丙氟哌酸）、恩诺沙星（乙基环丙沙星、百病消）（用药剂量请参考鸡大肠杆菌病治疗部分），磺胺甲噁唑（磺胺甲基异噁唑、新诺明、新明磺、SMZ），磺胺对甲氧嘧啶（消炎磺、磺胺 - 5 - 甲氧嘧啶、SMD）（用药剂量请参考禽霍乱治疗部分）。

（4）中草药治疗。①石决明、草决明、苍术、桔梗各 50g，大黄、黄芩、陈皮、苦参、甘草各 40g，栀子、郁金各 35g，鱼腥草 100g，苏叶 60g，紫菀 80g，黄药子、白药子各 45g，三仙、鱼腥草各 30g，将诸药粉碎，过筛备用。用全日饲料量的 1/3 与药粉充分拌匀，并均匀撒在食槽内，待吃尽后，再添加未加药粉的饲料。剂量按每只鸡每天 2.5 ~ 3.5g，连用 3 天。②麻黄、杏仁、石膏、桔梗、黄芩、连翘、金银花、金荞麦根、牛蒡子、穿心莲、甘草等份，共研细末，混匀。治疗按每只鸡每次0.5~1g，拌料饲喂，连续5天。

3. 预防

(1) 免疫接种。①灭活疫苗（如德国“特力威104鸡败血支原体灭能疫苗”）的接种，在6~8周龄注射1次，最好16周龄再注射1次，都是每只鸡注射0.5mL。②弱毒活苗（如F株疫苗、MG6/85冻干苗、MG ts-11等）通过给1、3和20日龄雏鸡点眼免疫，免疫期7个月。灭活疫苗一般是对1~2月龄母鸡注射1次，在开产前（15~16周龄）再注射1次。

(2) 提高疫苗质量。避免鸡的病毒性活疫苗中有支原体的污染，这是预防感染支原体病的重要方面。

(3) 药物预防。在雏鸡出壳后3天饮服抗支原体药物，清除体内支原体。抗支原体药物可用枝原净，多西环素+氧氟沙星混饮等。

(4) 隔离观察引进种鸡。防止引进的种鸡将病带入健康鸡群，尽可能做到自繁自养。从健康鸡场引进种蛋自行孵化；新引进的种鸡必须隔离观察2个月，在此期间进行血清学检查，并在半年中复检2次。如果发现阳性鸡，应坚决予以淘汰。

(5) 对鸡群进行定期检疫。一般在2、4、6月龄时各进行1次血清学检验，淘汰阳性鸡，或鸡群中发现1只阳性鸡即全群淘汰，留下无病鸡群全部隔离饲养作为种用，并对其后代继续进行观察，以确定其是否真正健康。

(6) 加强饲养管理。鸡毒支原体既然在很大程度上是“条件性发病”，所以其预防措施主要就是改善饲养条件，减少诱发因素。饲养密度一定不可太大，鸡舍内要通风良好，空气清新，温度适宜，使鸡群感到舒适。最好每日带鸡喷雾消毒1次，使细小雾滴在整个鸡舍内弥漫片刻，达到浮尘下落，空气净化的效果。饲料中的多维素要充足有余。

(二) 鸡滑液囊支原体病

是由滑液囊支原体引起的，以关节肿大、滑液囊炎和腱鞘炎为特征，进而引起运动障碍的疾病。

1. 诊断要求

〔流行特点〕多发于4~16周龄的鸡，以9~12周龄的青年鸡最易感。在一次流行之后，很少再次流行。经蛋传递感染的雏鸡可能在6日龄发病，在雏鸡群中会造成很高的感染率。

〔临床表现和剖检病变〕潜伏期约为11~21天。病鸡表现为关节及趾跖部肿大且有热感和波动感，跛行，久病不能走动，病鸡消瘦，排浅绿色粪便且含有大量的尿酸。剖检见关节滑液囊内有黏液性或呈灰白色的乳酪样渗出物，有时关节软骨出现糜烂，严重病例在颅骨和颈部背侧有干酪样渗出物。肝、脾脏肿大，肾脏苍白呈花斑状。偶见气囊炎的病变。

2. 治疗和预防

请参考鸡毒支原体病相关部分的叙述。

第三节　鸡寄生虫病与营养代谢病

一、鸡球虫病

是由艾美耳属球虫（柔嫩艾美耳球虫、毒害艾美耳球虫等）引起的疾病的总称。临床上以贫血、消瘦和血痢等为特征。本病分布很广，是鸡场的一种常见、多发病，常呈地方流行性，是危害养鸡业的重要疾病之一。

（一）诊断要点

〔流行特点〕不同品种、年龄的鸡均有易感性，以 15～50 日龄的鸡易感性最高，发病率高达 100%，死亡率在 80% 以上。成年鸡几乎不发病，但多为带虫者。耐过的鸡，可持续从粪便中排出球虫卵囊达 7.5 个月。本病多发生于每年的春季和秋季，特别是梅雨季节。饲料中缺乏维生素 A 和 K 或日粮配合不当导致鸡生长发育不良时，容易诱发本病。苍蝇、甲虫、蟑螂、鼠类和野鸟都可成为该寄生虫的机械性传播媒介，凡被病鸡、带虫鸡的粪便或其他动物污染过的饲料、饮水、土壤或用具等，都可能有球虫卵囊存在，易感鸡摄入大量球虫卵囊，经消化道传播。

〔临床表现〕①急性型：多见于 1～2 月龄的鸡，染病初期精神不振，羽毛耸立，头蜷缩，呆立于鸡舍的角落，食欲减退，排水样稀粪。随着病情的发展，病鸡精神沉郁、翅下垂，食欲废绝，饮水明显增多，嗉囊内充满大量液体，鸡冠和肉髯苍白，粪便呈红色或黑褐色，泄殖腔周围羽毛被粪便污染，往往带有血液。末期病鸡痉挛或昏迷而死。②慢性型：多见于 2～4 个月的青年鸡或成鸡，症状与急性类似，逐渐消瘦，间歇性腹泻，产蛋率减少。病程数周或数月，死亡率较低。

〔剖检病变〕病（死）鸡剖检见受侵害的肠段外观显著肿大，肠壁变厚，上皮脱落、肠黏膜上密布粟粒大的出血点或灰白色的坏死灶，肠腔内充满大量新鲜血液和血凝块或混有血液的黄色干酪样物。柔嫩艾美耳球虫主要侵害盲肠，毒害艾美耳球虫和巨型艾美耳球虫主要损害小肠中段，堆型艾美耳球虫和哈氏艾美耳球虫主要损害十二指肠和小肠前段。

〔鉴别诊断〕①该病的排血便（西红柿样粪便）和肠道出血症状与维生素 K 缺乏症、出血性肠炎、鸡坏死性肠炎、鸡组织滴虫病等相似。②该病出现的鸡冠、肉髯苍白症状与鸡传染性贫血、磺胺药物中毒、住白细胞虫病、蛋鸡脂肪肝综合征、维生素 B_{12} 缺乏症等相似。③该病表现出的过料、水样粪便表现与雏鸡开口药药量过大、氟苯尼考加量使用导致维生素 B 缺乏、肠腔缺乏有益菌等的表现类似，都应注意区别。

（二）治疗

（1）用2.5%的妥曲珠利（百球清、甲基三嗪酮）溶液混饮（25mg/L）2 天。也可用 0.2%或 0.5%的地克珠利（球佳杀、球灵、球必清）预混剂混饲（1g/kg 饲料），连用 3 天。注意：0.5%的地克珠利溶液，使用时现用现配，否则影响疗效。

（2）用30%的磺胺氯吡嗪钠（三字球虫粉）可溶粉混饲（0.6g/kg 饲料）3 天，或混饮（0.3g/L）3 天，休药期5 天。也可用10%的磺胺喹沙啉（磺胺喹噁啉钠）可溶性粉，治疗时常采用0.1%的高剂量，连用 3 天，停药 2 天后再用 3 天，预防时混饲（125mg/kg 饲料）。磺胺二甲基嘧啶按 0.1%混饮 2 天，或按 0.05%混饮 4 天，休药期 10 天。

（3）用20%的盐酸氨丙啉（安保宁、盐酸安普罗铵）可溶性粉混饲（125 ~ 250mg/kg 饲料）3 ~5 天，或按混饮（60 ~240mg/L）5 ~7 天。也可用鸡宝 –20（每千克含氨丙嘧吡啶 200g，盐酸呋吗吡啶 200g），治疗量混饮（600mg/L）5 ~ 7 天。预防量减半，连用 1 ~2 周。

（4）用20%的尼卡巴嗪（力更生）预混剂肉禽混饲（125mg/kg 饲料），连用3 ~5 天。

（5）用1%的马杜霉素铵预混剂混饲（肉鸡 5mg/kg 饲料），连用3 ~5 天。

（6）用 25% 的氯羟吡啶（克球粉、可爱丹、氯吡醇）预混剂，混饲（12mg/kg 饲料），连用 3 ~5 天。

（7）用5%的盐霉素钠（优素精、沙里诺霉素）预混剂，混饲（60mg/kg 饲料），连用3 ~5 天。也可用10%的甲基盐霉素（那拉菌素）预混剂（禽安），混饲（60 ~80mg/kg 饲料）连用 3 ~5 天。

（8）用15%或45%的拉沙洛西钠（拉沙菌素、拉沙洛西）预混剂（球安），混饲（75 ~125mg/kg 饲料），连用 3 ~5 天。

(9) 用5%的赛杜霉素钠（禽旺）预混剂，混饲（肉禽用0.5g/kg 饲料），连用3～5天。

(10) 用0.6%的氢溴酸常山酮（速丹）预混剂，混饲（3mg/kg 饲料），连用5天。

此外，可用25%的二硝托胺球痢灵、二硝苯甲酰胺预混剂，治疗时按250mg/kg 饲料混饲。预防时按125mg/kg 饲料混饲；盐酸氯苯胍（罗本尼丁）片按10～15mg/kg 体重内服，10%的盐酸氯苯胍预混剂按0.3～0.6g/kg 饲料混饲；乙氧酰胺苯甲酯按4～8mg/kg 饲料混饲。

（三）预防

1. 免疫接种

疫苗分为强毒卵囊苗和弱毒卵囊苗两类，疫苗均为多价苗，包含柔嫩、堆型、巨型、毒害、布氏、早熟等主要虫种。疫苗大多采用喷料或饮水，球虫苗（1～2头份）的喷料接种可于1日龄时进行，饮水接种须推迟到5～10日龄进行。鸡群在地面垫料上饲养的，接种1次卵囊；笼养与网架饲养的，首免之后间隔7～15天要进行2免。

2. 药物预防

(1) 蛋鸡的药物预防。可从10～12日龄开始，至70日龄前后结束，在此期间持续用药不停；也可选用两种药品，间隔3～4周轮换使用（即穿梭用药）。

(2) 肉鸡的药物预防。可从1～10日龄开始，至屠宰前休药期为止，在此期间持续用药不停。

(3) 蛋鸡与肉鸡。若是笼养，或在金属网床上饲养，可不用药物预防。

3. 平时的饲养管理

鸡群要全出全进，鸡舍要彻底清扫、消毒，保持环境清洁、干燥和通风，在饲料中保持有足够的维生素A和维生素K等。

二、维生素A缺乏症

本病是由饲料中维生素A缺乏或含量过低或消化吸收障碍所引起的，以黏膜和皮肤上皮角质化、变质、生长停滞、干眼症为特征的一种营养代谢病。

（一）诊断要点

病雏鸡表现为精神委顿，食欲不振，羽毛蓬乱无光泽，脚垫皮肤损伤，步态不稳。眼角膜肥厚或形成溃疡，流泪，眼睑肿胀，严重时眼内蓄积乳白色干酪样分泌物，上下眼睑粘连。成年鸡由于肝脏储备的维生素A比雏鸡多，缺乏时可动用肝脏储备来满足机体代谢需要，可维持较长时间而不出现症状。严重时成年鸡产蛋率下降，血斑蛋增加，种蛋孵化率降低。病（死）鸡剖检见口腔和食道黏膜过度角化，有时从食道上端直至嗉囊入口散在有粟粒大白色结节，内脏器官浆膜面及肾脏均有明显的白色尿酸盐沉积。

（二）治疗

给每只患鸡灌服鱼肝油 0.5～1mL/天，连用 10～15 天，大多可以恢复。辅助治疗可在 50kg 饲料中将多维素增加到 25g，并补充青绿饲料或添加 AD3 粉。

（三）预防

保证饲料中含有充足的维生素 A，同时要注意饲料的保管，防止发生酸败、发热和氧化，以免破坏维生素 A。日粮最好现配现用。

三、痛风

是指其血液中蓄积过量尿酸盐不能被迅速排出体外而引起的高尿酸血症。其病理特征为血液尿酸水平增高，尿酸盐在关节囊、关节软骨、内脏、肾小管及输尿管等组织中沉积。临床上可分为内脏型痛风和关节型痛风，是目前鸡场常见的一种营养代谢病。

（一）诊断要点

〔临床表现〕①内脏型痛风：病鸡一般呈慢性经过，表现为食欲下降，冠泛白，贫血，脱羽，生长缓慢，产蛋率下降，粪便呈石灰水样，肛门周围羽毛常被污染。病鸡多因肾衰竭，呈现零星或成批的死亡。②关节型痛风：腿、翅关节肿胀，尤其是趾、跗关节肿胀。运动迟缓，跛行，不能站立。

〔剖检病变〕见内脏浆膜如心包膜、胸膜、肠系膜及肝、脾、肠等器官表面覆盖一层白色、石灰样的尿酸盐沉淀物，肾脏肿大，色苍白，表面呈雪花样花纹，输尿管增粗，内有尿酸盐结晶。切开患病关节，有膏状白色黏稠液体流出，关节周围软组织以至整个腿部肌肉组织中，都可见到白色尿酸盐沉着，关节腔内因尿酸盐结晶有刺激性，常可见关节面溃疡及关节囊坏死。

〔鉴别诊断〕①该病出现的肾脏肿大、内脏器官尿酸盐沉积与鸡病毒性肾炎、肾脏型传染性支气管炎、鸡传染性法氏囊病等有相似之处。②该病出现的关节肿大、变形、跛行症状与病毒性关节炎，滑膜型支原体病，葡萄球菌病、大肠杆菌病、沙门氏菌病等引起的关节炎等类似，都应注意区别。

（二）防治

针对具体病因采取切实可行的措施，往往可收到良好效果。本病必须以防为主，积极采取改善饲养管理条件，减少富含嘌呤类蛋白的日粮，改善饲料尤其是钙、磷的配合比例，供给富含维生素 A 的饲料或饲料中掺合沙丁鱼粉或少许新鲜牛粪（其含维生素 B_{12}），供给充足的饮水等措施，可防止或降低本病的发病率。否则，仅采用手术摘除关节沉积的“痛风石”等对症疗法是难以根除的。对患病鸡可试用阿托方或苯基辛可宁酸 120mg/天，口服；或试用别嘌呤醇 20mg/天，口服。用秋水仙碱、水杨酸无效。近年来，对患病鸡使用各种类型的肾肿解毒药，或在其饲料中加入碳酸氢钠（2.5% ~3.0%），或在其饮水中加入碳酸氢钠（0.5% ~2.5%）可促进尿酸盐的排泄，对患病鸡体内电解质平衡的恢复有一定的作用。

第四节 常见混合感染及杂病的控制

混合感染是指鸡群同时被两种或更多种病原微生物所感染，这也是当前养鸡生产中常见的问题，它给疾病的诊断和治疗带来很多困难，需要在疫病防治中多加注意。这里介绍几种常见的混合感染情况，供参考。

一、支原体与大肠杆菌混合感染

（一）临床症状

常见于 3 周龄以上的鸡群，鸡群在发病前多数会有传染性支气管炎的发病史，在康复后鸡群中出现咳嗽、打喷嚏等症状，并逐渐增多。青年鸡群采食量稍减，但精神症状不见明显异常；产蛋鸡群总体精神正常，食欲及产蛋率略减，但每天都有病鸡出现，只要出现发呆、闭眼、拉绿粪症状，病鸡常于数日内死亡。此病以中低发病率、高死亡率为特点，发病率 5% ~30%，死亡率能够达到 80% 以上。

接近鸡群，可听到明显的咳嗽、甩头、气喘，部分鸡流鼻涕，鼻孔周围被分泌物和饲料沾污，张口呼吸。个别鸡眼结膜发炎，流泪，眼睑肿胀。特别是有少部分鸡脸发青。部分鸡食欲下降，饮水减少，眼窝下陷，逐渐消瘦死亡。

（二）病理变化

具有明显咳嗽症状的未死亡病鸡，病变主要在气囊，双侧气囊均出现不同程度的混浊，气管有少量黏性分泌物；死鸡和病重鸡，可见鼻腔、眶下窦充血，渗出物增多，气管黏膜增厚，有混浊的黏液，胸腔气囊、腹腔气囊增厚、混浊，内有黏稠性渗出物。部分鸡心包膜肥厚、混蚀，心包膜上有纤维性蛋白附着。脸发青的鸡还可见颈部血管充血后明显扩张，肺充血、有炎症。产蛋期的病鸡出现气囊混浊、增厚，肝脏表面覆盖有纤维素性薄膜，腹部气囊混浊、增厚、腹膜发炎，部分鸡腹腔内有散落的卵黄。

（三）防治措施

对于临近性成熟期且新城疫免疫超过一个月的鸡群，首先做好新城疫和传染性支气管炎的预防接种，以防继发新城疫。用新城疫Ⅰ系4倍量肌内注射，同时用新城疫－传染性支气管炎二联苗（C30＋H120）2倍量点眼。

治疗可以选用硫酸黏杆菌素、左旋氧氟沙星、头孢噻夫钠、多西环素、复方新诺明等拌料或饮水。

二、温和型禽流感与大肠杆菌病混合感染

（一）临床症状

常见于产蛋鸡群，表现为轻微的呼吸道症状，采食下降幅度10%以内，产蛋率下降，一般下降20%～60%。产蛋率下降的同时，软皮蛋、退色蛋、白壳蛋、沙壳蛋、畸形蛋明显增多。

（二）病理变化

剖检腺胃出血，卵泡充血、出血、变形如菜花状，严重的变性、坏死；输卵管充血、水肿，内有大量白色分泌物；子宫黏膜水肿，多呈现卵黄性腹膜炎、气囊炎；输卵管因感染大肠杆菌而发生炎症，炎症产物使输卵管伞部粘连，卵泡不能进入输卵管而掉入腹腔引发本病。腹腔内充满大量卵黄样腥臭液体，卵巢变性、坏死，肠道和脏器粘连。

（三）防治措施

可以使用丁胺卡那（或头孢曲松钠）＋黄芪多糖＋抗病毒药物进行联合治疗。注意禽流感的免疫，加强免疫效果监测，确保鸡群处于有效免疫保护状态。要控制好大肠杆菌感染。

三、传染性支气管炎和支原体病混合感染

（一）临床症状

病鸡精神沉郁，呆立，羽毛无光泽，呼吸有啰音，有的眼睑肿胀，缩头，闭眼沉睡，两翅下垂，怕冷挤堆，伸颈呼吸，气管啰音，咳嗽，甩头，打喷嚏，鸡冠呈蓝紫色，浆液性鼻漏，结膜炎，采食少，渴欲增加，排水样乳白色稀粪，粪便中混有大量尿酸盐。蛋品质下降，畸形蛋增加。

（二）病理变化

剖检喉头和气管黏膜充血、出血，气囊增厚混浊、有淡黄色渗出物，眶下窦黏膜充血、出血和水肿，窦腔内含有混浊的黏液。有不同程度的肺炎，纤维素性

肝周炎、心包炎，心脏、肝脏表面沉积有一层白霜似的尿酸盐，肾肿大呈灰白色斑驳样的花斑肾，肾小管及输尿管变粗并沉积有尿酸盐。卵巢萎缩，输卵管黏膜水肿变薄。

(三) 防治措施

加强饲养管理，搞好传染性支气管疫苗的免疫接种工作，并定期投服一些预防性的药物。鸡群发病后，及时用药，饮水中加抗病毒药、泰乐菌素等药物，饲料内添加清瘟解毒、清肺止咳的中草药。

给予充足饮水，并在每50kg水中加入5g电解多维、5g维生素C、1kg葡萄糖，连用7天。

磷酸泰乐菌素按1g/kg饲料拌料，结合使用黄芪多糖、多丝桃素，提高机体免疫力。

四、非典型性新城疫与大肠杆菌病混合感染

(一) 临床症状

病鸡精神沉郁，羽毛松乱，呆立，厌食，缩头；有的表现为呼吸困难，咳嗽或有喘息音，流鼻涕，鼻窦肿胀，眼睑肿胀，流眼泪。嗉囊内充满气体和液体，倒提病鸡时，从口中流出液体。病鸡排黄白色或黄绿色稀便。产蛋鸡群产蛋量下降，软壳蛋、白壳蛋、畸形蛋增加。

(二) 病理变化

喉头及气管黏膜充血，表面有黏液；腺胃乳头出血，小肠黏膜轻度出血、充血，盲肠扁桃体肿胀、出血，直肠黏膜出血。口鼻腔、气管内有多量的淡黄色黏液，气囊混浊，心包肥厚，附有大量纤维素性渗出物。肝脏肿大，表面有白色纤维素性胶状物。卵巢发炎，卵巢卵泡充血、变形，输卵管壁变薄，管内有干酪样物质潴留，卵子进入腹腔，引起卵黄性腹膜炎。

(三) 防治措施

全群肌内注射干扰素，饮水中加丁胺卡那（或头孢曲松钠）+黄芪多糖+抗病毒药物。饲料中添加清瘟解毒、清肺止咳的中草药。

五、传染性喉气管炎与传染性鼻炎混合感染

(一) 临床症状

病鸡精神沉郁，缩头，呆立，羽毛松乱，食欲下降，甚至绝食，呼吸困难，呼吸时发出湿性啰音，颜面肿胀，张口呼吸，叫声凄惨，甩头，咳嗽，有时会咳出带血块的分泌物。

（二）病理变化

剖检气管喉头黏膜出血，表面覆有黏液性分泌物和条状血凝块，有的病死鸡喉头有黄白色纤维素性干酪样伪膜覆盖，眶下窦有大量的分泌物。

（三）防治措施

加强饲养管理，搞好卫生消毒工作。搞好喉气管炎的免疫接种。病鸡肌内注射链霉素，每只2万～5万IU，连用3天；饮水中加磺胺类、泰乐菌素药物，并配合一些清热解毒、清肺通窍、祛痰平喘、止咳消炎的中草药。

六、新城疫和支原体混合感染

（一）临床症状

鸡只精神不振，羽毛粗乱，呆立不动，食欲减少或废绝，呼吸道症状加重，咳嗽，张口呼吸，很快波及全群大部分鸡只，鼻涕堵塞一侧或两侧鼻孔，沾满饲料。出现稀薄粪便或水样粪便，呈黄绿色，污染肛门周围羽毛。

（二）病理变化

气管黏膜增厚，黏液增多；腺胃乳头肿胀、出血、黏膜脱落；十二指肠、空肠、回肠有散在的出血点或大面积出血斑；盲肠扁桃体肿胀，出血；气囊增厚，布满黄色点状或片状干酪样物质。

（三）防治措施

新城疫紧急免疫采用6倍量的新城疫Ⅳ系弱毒苗全群饮水免疫。控制支原体病，饲料中按每只鸡添加300mg恩诺沙星拌料，连喂5天。坚持带鸡喷雾消毒，彻底消毒过道和舍外周边环境，连续1周。

七、啄癖

啄癖是鸡的一种异常行为。啄癖的类型很多，临床上常见的有啄肛癖、啄肉癖、啄毛癖、啄趾癖、啄蛋癖、啄头癖、异食癖等。蛋鸡、种鸡和部分品种的优质肉鸡容易发生本病。

（一）发病原因

1. 饲料因素

饲料中缺乏蛋白质或某些必需氨基酸，尤其是蛋氨酸、胱氨酸、色氨酸等；饲料中缺乏某些矿物质，如每千克饲料中的锌含量低于40mg，或日粮中的钙、磷缺乏或比例失调；饲料中缺乏维生素，尤其是缺乏维生素D、维生素B_{12}和叶酸等；饲料中氯化钠不足，当日粮中的氯化钠含量低于0.5%时，各种啄癖现象均容易发生；日粮中的粗纤维成分不足，啄癖现象也容易发生。

2. 环境因素

饲养密度太大，鸡群太拥挤；光线太强；舍内的相对湿度太低，空气过于干燥。

3. 疾病因素

螨、虱等体外寄生虫感染时，鸡只由于皮肤瘙痒而啄自己的皮肤和羽毛，或将身体与地板等粗硬的物体摩擦，并由此引起创伤，易诱发食肉癖；当鸡的泄殖腔或输卵管外翻，并露出于体外时，其鲜红的颜色就会招惹其他鸡只来啄食，并由此而诱发大群的食肉癖和啄肛癖等。

4. 其他因素

笼养鸡缺少运动，闲而无聊，要比放牧的鸡容易发生啄癖；饲喂颗粒料的鸡比饲喂粉料的鸡更容易发生啄癖，鸡群内垂死的或已死亡的鸡没有及时拣出，其他鸡只啄食死鸡，可诱发食肉癖；饲槽或饮水器不足，或停水、停料的时间过长，也是啄癖的诱发因素。

(二) 防治措施

由于本病的发生原因很多，在雏鸡阶段进行断喙处理是最有效的方法。一旦禽群发生啄癖症，应尽快调查引起啄癖的具体原因，及时排除。可以试用的方法：在日粮或饮水中添加2%的氯化钠，连续2~4天；或在饲料中添加生石膏(硫酸钙)，每只每天0.5~3.0g，连续使用3~5天。

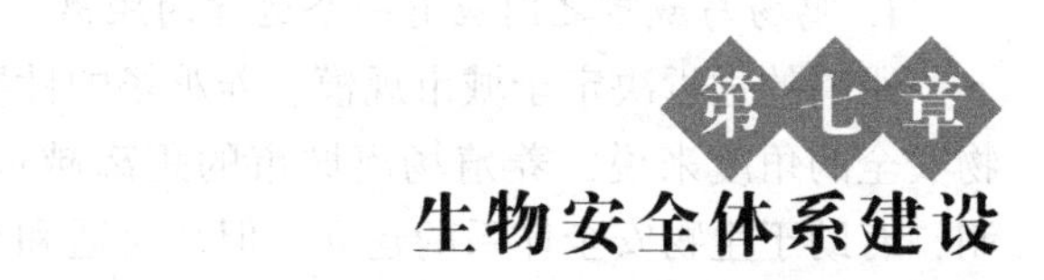

第七章 生物安全体系建设

第一节 鸡场选址与生物安全生产

生物安全是近年国外提出的有关集约化生产过程中保护和提高畜禽群体健康状况的新理论，是一种以切断传播途径为主的，包括全部良好的饲养方法和管理实践在内的预防疾病发生的生产体系，即是杜绝或减少传染病和寄生虫病在鸡群中的传播或扩散而采取的一系列相关的饲养管理措施。各种生物安全体系的基本构成要素是一致的，主要包括隔离、传播控制和卫生条件 3 个方面，即：基础生物安全：场址的选择；结构生物安全：场区内建筑物布局，包括生产区与生活区的分离、净道与脏道的分离等和运作生物安全：泛指日常饲养管理、卫生消毒以及隔离等综合措施。

一、鸡舍的隔离功能

安全体系在现代的养殖模式中显得尤为重要。鸡场生物安全体系中最重要的环节是对疫病的有效隔离及防疫，在选择场址时允分考虑鸡场的地理位置及外部环境（基础生物安全）。在内部建设时，划分功能单元、合理布局，做好消毒工作（结构生物安全），采用适宜的饲养管理设备和科学的生产管理技术及监测方法（运作生物安全），建设规模化鸡场的生物安全体系，将疫病排除于鸡群之外，保持畜群高生产性能，发挥最大经济效益。鸡场位置：应地区地理地貌特征选择鸡场厂址。要求鸡场要远离居民区、畜禽生产场所和相关设施、集贸市场、交通要道；鸡场的设施应合理利用地势，气候条件，风向及分隔空间。

二、场址的生物安全

选择场址时，应结合当地的自然条件和社会条件，根据鸡场的经营方式、规模、生产特点（种鸡场或商品鸡场）、工厂化程度等基本特点，从鸡场的位置、占地面积、地形地势、土质、水源以及气候特点等方面进行全面的考虑。

（一）地理位置

1. 鸡场与城市之间应有一个适宜的距离

距离的远近决定于城市规模、养鸡场的性质和规模、交通运输等因素。从生物安全的角度来说，养殖场离城市的距离越远，越有利于防疫体系的构筑和控制，有助于生物安全体系的建立。但从交通和交易的角度考虑，养殖场离城市太远又不利于发展。因此，应具体情况具体考虑，在有效防疫和发展之间寻找一个合适的距离。一般来说，场地既要与主要交通干线有一定的距离（最好在1 000m以上），以利于防疫，又要能满足禽场运输的需要。原种场、种鸡场应远离市区，而且要为城市居民服务的肉、蛋商品鸡场则可设在近郊，相距10～50km，养鸡场与附近居民点的距离一般需500m以上，大型鸡场1 500m以上，种鸡场与居民区的距离则应更远。

2. 与其他畜禽场之间的距离越远越好

从疫病的控制考虑，畜禽场之间的距离原则上也是越远越好，一般不少于500m，大型畜禽场之间要求更高，应不少于1 000～1 500m。种鸡场与商品代鸡场的距离不可太近，以免发生交叉感染，一般应在雏鸡出孵化厂后10h之内由公路运输可以抵达的距离为宜。养鸡场与各种化工厂、畜禽产品加工厂、动物医院等的距离应不小于1 500m，而且不应将养鸡场设在这些工厂的下风向。

3. 鸡场应保持交通便捷

养鸡场周围应有充足的水源、可靠的电力供应以及便捷的通信设施等。

（二）鸡场建设的生物安全

1. 面积

建场土地的面积要根据所养鸡的种类、饲养管理方式、规模、鸡舍建筑类型和排列方位、场地具体情况等因素确定。此外，根据养鸡场今后的发展规划，应留有一定的空间以便将来发展。

2. 场地

场地应选地势高燥、平坦、易于排水排污、通风向阳处地面要平坦而稍有坡度，以便排水。平原地区选址应稍高于四周，靠近河流湖泊的地区应选较高处，山区宜选择向阳缓坡，场区坡度在25°以下，建筑区坡度在20°以下。要向阳避风以保持场区小气候温热状况的相对稳定，减少冬春风雪的侵袭，特别要避开西北方向的山口和长形谷地。低洼潮湿的场地，空气相对湿度较高，不利于鸡体的体热调节，而有利于病原微生物和寄生虫的生存，严重影响养鸡场建筑物的使用寿命；沼泽地区常是鸡只体内外寄生虫和蚊蛇生存聚集的场所，这类地形都不宜作鸡场场址之用。

3. 地形

地形要开阔整齐，地形整齐便于鸡场内各种建筑物的合理布置。场地过于狭长或边角太多会影响场区的合理布局，拉长生产作业线，使场区的卫生防疫和生产联系不便。同时也增加了场区卫生防护设施的投资，会有很多卫生死角。

4. 土壤

养鸡场的场地选择在砂壤土地区较为理想。由于客观条件的限制，选择理想的土壤是不容易的。这就需要在鸡舍的设计、施工、使用和其他日常管理上，设法弥补当地土壤的缺陷。

5. 水源

鸡场正常生产必须有可靠的水源作为保证。选择水源，首先要能满足场内的生产、生活用水，并考虑到防火和未来发展的需要。灌溉用水则应根据场区绿化、饲料种植情况而定。其次要求水质良好，须符合饮用水标准。再次是水源周围的环境卫生条件应较好，以保证水源水质经常处于良好状态。以地面水作水源时，取水点应设在工矿企业的上游。最后还必须取用方便，设备投资少，处理技术简便易行。从产业和保护生态环境的角度考虑，应从长计议。就是你在建场时要考虑解决水污染环境的问题。这是目前一个通病：地理条件好，充分利用，但没有充分保护！

第二节 鸡舍建筑与场内布局的生物安全生产

一、场内建设

规模化鸡场局部小环境的建设对鸡场生物安全体系屏障的建立有至关重要的影响。对于鸡来说，不利的环境条件会引起应激反应，会严重影响鸡的生产性能和对疾病的抵抗能力。因此，场内布局在提高防疫效果的同时，局部环境建设应尽量减少鸡群的应激。理想的局部小环境是对鸡的健康有益目不利于微生物繁殖的微生态环境。

(一) 场区布局

（1）合理划分功能单元。按照各个生产环节的需要，合理划分功能区。要便于对人、鸡、设备、运输，甚至空气走向进行严格的生物安全控制。

（2）场内合理布局。养殖场内部各生产区之间必须严格分开，防止交叉感

染。要有一定距离的缓冲防疫隔离带，四周砌围墙或种植绿色隔离带与外界隔离，有条件的做一个防疫沟。主生产区外应配有检疫隔离间和解剖室。生产区应在位于生活区、居民区100m以外的下风向处。各生产区内道路布局合理，净道和污道严格分开，防止交叉感染。饲料、雏鸡从净道进入鸡舍，淘汰鸡、鸡粪从污道运出。病死鸡尸坑、鸡粪发酵池应远离鸡舍500m以上。生产区按各个生产环节所需进一步细分。

(3) 选择适当种植品种。做好环境自净，利用地形、地势进行种草、植树，控制场内局部小气候，定期进行消毒灭源工作。

(4) 采用全进全出的饲养方式。根据实际情况，分别以场、生产区、鸡舍为单位，饲养来源相同、批次统一的鸡群。采用全进全出的饲养方式，鸡出笼后，鸡笼经彻底冲洗消毒，至少空置14天后再进下一批鸡。严格外来鸡种检疫，经隔离饲养20天后方混群饲养

(5) 设立卫生消毒设施。在养鸡场大门入口处设立车辆消毒池和人员淋浴消毒室，所有进出场人员、进出场车辆、物品必须经过消毒方可出入，人员进入生产区或生产车间前必须淋浴、消毒，换上生产区清洁服装后才能进入，进鸡舍之前再次换鞋。各生产区配备高压冲洗消毒设备，对生产区内的鸡舍、道路要定期消毒。执行科学有效的消毒卫生程序可以最大限度降低鸡舍内外环境中病原微生物的数量，降低鸡场的污染程度，从而阻断病原微生物从鸡群外部的传入和在鸡群内扩散，可显著降低细菌性疾病及病毒性疾病的发生率。

(二) 鸡舍和养鸡设备

鸡舍的长度，一般取决于鸡舍的跨度和管理的机械化程度。鸡舍的高度应根据饲养方式、清粪方法、跨度与气候条件而定。如跨度25m、长102m、高4.5m、鸡舍间距30m，一个养殖单元2～4栋这样规格的鸡舍。鸡舍和养鸡设备必须充分满足技术设备的要求（以上规格鸡舍若采用笼养则可设置四列全阶梯三层笼，容纳2.5万套褐壳蛋鸡），同时应充分满足鸡的生理和行为学要求，以保证鸡群良好的健康素质和生产性能。如鸡舍应注意相对密封性好，光照、通风要好；养鸡设备应考虑到耐冲洗、耐消毒。适宜的禽舍小气候，包括温度、湿度、新鲜的空气、光照和饲养密度等，是鸡群赖以生存的空间环境条件，为鸡群的生长、发育创造优良条件和降低发病率，起到至关重要的作用。刮粪板刮粪，2次/日，机械喂料，水帘降温，负压通风。

(三) 生产和安全管理系统

在大型集约化养鸡企业中，生产和防疫的管理，两者是密不可分的。管理系

统的要点为：全员防疫、全面监测。认真做好防疫、消毒工作的同时，必须具备监测功能，对环境参数、饲料饮水质量、死淘鸡和废弃物等项目监测，也可以根据本场情况增减监测项目。把所有监测结果和数据及时向各部门管理人员反馈，建立档案这样可以及时发现生物安全上的漏洞，避免盲目性。养鸡场在选址和布局上加强生物安全体系建设的考虑，是整个养殖场生物安全体系建立的基础。通过选址、建设和布局来提升规模场生物安全体系，将疫病排除于鸡群之外，保持畜群高生产性能，发挥最大经济效益，有效地促进畜牧业持续健康发展。

(四) 房舍建筑

应注意相对密封性，便于环境控制。主要针对温度、湿度、通风、气流大小和方向、光照等气候因素。便于清洗和消毒，可给鸡群提供安全和舒适的生存环境。建筑物应能防鸟、防鼠、防虫。

(五) 周围环境

以尽可能减少和杀灭鸡舍周围病原为目标，便于进行经常性的清洗和消毒，保护良好的环境卫生。

二、严格控制人员

(1) 专门设置供工作人员出入的通道。可对工作人员及其常规防护物品进行可靠的清洗及消毒处理，最大程度的防止人对病原的携带。杜绝一切外来人员的进入，尽可能谢绝参观访问，尽可能减少不同功能区内工作人员的交叉现象发生，一旦交叉要有可行的清洗和消毒处理措施（用晓鸣、九三零）。

(2) 直接接触生产鸡群的工作人员应尽可能远离外界禽类。

(3) 工作人员应定期进行健康检查。对所有相关工作人员进行经常性的生物安全培训。

三、鸡群控制

(1) 尽可能减少鸡群进入鸡舍前的病原携带，通过日常的饲养管理减少病原侵袭和增强鸡群抵抗力。

(2) 引进病原控制清楚的鸡群。重点检测无蛋媒，甚至无蛋壳传播的病原，主要针对白血病、鸡白痢、支原体、衣原体等（MG、MS、REO、EDS、CAV）。

(3) 避免不同品种、不同来源的鸡群混养，贯彻全进全出的饲养方式，尽量做到免疫状态相同。

(4) 尽可能减少日常饲养管理中的应激发生，防止生产操作中的污染和感染。

(5) 鸡群的日常观察及病情分析。鸡群的定期健康状况检查及免疫状态检测。

(6) 运输环节中的防感染。提供适当的环境进行必要的清洗消毒。

四、清洁与消毒

(1) 鸡舍的清洗与消毒。主要是全进全出中鸡舍排空时期的清洗及消毒，日常环境卫生的保持。

(2) 物品及工具的常规清洗及消毒。

(3) 进出各功能区的清洗消毒及运转保证。

(4) 环境及物品清洗、消毒效果检测。

五、饲料、饮水控制

(1) 提供充足的营养，防止病原从饲料和饮水进入鸡舍。完善的配合饲料及饲喂技术。

(2) 充足合格的饮用水供给。

(3) 饲料和饮水的质量检测。

六、克服养鸡误区

(1) 只要是鸡都可以养。品种一致、体重均匀度 80% 以上、健康、母源抗体水平一致。

(2) 重育雏，轻育成。8 ~ 10 周龄体重要达标，控制性成熟。

(3) 重药物治疗，不重鸡群防疫。日常环境控制和正确的免疫程序是保证鸡群健康的基础“防重于治”。

(4) 重视饲料价格，不重视饲料质量。劣质饲料危害大，优质饲料创效益。

七、垫料及废弃物、污物处理

垫料、粪尿、污水、动物尸体以及其他废弃物是疾病传播中最主要的控制对象，是疾病病原的主要集存地。必须严格采取科学合理的、符合生物安全标准的技术处理。

固原鸡饲养标准

本标准由宁夏回族自治区彭阳县质量技术监督局于2013年6月1日发布实施。

固原鸡（也称静原鸡），商品名朝那鸡，是彭阳人民在山场辽阔，气候凉爽的自然条件下，经过长期的散养培育形成的一种地方品种，主要分布在彭阳县交岔、罗洼、王洼、小岔等乡镇，该品种具有耐粗饲、宜放牧、抗逆性强等特点，是目前宁夏保存较好的国家级地方优良鸡种，年饲养量100万只左右。素以体大、蛋重、肉质鲜美、风味独特而著称，一直为当地群众的喜养鸡种。尤其是乌鸡和青皮蛋更具食用和药用价值，是朝那鸡中的珍品，倍受消费者的青睐。

2007年8月，时任宁夏回族自治区党委书记陈建国在彭阳县调研彭阳固原鸡扩繁场时，依据彭阳在秦朝时曾设“朝那郡”这一史实，将“固原鸡”商品名取为“朝那鸡”。

1 范围

本标准规定了固原鸡在原产地饲养管理等技术要点。

本标准适用于彭阳县及固原市其他各县。

2 规范性引用文件

下列文件中的条款通过本标准的引用而成为本标准的条款。凡是注日期的应用文件，仅所注日期的版本适用于本文件。凡是不注明日期的应用文件，其最新版本（包括所有的修改单）适用于本文件。

GB 5749—1985 生活饮用水卫生标准。

GB 15618—1995 土壤环境质量标准。

GB 16548—2006 病害动物和病害动物产品生物安全处理规程。

GB/T 18407.3—2001 农产品安全质量无公害畜禽产地环境评价要求。

GB 18596—2001 畜禽养殖业污染物排放标准。

GB 50052—2009 供配电系统设计规范。

NY/T 388—1999 畜禽场环境质量标准。

NY/T 682—2003 畜禽场区设计技术规范。

《动物防疫条件审核办法》。

3 术语和定义

下列术语和定义适用于本标准。

4 固原鸡的外貌特征及生产性能标准

4.1 体型

体躯高大，骨骼粗壮，头高昂，大小适中。尾上翘体长胸深，背宽而平直，后躯宽而丰满，腿高粗两腿粗距离较宽，脚爪大而坚实，步态有力。

4.2 外貌特征

冠型：分玫瑰冠和单冠两种，公鸡多为玫瑰冠，母鸡多为草莓冠和桑葚冠。

喙色：多为灰黑色，少数白色。

虹彩：有橘黄、橘红和土黄三种，以橘黄最多。

腿爪色：分青色和白色两种，以青色最多。少数个体有胫羽，并成大的羽片。

皮肤：除乌鸡外，皆为白色。

羽毛：羽毛发达而蓬松，母鸡分麻色，黄色、白色和花色，麻鸡体羽麻褐色，翼羽黑色，主尾羽黑色或麻褐色，腹羽浅黄色，黄鸡体羽黄色，主翼羽、主尾羽黄黑色，腹羽浅黄色。公鸡分红色、白色、花色（芦花鸡），红色公鸡羽毛深红色，主翼羽、主尾羽青铜色，腹部羽毛黑棕色，颈羽、鞍羽棕红色，翅羽发达，并带绿色光泽，最受群众欢迎。

4.3 体重

成年公鸡体重平均为2.25kg，最高可达3.0kg，母鸡平均1.67kg，最高可达2.5kg。

4.4 生产性能

雏鸡生长发育较快，以散养形式为好。夏季气候凉爽，饲料丰富，运动充足，更是促进雏鸡生长发育迅速的重要条件。5月龄公母鸡体重分别达成年鸡体重的77%、83%。

4.4.1 产蛋性能

固原鸡性成熟期晚，在农户较为粗放的自然散养条件下，开产期在7～9月龄。在较好的饲养条件下，5月龄时就有开产的。均产蛋量124枚左右，最高达

200枚，平均蛋重58.59g，最大75g。蛋壳除乌鸡蛋（分青皮蛋和白皮蛋两种）外，多为褐色，分深褐，浅褐，壳厚而致密，蛋形正常，蛋形指数为74.7%，蛋的物理成份百分率：蛋白占58.8%，蛋黄占18.57%，蛋壳占10.5%。

4.4.2 就巢性

固原鸡就巢性强（俗称抱窝），春末夏初每产20个蛋左右，就发生一次，年就巢达5~7次，每次持续7~15天，个别达20天左右。正是固原鸡的这一缺点，才使其种群虽多年来受外来鸡种冲击仍能延续至今。

4.4.3 育肥性能

当地农户对鸡的育肥有较丰富的实践经验。通常将鸡养至1~1.5年，于每年春末夏初把鸡填肥宰食；经15天填食后，公鸡体重由填食前的2.5kg增到3.1kg，最高达3.3kg；母鸡由1.7kg，增到2.2kg；最高达2.6kg。填肥后胴体美观，屠宰率高，公鸡为75.9%~78.5%，母鸡为68.8%~79%，脂肪沉积能力强，特别是母鸡，花油，腹脂多达250g以上。

4.4.4 屠宰率

固原鸡个体大，产肉性能良好，6月龄屠宰率：公鸡半净膛为73.4%，全净膛为69.6%，母鸡半净膛为73.6%，全净膛为66.9%。

5 饲料构成标准

固原鸡是彭阳县长期繁衍生息形成的优良鸡种，具有耐粗饲、宜放牧、抗逆性强等优点，散养条件下，本县当地的饲料资源完全能满足它各个阶段生长的营养需求。主要饲料如下。

5.1 能量饲料

小米（饲喂21日龄前雏鸡）、玉米、谷子、糜子、高粱、荞麦、莜麦、麸皮、蒸熟的马铃薯等。

5.2 蛋白质饲料

炒熟粉碎豆类、亚麻饼、幼嫩苜蓿、初花期苜蓿草粉、昆虫等。

5.3 维生素饲料

各种鲜嫩蔬菜叶、茎，田间野菜等。

5.4 矿物质饲料

蛋壳、骨粉和细砂等供鸡自由采食。

6 孵化育雏标准

6.1 种鸡选择标准

种公鸡选择黑喙、黑脚、毛色为红色、肤色为白色、玫瑰冠为最佳。健康种鸡叫声宏亮、头高昂；骨骼粗壮、尾上翘、体长胸深、背宽而平直、腿高、两腿距离较宽、脚爪大而结实、步态强健。

种母鸡毛色为黑麻、黄麻、青麻色最佳，单冠、复冠均可，脚、喙可选择白色。《宁夏畜禽品种誌》中记载70%为复冠、30%为单冠，脚羽、戴帽、戴胡均属固原鸡血统，尤以乌骨鸡系最佳，选择公母鸡的比例为1：（8~10）只，公鸡不可选留过多。

6.2　种蛋收集与保存时间

提供种蛋的鸡必须是健康无病，且免疫程序完整的种鸡，收集来的种蛋要保存在室温10~15℃，最适宜温度为12℃的种蛋收集室里，保存时间7~10天，要选择质地结实、光滑、大小头明显干净无污染的蛋入孵。沙皮、薄壳、过圆、过大、过小、双黄蛋和两头尖的均不能用作种蛋。

6.3　孵化

6.3.1　自然孵化

自然孵化又叫抱窝孵化，是农家常用的最简单又经济的的孵化法，孵化过程不需要特别的照管，孵化率高。小鸡出壳后，由母鸡带领，管理方便。自然孵化地点要选择在背风温暖干燥，干净无噪音和人、畜不干扰的地方，孵化巢用柔软麦秸或稻草铺垫，每窝孵化种蛋数15~18枚。母鸡每日下巢觅食时要用柔软棉垫覆盖种蛋保温，并给母鸡充足的饮食。自然孵化，30日龄雏鸡成活率为81.0%。

6.3.2　人工孵化

人工孵化是利用孵化机进行大批量生产鸡苗，是目前固原鸡苗的主要孵化生产方式，其操作规程如下：

6.3.2.1　孵化室及孵化设备消毒　孵化室要采用不同种类的消毒液分别喷雾消毒1次，孵化设备采用熏蒸消毒。

6.3.2.2　散养鸡种蛋的消毒　用高锰酸钾0.1%~0.2%的溶液；百毒杀150mg/kg；新洁尔灭0.1%~0.2%溶液，任选一种清洗种蛋，上盘晾干入机预热后再进行熏蒸消毒。

6.3.2.3　笼养鸡种蛋消毒方法　笼养种蛋采用随收随消毒的办法，上机前无需消毒直接装盘。

6.3.2.4　种蛋的装盘和消毒　装盘时种蛋大头朝上、小头朝下，垂直装入卡槽内。装入孵化车的种蛋要静置30min后再送入孵化机，入机预热1h后熏蒸消毒，方法：按每立方米用40%甲醛溶液30mL，高锰酸钾15g相混合，密闭孵化机熏蒸 20～30min，孵化室内的温度在 24～27℃，相对湿度 75%～80%的条件下消毒最佳。

6.3.2.5 孵化 温度是鸡胚胎发育的首要环节，机孵法有 2 种，一种是恒温法（37.8℃）；一种是变温法。

（1）恒温法。是目前普遍采用的即从种蛋入孵到落盘出雏一直保持 37.8℃的孵化法。

（2）变温法。是随着孵化天数的增加而逐渐降低温度的孵化法。天数与温度设定如附表 1.1－1 所示：

附表 1.1－1 孵化温度和天数

孵化天数（天）	1～2	3～6	7～12	13～15	16～18	出雏
温度设定（℃）	38	37.9	37.8	37.7	37.6	37.2

无论是恒温法还是变温法，孵化室温为 20～27℃。

6.3.2.6 湿度条件 孵化机的相对湿度以 50%～55%为宜，出雏机的湿度以 65%～70%为宜。

6.3.2.7 通风 在孵化过程中发育着的胚胎需要充足的新鲜空气，当孵化器内的二氧化碳含量达到 0.6%以上时，应加大通风量，防止胚胎中毒。

6.3.2.8 翻蛋 孵化机通常为程控设置，无需非专业人设置，一般翻蛋次数为 2h 1 次，每次翻蛋角度应达到 90°。

6.3.2.9 照蛋 该品种鸡目前产蛋以白色最多，褐色较少，所以照蛋时间不能过早，以免影响照蛋的准确率。一般在 7 日和 14 日内各照蛋 1 次，并进行倒盘、倒车。检出无精蛋、死胚蛋。

6.3.2.10 落盘 18 日龄落盘，并倒车、倒盘，移入出雏机。在加湿水槽内倒入 40%的甲醛 50mL，进行消毒。

6.3.2.11 出雏 一般清理在 20 天又 18h，最迟不超过 21 天。检雏时间为出雏率达到 70%～80%为宜，放入出雏盘烘干的雏鸡数不能超过 120 只/盘，以免密度过大造成雏鸡脱水。

注意事项：

（1）孵化机孵化时，蜂鸣器报警开关要开启、防止停电不为人知。

（2）当停电时管理人员应该立即启动备用电源，若备用电源不能马上启用，应在停电十分钟内打开孵化机舱门，以免瞬间高温破坏种蛋。

（3）必须经常检查加湿器的运转情况，加湿器水槽是否漏水，水源是否供

水正常，随时补充水量。

7　固原鸡育雏及管理技术规程

7.1　育雏前的准备

7.1.1　育雏器械消毒

选用广谱、高效、稳定性好的消毒剂，如用0.1%新洁尔灭；0.3%～0.5%的过氧乙酸；0.2%次氯酸等喷雾育雏笼，用1%～3%的烧碱或10%～20%的石灰水泼洒地面，用0.1%的新洁尔灭或0.1%的百毒杀浸泡塑料盛料器与饮水器。

7.1.2　育雏室的消毒

雏鸡进舍前半月开始对鸡舍进行彻底清扫消毒。程序如下：清扫→冲洗→干燥；房顶→墙壁喷洒消毒液→地面喷洒石灰水→干燥；放入育雏器械，每平方米用14g高锰酸钾+28mL 40%甲醛溶液（密闭门窗和通风孔）熏蒸24h以上（舍温在15～20℃）→打开门窗和通风孔通风72h→进雏鸡，同时鸡舍周围也要进行彻底消毒。

7.1.3　育雏室升温

雏鸡出生后体温调解能力差，必须提供适宜的温度环境。因此在雏鸡进舍前2～3天使鸡舍预热，进舍前3h舍温应达35℃。对各种供热设施进行检查，观察室内温度是否均匀、平稳，温度计的指示是否正确等。

7.1.4　育雏设施要求

育雏必须在育雏笼或育雏网上进行，用安全卫生的火道加温，按每35～50只拥有1个饮水器和料桶为宜。

7.2　雏鸡的饲喂技术（0～42日龄）

7.2.1　饮水

给雏鸡首次饮水习惯上称为“初饮”。雏鸡出壳后，一般应在其绒毛干后12～24h开始初饮，饮水2～3h后再开食，冬季水温宜接近室温（16～20℃），在室内预热时就应加好饮水；炎热天气尽可能提供凉水。最初几天的饮水应为凉开水，通常每升水中加入0.2g呋喃唑酮（痢特灵）或0.1g高锰酸钾，以利于消毒饮水和清洗胃肠，促进小鸡胎粪的排出。

若是经过长途运输的雏鸡，饮水中可加入5%的葡萄糖或蔗糖、多维素或电解液，以帮助雏鸡消除疲劳，尽快恢复体力，加快体内有害物质的排泄。

7.2.2　开食

给雏鸡第1次喂料叫开食。适时开食非常重要，要等到鸡群羽毛干后并能站立活动，且有2/3的鸡有寻食表现时进行。一般开食的时间掌握在出壳后24～

36h 进行，此时雏鸡的消化器官基本具备了消化功能。过早开食，雏鸡缺乏食欲，对消化器官有害，也影响卵黄的吸收利用，不利于今后的生长发育。过迟开食，雏鸡的体力消耗大，影响今后的生长和成活。开食料要求新鲜、颗粒大小适中，易于雏鸡啄食，营养丰富易消化。开食后水中可加 0.1% 维生素 C 和葡萄糖，水温要接近舍温，供水要充足清洁。每天喂 5 ~ 6 次，以后可逐渐减少饲喂次数。

7.2.3 饲料标准

开食的首选饲料为本县地方加工生产的小米（谷子籽实经脱壳）、其次为粉碎玉米粒、碎小麦等，先用开水烫软，吸水膨胀后再喂。大型养鸡场无小米情况下也可直接使用雏鸡配合全价饲料，但饲喂期不能超过 60 日龄。开食后，实行自由采食。饲喂时要掌握“少喂勤添八成饱”的原则，每次喂食应在 20 ~ 30min 内吃完，以免幼雏贪吃，引起消化不良。

第 1 天饲喂 2 ~ 3 次，以后每天喂 5 ~ 6 次。

第 2 周开始要做到每天下午料槽内的饲料必须吃完，不留残料。有条件的养殖户 3 周后适量加入切碎的幼嫩苜蓿。

6 周后逐渐过渡到每天 4 次。喂料时间要相对稳定，喂料间隔基本一致，不要轻易变动。

7.3 雏鸡的日常管理技术（0 ~ 42 日龄）

7.3.1 适宜的温度

适宜的温度是育雏成败的首要条件。育雏第一周为 34 ~ 35℃，以后每一周舍温降低 2℃，至第 5 周保持 24℃。以雏鸡表现灵活、不扎堆、感到舒适，采食、活动和睡眠正常，就是适宜温度表现。

7.3.2 合理的密度

密度过大会导致发育不整齐或诱发传染病、啄癖症等，适宜密度为：0 ~ 42 日龄，网上或笼养密度，从 50 只/m^2 逐步减少到 21 日龄后的 25 只/m^2 以下，42 日龄 13 ~ 15 只/m^2 以下为宜。

7.3.3 新鲜的空气

育雏期既要保证室内温度，又要保持舍内空气新鲜畅通，同时要防止间隙风。通风不良会造成雏鸡生长发育迟缓、抗病力差，诱发呼吸道疾病，育雏死亡率高。

7.3.4 合理的光照

为了帮助雏鸡采食，2 ~ 5 周龄以每日 10 ~ 12h 光照为宜，强度为每平方米

1～2W，6 周龄后采用自然光照。

7.3.5 合理的湿度

21～30 日龄相对湿度为60%左右，31～42 日龄相对湿度为50%左右。

7.3.6 断喙

非种鸡不做断喙，以免影响散养时采食，种鸡断喙可以有效地防止鸡的啄癖，提高饲料转化率。断喙时间为 9～15 日龄，超过 15 日龄断喙效果差。断喙应将上喙切除 1/2，下喙切除 1/3，必须把握好切口的角度。断喙前后 5 天，在饮水中添加维生素 C 以抗应激；断喙后须保证食槽、水槽、料水充足，避免鸡断喙后因采食、饮水困难而影响生长；断喙后 5 天内最好喂粉状饲料，伤口愈合后，才能饲喂粒状饲料。

7.3.7 干净的卫生

坚持每天打扫圈舍卫生，保持空气清新，地面干净。

每周对育雏舍和周围环境进行 1 次喷雾消毒。鸡舍门前要用生石灰或其他消毒设施坚持经常消毒。

8 育成鸡的饲养管理（42～140 日龄）

8.1 脱温

从 42 日龄开始，如果外界温度在 20℃以下，最好是继续给温，逐渐脱温，否则易造成受凉感冒，生长受阻，诱发法氏囊病及各种呼吸道疾病。

8.2 换料

用全价饲料育雏的户，从 42 日龄开始逐渐在饲料中增加谷物杂粮比例，也可用玉米、麸皮、豆类配成混合饲料，按每日增加 1/5 比例进行，用 5～7 天时间过渡到新料。

8.3 密度

网上育成时（42 日龄后），随着鸡的体重增大，要适时调整饲养密度，到后期每平方米 12 只以下；笼养每平方米 15 只以下；地面散养时，每平方米 10 只以下。

8.4 光照

种鸡为防止过早性成熟，笼养育成前期要控制光照。每日不超过 9h，育成后期（120～150 日龄），光照 12～13h，至开产光照固定在 14h 左右。对于散养的商品鸡采用自然光照即可。

8.5 放养

放养鸡应在 42 日龄后开始放养，但应根据季节和当地气候条件而定，最好选择在外界气温达到20℃度左右，无大风的晴天放养，初次放养，每天应控制在2～4h，以后逐渐延长放养时间，放养鸡日常管理应做好以下几点：

（1）训练定时采食、饮水、归圈等习惯 从育雏阶段起，饲养人员给食加水时用吹口哨的方法使雏鸡产生条件反射，逐渐形成规律以便于日后放牧管理。

（2）做好补饲放养鸡 从育成阶段要补给营养较全面的原粮混合饲料，供给清洁饮水。一般放养前2周，早、中、晚各喂1次；第3周开始早、晚各喂1次，饲料中添加砂砾，以提高消化机能和饲料利用率。

（3）要有栖息纳凉场地。固原鸡野外活动范围一般在300～500m，若移地放牧要在地势平坦背风向阳处建鸡的栖息舍，晚间要有人看护以免野兽侵害。采用固定场地的饲养户夏天要给鸡搭建遮阳纳凉棚，供鸡中午纳凉。

（4）场地要定期消毒 每周对鸡舍和周围环境进行1次喷雾消毒，门前用生石灰等坚持经常消毒。

8.6 饲养模式

（1）43～60日龄，进行换料和放养过渡。

（2）61～120日龄，保证在饲料多样化的前提下，首先要保持蛋白饲料的满足，以促进骨骼发育和体型生长。

（3）121日龄以上，要使用能量高且能增加肉质风味的混合饲料饲喂，体重达到1.5kg以上时要及时出栏。

120日龄后育肥参考配方：玉米66%、豆粕15%、麸皮7%、胡麻饼5%、苜蓿草粉7%。

8.7 疾病预防

（1）坚持以预防为主，防重于治的方针，严格执行固原鸡免疫接种程序。

（2）平时要留心观察鸡群健康状况，特别是晚上鸡休息安静后，进入圈舍观察和听鸡群内是否有异常声音，发现病鸡立即隔离治疗，同时对全群鸡按疗程进行预防给药。

（3）坚决杜绝与饲养无关的人员进入鸡舍，坚持每天打扫圈舍卫生，保持空气清新。

（4）每批鸡出售后，鸡舍用2%烧碱溶液进行地面消毒后，再用甲醛和高锰酸钾进行密闭熏蒸消毒。之后每7天对圈舍和周围环境喷雾消毒1次，空圈30天后再进下批鸡。

9 种鸡场场址的选择

（1）种鸡场场址要与主要交通干线有一定的距离（最好在1 000m以上），背风向阳，沙质土壤，水源充足和可靠的电力供应等。

(2) 与其他畜禽场之间的距离越远越好，应不少于1 000～1 500m。种鸡场与商品代鸡场的距离不可太近，以免发生交叉感染。养鸡场与各畜禽产品加工厂、动物医院等的距离应不小于1 500m，而且不应将养鸡场设在这些场（厂）的下风向。

(3) 养殖场内部各生产区之间必须严格分开，防止交叉感染。要有一定距离的缓冲防疫隔离带，四周砌围墙或绿色隔离带与外界隔离，主生产区外应配有检疫隔离间和解剖室。生产区应位于生活区、居民区1 000m外的下风向处。净道和污道严格分开，防止交叉感染。饲料、雏鸡从净道进入，淘汰鸡、鸡粪等污物从污道运出。

10　固原鸡的免疫程序

10.1　种鸡或用于产蛋鸡的疫病预防控制程序标准

根据近几年来鸡病发生和流行特点，在固原鸡生产过程中必须遵循以下程序。

1日龄：鸡苗出壳24h内，马立克疫苗1头份皮下注射。

5日龄：新－支－肾二联多价苗，1头份滴鼻点眼或2头份饮水，同时在饮水中加入多维，抗应激。

9日龄：断喙，饮水中添加电解多维，补充营养，添加VK3、止血敏防治出血（非种鸡不作断喙，以免影响散养时采食）。

12日龄：法氏囊中等毒力活疫苗倍量饮水。

17日龄：大肠杆菌幼苗0.3mL胸部肌内注射。

23日龄：新城疫－传染性支气管炎－肾形传染性支气管炎二联多价苗倍量滴鼻点眼，同时新城疫，传染性支气管炎二联油苗0.3mL皮下注射，为防止感染，在油苗中加入氧氟沙星油剂，每250mL中加入10mL。

28日龄：禽流感0.3mL颈部皮下注射。同时，法氏囊2倍饮水。

35日龄：鸡痘1头份刺种。

42日龄：大肠杆菌0.5mL皮下注射。

50日龄：新城疫，传染性支气管炎二联冻干活苗（L－H52）2头份饮水。

60日龄：禽流感0.5mL肌内注射。

70日龄：鸡痘2头份刺种。

85日龄：新城疫低毒力活疫苗（L系）2头份饮水。

95日龄：传鼻－支原体0.5mL肌内注射。

110日龄：新-支-减0.5mL肌内注射。

130日龄：禽流感0.5mL肌内注射。

200日龄：新-支二联油苗0.5mL肌内注射。

以后每60日龄L系倍量饮水。

10.2 商品鸡的免疫程序

21日龄之前同种鸡免疫程序。

25日龄：小二联倍量饮水。（可选进口苗-新支肾二联多价苗）同时注射新-支二联油苗0.3mL。

40日龄：禽流感0.3mL肌内注射。

50日龄：大二联2倍饮水。疫苗运输、稀释、饮用等各个环节必须规范，以防疫苗失效。

80日龄：禽流感0.5mL肌内注射。

100日龄：新城疫低毒力活疫苗饮水。

10.3 固原鸡疫苗接种方法

鸡的免疫接种疫苗的方法很多，然而，究竟采用哪种方法好，这要视具体情况而定。主要考虑操作方便，同时考虑疫苗的特性及免疫效果。

（1）滴鼻法。通过滴鼻是疫苗从呼吸道进入体内的接种方法，适用于鸡新城疫疫苗和传染性支气管炎疫苗及传染性喉气管炎弱毒型疫苗的接种，滴鼻法是逐只进行的，能保证每只鸡都能得到免疫，并且剂量均匀。因此，这种方法是弱毒疫苗的最佳接种方法。操作方法是把一定剂量的疫苗稀释于灭菌生理盐水中，充分摇匀，然后用滴管吸入药液，从每只鸡的鼻孔滴入1滴（每滴约0.03mL）。

（2）翼膜刺种法。此法适用于鸡痘疫苗的接种。操作方法是将疫苗用冷开水、蒸馏水或生理盐水稀释50倍，用接种针或干净的钢笔尖蘸取疫苗，刺种于鸡翅膀内侧无血管处的翼膜内。1～2周的雏鸡刺种1针即可，较大的鸡可刺种2针。

（3）皮下注射法。此法多用于马立克疫苗、油乳剂的接种。操作方法是把一定剂量疫苗稀释于专用稀释液中，然后在颈背部皮下注射接种。

（4）肌内注射法。此法适于新城疫活疫苗、灭活疫苗或传染性支气管炎、禽流感灭活苗油乳剂的接种方法。操作方法是采用连续注射器按每只鸡注射1mL或0.5mL的剂量，去乘注射鸡数，然后注射于翅膀内侧肩关节无毛处肌肉或胸部、腿部的肌肉内。

（5）饮水免疫法。若饲养量大，逐只进行接种费时费力，并惊扰鸡群，影

响增重，可采用效果最好的饮水免疫法。如鸡新城疫Ⅱ、Ⅳ系疫苗接种均可采用此法。操作方法是先计算出全群所需要疫苗数量，然后用凉开水稀释，让鸡自由饮用。每只鸡饮水量分别为5～60日龄10～30mL、60～120日龄及以上40～45mL。免疫前必须停水2h，并停用抗病毒的药物，但可照常喂料，增加足够的饮水器具，使70%～80%的鸡能同时饮水，并在1～2h内饮完。

（6）喷雾免疫法。此法适于半机械化和机械化养鸡场，既省人力又不惊扰鸡群，不影响产蛋、增重，免疫效果确实。但是，喷雾免疫只能用于60日龄以上的鸡，60日龄以内的鸡使用此法，容易引起支原体病和其他上呼吸道疾病。操作方法是先计算出所需疫苗数量，然后用特制的喷雾枪（市场有售），把疫苗喷于舍内空中，让鸡呼吸时把疫苗吸入肺内，以达到免疫的目的。喷雾时，喷头距离鸡1m，同时必须关闭门窗和排风设备，喷完后15min才可通风。

10.4　免疫接种注意事项

在鸡病的防疫中，为防止疫苗用量或选择疫苗的种类不合适，接种方法不当，而造成免疫效果不好，出现免疫失效，造成鸡群大面积发病和死亡，出现不应有的损失，应注意以下问题。

（1）在进行滴鼻、点眼、饮水、喷雾、滴口等免疫接种前后24h不能进行喷雾消毒和饮水消毒，不要使用铁质饮水器。通过饮水免疫时最好使用无菌蒸馏水，免疫前断水2～3h，不要使用氯制剂消毒的水，若使用自来水要静置2h，如果使用可疑的无菌蒸馏水，则应每10L水中加50g脱脂奶粉；含疫苗的水应在1h内饮完，饮完之前不要添加任何水，使含疫苗的水成为免疫期间的唯一水源。

（2）翅膀下刺种鸡痘疫苗时。要避开翅静脉，并且在免疫5～7日后观察刺种处有无红色小肿块，若有表示免疫成功，若无表明免疫无效，应补种。

（3）油乳剂灭活疫苗注射时。用左手捏着颈部下1/3和上2/3交界处皮肤，针头从上往下扎入，注完疫苗后，用手将进针口挤一下，避免疫苗外流，切勿将针头向上进针，以免引起肿大。

（4）为了减轻在免疫期间对鸡造成的应激。可在免疫前2天给予电解多维和其他抗应激的药物，在断喙时给予维生素K_3和维生素C。

（5）对于油乳剂灭活疫苗。用前应详细了解鸡群健康状况，不健康鸡群不能使用疫苗，只适合健康鸡群免疫。用前应使疫苗温度升至室温，并在用前和使用中充分摇动均匀。注意如果疫苗有破损现象、异物或杂质，不宜使用。同时应在开封后当日用完，残留的疫苗不要再用。此外，如果不慎将疫苗接种在操作人员上，会发生局部反应，应注意及时进行处理。

（6）疫苗要低温冷藏，特别是活疫苗更要注意。长时间运输要有冷藏设备，使用时不可将疫苗靠近高温或阳光暴晒，使用前要瓶瓶检查，应做好记录，以便出现事故时查找原因，活苗要低温冷冻保存，灭活苗 2～8℃，不得超过有效期，疫苗注射用具均要消毒使用。

参见固原鸡育雏兼饲养圈舍建造参考草图（见附图 1.1－1）。

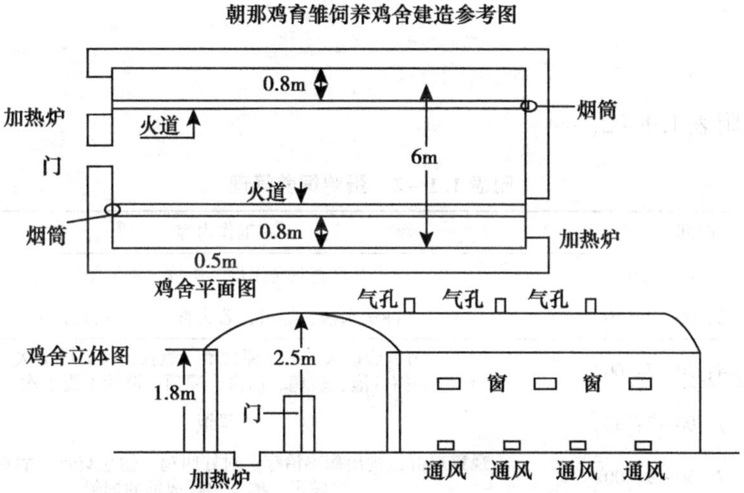

朝那鸡育雏饲养鸡舍建造参考图

附图 1.1－1 饲养 1 000 只固原鸡简易鸡舍参考标准

附件二

蛋鸡饲养管理操作日程

参见附表 1.1－2。

附表 1.1－2　蛋鸡饲养管理

	时间	工作内容
早上	早 4：00	开灯查鸡舍温度、湿度、查群情况
	4：00～4：30	冲洗水槽、加料，若为青料，投药先拌料
上午	4：30～7：00	刷水槽每天 1 次，擦食槽、蛋托，每 2 周 1 次。擦灯泡、玻璃、门窗、屋顶、墙壁 1 周 1 次
	7：00～7：30	早饭
	7：30～9：00	观察鸡群，挑出病鸡治疗。对好叫鸡、偷吃鸡蛋、病鸡调笼。检破蛋，摊平鸡啄成堆的饲料
	9：00～9：40	加料清扫
	9：40～11：00	修箱、蛋箱垫料、蛋分类装箱，统计登记
	11：00～11：30	清扫鸡舍，工作间、更衣室卫生，洗刷工具，准备交班
	11：30～12：00	午饭
	12：00～12：30	交接班，双方共同查鸡群、设备
	12：00～13：00	冲水槽、观察鸡群、擦风叶
下午	13：30～14：10	清扫
	14：10～15：30	观察鸡群，挑出病鸡，对冠萎缩鸡、发育不良鸡调整鸡笼，高峰过后挑出白吃鸡
	15：30～16：30	修箱、蛋箱垫料、第二次捡蛋、过秤、分类装箱，统计登记
	17：00～18：00	加料并清扫鸡舍，门口洗刷用具，更衣、均料、观察鸡群、消毒、填写值班记录，结算当天产蛋数、斤数、死淘鸡数等

第二篇

养猪技术

猪的品种介绍

一、猪的经济类型

猪的经济类型是按其经济用途和产肉品质的不同而划分的。根据肥、瘦肉所占胴体（屠宰后除去头、蹄、尾、内脏，保留板油和肾脏）重量的比例划分为瘦肉型、脂肪型和兼用型3种。不同的经济类型，在体型外貌、生产性能、胴体品质、生活习性等方面都有不同的特点。

（一）脂肪型

这种猪沉积脂肪能力强胴体膘厚脂多，瘦肉少。其外形特征是体躯短圆，体长和胸围大致相等；体躯宽深而短，头颈较重、垂肉多，腹大下垂；体质细致，性成熟早，耐粗饲抗逆性强，早期沉积脂肪能力强；饲料转化率低，背膘厚度6cm以上，胴体瘦肉率40%以下。我国的大多数地方猪种属于这种类型。

（二）瘦肉型

这种猪以生产瘦肉为主，胴体膘薄脂少，瘦肉多。其特点是体型大，呈长流线型，体长大于胸围15～20cm；头颈较轻，背腹线平直，后躯丰满，四肢高，皮薄毛稀；体质结实，性成熟晚，抗逆性较差；生长发育快，饲料转化率高，背膘厚度3cm以下，胴体瘦肉率55%以上。国外引进的瘦肉型猪种以及近几年我国部分新培育的猪种或品系属于这种类型。

（三）肉脂兼用型

这种猪生产瘦肉和脂肪能力相近，体型介于脂肪型和瘦肉型之间。生产性能也介于两种类型之间。背膘厚3～5cm，胴体瘦肉与脂肪相等，各占胴体的40%左右。肉脂兼用型也称为鲜肉型，我国早期的大部分培育猪种或品系属于这一类型。

二、我国目前饲养的主要国内外品种

（一）国内培育饲养的主要优良猪种

优良的地方猪种是我国劳动人民在长期的饲养过程，经自然条件和人工共同选育而成，在当时的历史条件下丰富和满足了城乡人民的肉食需求。从20世纪60年代开始，特别是改革开放以来，从国外引入了多个瘦肉型品种对改良我国猪种和满足城乡消费需要发挥了重要作用，但也对我国地方猪种造成了一定冲击，如“八眉猪”、“宁夏黑猪”等现已存量很少或基本绝迹。现就我国目前饲养的主要地方猪种简介如下。

1. 民猪

原产于东北地区，按体型外貌分为大、中、小3种类型，其中，以中型居多。

体型外貌：全身黑毛，体质强健，耳大下垂，背腰平直，四肢粗壮，后躯倾斜，乳头7对以上。

生产性能：成年公猪重200kg左右，母猪148kg左右，产仔数平均13.5头。10月龄体重136kg左右，屠宰率72%，在体重90kg时，屠宰瘦肉率46%。

该猪的突出优点是抗寒力强，体质健壮，繁殖率高，耐粗饲，肉质鲜美。缺点是饲料利用率低，后腿肌肉不发达。

2. 太湖猪

产于长江下游的太湖流域的沿岸沿海地区。其中，产于嘉定县的称“梅山猪”，产于松江县的称“枫泾猪”，产于嘉兴、平湖的称“嘉兴黑猪”，产于武进的称“焦溪猪”，从1973年开始统称太湖猪。

体型外貌：太湖猪头大额宽，面微凹，额有皱纹，耳特大下垂。背腰微凹，腹大下垂，臀宽而倾斜，大腿欠丰满，后躯皮肤有皱褶，毛色全黑或青灰色，梅山猪、枫泾猪和嘉兴黑猪具有4白脚，乳头8~9对。

生产性能：成年公猪重140~190kg，母猪100~170kg。产仔平均15.8头，居世界“繁殖之最”，3月龄可达性成熟，泌乳力强，哺乳率高但生长发育较慢，6~9月龄体重65~90kg，屠宰率67%左右，瘦肉率40%左右。

3. 金华猪

产于浙江省金华地区的义乌、东阳和金华3县。

体型外貌：金华猪外形具有“两头乌”的毛色特征。体型不大，凹背腹下垂，腹圆而微下垂，臀宽而倾斜，大腿欠丰满。乳头8对左右。

生产性能：成年公猪重140kg左右，母猪110kg左右，产仔平均13.8头，8~9月龄体重63~76kg，屠宰率72%，瘦肉率43.46%。该猪优点是繁殖力高，肉质好，皮薄骨细，早熟易肥。缺点是后期生长慢，饲料利用率较低。

4. 内江猪

主要产于四川省的内江市，分布于长江中游地区。

体型外貌：被毛黑色，鬃毛粗长，体型大，体质疏松。头大额短，额面横纹深陷成沟，耳中等大下垂，背微凹，腹部较大，臀宽稍后倾，四肢粗壮，皮厚有皱褶。乳头7对左右。

生产性能：成年公猪体重160kg左右，母猪150kg左右，平均产仔10.4头，在较好的饲养条件下，平均日增重662g，中等饲养条件下410g，90kg屠宰率67%，瘦肉率37%，突出的优点是适应性强，与其他品种杂交配合力好。

5. 荣昌猪

原产于四川省荣昌、隆昌等县。

体型外貌：该猪除两眼四周及头部有大小不等的黑斑外，其余部分均为白色。体格中等，头大小适中，面微凹，耳中等大小而下垂，背腰微凹，腹大而深，臀部稍倾斜，被毛洁白粗长，乳头一般为6对。

生产性能：成年公猪体重150kg左右，母猪120kg左右，窝产仔平均12头左右。100kg体重，屠宰率71.7%。后经四川养猪研究所与四川农业大学在纯种繁育的基础上，导入了适当比例的外系选育成新的品系。新育成的瘦肉型品系，育肥猪190日龄体重达到90kg以上，日增重598.5g，肉料比为1∶3.39，瘦肉率达55%。

6. 陆川猪

产于广西陆川、合浦、玉林等地。

体型外貌：体躯矮小，肥胖，头较短小，额生横纹，面微凹或平直，耳小向外平伸，背腰凹陷，腹大下垂，毛色除耳、背、臀和尾为黑色外，其余部分均为白色，乳头6~7对。

生产性能：成年公猪体重100kg左右，母猪75kg左右，繁殖力高，窝产仔平均11头，早熟易肥，耐粗饲，育肥猪10月龄体重约85kg，屠宰率约70%。

（二）我国引进的主要瘦肉型猪种

1. 长白猪

原名兰德瑞斯猪，产于丹麦，是世界上著名大型瘦肉型品种。我国自1964年首次从瑞典引进，1980年后，从丹麦、美、德、英、法等国大量引进，现全国各地均有饲养。

体型外貌：长白猪全身被毛白色，头小肩轻，鼻嘴狭长，耳大前伸，身腰长，腹线平直，比一般猪多1~2对肋骨，后躯发达，腿臀丰满，整个体形呈前窄后宽的楔型，清秀美观，繁殖力强。成年公猪体重250~400kg，成年母猪200~350kg。长白猪以育肥性能突出而著称于世，6月龄可达90kg，增重快，饲

料利用率高，胴体膘薄、瘦肉多，屠宰率72~73%，瘦肉率64%以上。遗传性稳定，作父本杂交效果明显，颇受欢迎。其缺点是饲料条件要求较高，四肢显纤弱，抗寒性差。

生产性能：母猪性成熟年龄一般为6个月，体重85~90kg。公猪多在6月龄出现性行为，9~10月龄、体重120~130kg开始配种；母猪多在8月龄体重110~120kg开始配种，泌乳能力较高，经产母猪窝平均产仔11.8头。

杂交利用：长白猪做父本性能稳定而且能较大地提高商品猪的瘦肉率，我国各地用长白猪做父本开展二元或三元杂交都能获得较好的杂交效果。宁夏自1984年以来，大面积推广长宁、杜长宁等二元或三元杂交商品瘦肉型猪生产技术，据宁夏农垦科研所资料，长宁杂种一代日增重626g，料肉比3.77：1，瘦肉率52.93%，背膘厚3.35cm，眼肌面积29.39cm^2；杜长宁三元杂种猪日增重664g、料肉比3.03：1，瘦肉率58.01%，背膘厚2.81cm，眼肌面积37.75cm^2。

2. 大约克猪

原产英国，有大、中、小3个类型，大型约克夏猪饲养遍及世界各地，是著名大型瘦肉型品种。我国最早从20世纪初引入，90年代后从英、法、美、德、澳大利亚、加拿大等国大量引入，分布全国各地，在猪种改良中发挥了重要作用。

体型外貌：体格大、体型均匀、呈长方型，全身被毛白色，头颈较长，颜面微凹，耳中等大小向前竖起，胸宽深适度，肋骨拱张良好，背腰长，略呈拱形，后躯发育良好，腹线平直，四肢高，乳头6~7对。大约克猪体质和适应性优于长白猪，6月龄体重可达90kg，成年公猪体重300kg以上，成年母猪体重250kg生产以上。做杂交父本，杂种后代增重速度和胴体瘦肉率效果显著。

生产性能：母猪初情期5~6月龄，一般8月龄体重达120kg开始配种，公猪10月龄左右开始配种为宜。据有关测定经产母猪平均窝产仔12.5头。

杂交利用：用大约克做父本，与我国地方品种杂交都能取得良好效果。我区自20世纪90年代引进后大面积推广，进行二元或三元杂交，已成为当前商品瘦肉型猪生产杂交父本当家品种之一。据试验，杜约长三元杂种猪60~90kg阶段日增重740g、料肉比3.2：1，屠宰率72.3%，眼肌面积36.4cm^2，瘦肉率64.2%。

3. 杜洛克猪

产于美国东北部的新泽西州，大型瘦肉型品种，我国从20世纪80年代后引入，现分布于全国各地。

体型外貌：杜洛克猪全身有浓淡不一的棕红毛色为其明显特征。体躯高大，粗壮结实，头较小，颜面微凹，耳中等大小并向前倾，耳尖稍弯曲，胸宽而深，背腰略呈拱形，四肢强健，腿臀丰满，性情温顺，较抗寒，适应性强。

生产性能：母猪初配年龄为 8 月龄，体重 100kg 以上；公猪初配年龄 10 月龄体重 130kg 以上。母猪产仔较少，据国内猪场测定，平均产仔数 9.9 头左右。母性好，育成率高，生长发育快，日增重 650 ~ 750g，料肉比为 3.1 : 1。杂交做终端父本，效果显著。成年公猪体重 300 ~ 480kg；成年母猪体重 250 ~ 350kg。

杂交利用：在杂交商品瘦肉型猪生产中，用杜洛克做二元杂交或三元杂交终端父本都能较大幅度的提高日增重、胴体瘦肉率。国内近 10 多年的二元杂交父本中，杜洛克占 50% 左右，三元杂交终端父本中杜洛克占 58% 左右。

4. 汉普夏猪

原产美国，瘦肉型品种，汉普夏猪胴体品质好，膘薄、眼肌面积大、瘦肉率高。

体型外貌：汉普夏猪突出的特点是，全身被毛除有一条白带围绕肩和前肢外，其余部分为黑色。头大小适中，颜面直，鼻端尖，耳竖起，中躯较宽，背腰粗短，体躯紧凑，肌肉发达，体质结实。

生产性能：性成熟较晚，母猪一般 7 ~ 8 月龄、体重 90 ~ 110kg 时开始发情配种，经产母猪窝产仔 10 头左右。成年公猪体重 250 ~ 410kg，成年母猪 250 ~ 350kg。

杂交利用：汉普夏猪是较理想的杂交终端父本，三元杂交育肥增重显著，饲料利用率高，日增重可达 700g 左右，瘦肉率 56% 左右。

5. 皮特兰猪

原产比利时，是目前世界上瘦肉型猪种中瘦肉率最高的一个品种，我国从 20 世纪 80 年代开始引入，各地均有饲养。

体型外貌：皮特兰猪呈大片黑白花，毛色从灰白到栗色或间有红色，耳中等大小稍向下倾，体躯宽短、背中幅宽、后躯丰满、肌肉发达、犬腹、头清秀。

生产性能：繁殖力中等，平均窝产仔 9 ~ 11 头，泌乳前期泌乳量较高，中后期较差，肉猪育肥平均日增重 720g，料肉比 2.8 : 1，胴体瘦肉率 78%。成年公猪体重 200 ~ 300kg，成年母猪体重 180 ~ 250kg。主要缺点是四肢短且较细，育肥后期增重较慢，肌肉纤维组织较粗，肉质、肉味较差，初产母猪易发生难产，

对应激比较敏感。

杂交利用：皮特兰猪是理想的终端杂交父本，可明显的提高瘦肉率和后躯丰满程度。一般杂交方式有皮×杜、皮×长大、皮×大、皮杜×长大、皮×地方猪种，都可获得较好的杂交效果。

第二章 猪的营养与饲料

第一节 猪的营养需要

猪的营养需要是指用于满足其维持生命活动、生长、繁殖、泌乳等机体多种生命代谢活动所需的营养物质。从目前所知约有40余种，按其功能，通常分六大类：即蛋白质、碳水化合物、脂肪、矿物质、维生素和水。

一、蛋白质及其营养作用

饲料中粗蛋白质包括纯蛋白质与氧化物两部分。纯蛋白质是由碳、氢、氧、氮、硫等元素组成。这五种元素含量是：碳为50%～55%，氢6%～7%，氧21%～24%，氮15%～18%，硫0%～3%。此外有些蛋白质含有少量的磷、铁、铜、碘、锰及锌等其他元素。蛋白质的结构很复杂，是由许多种氨基酸链接而成的。现在已知的氨基酸有20种以上，常见的有20种，据科学家们估计，生物界有100亿种不同结构的蛋白质。

蛋白质的作用主要有以下几个方面。

（一）蛋白质是动物维持生命、生长、繁殖不可缺少的物质

它在动物营养中具有特殊的地位，是碳水化合物、脂肪所不能代替的，必须从饲料中经常供给。

（二）蛋白质是形成新组织（包括畜产品）和修补损坏组织的原料

家畜组织器官蛋白质不断衰老、更新，有的酶半衰期不到1天，肝和肠的蛋白质半衰期约10天左右，肌肉蛋白质半衰期为数周，均需由饲料供给蛋白质补偿损失。

（三）蛋白质可以形成动物体内活性物质

例如催化体内各种化学反应的酶，调节代谢过程的激素、防御病菌侵袭的抗体。

（四）蛋白质可以代替碳水化合物、脂肪的产热作用

当体内由碳水化合物、脂肪供给的能量不足时，蛋白质可分解氧化释放能量，但蛋白质作为能量利用是浪费的。从畜牧业生产出发，应供给足够的碳水化合物，而不用当今短缺的蛋白质饲料作为能量利用。

在生产实践中供给畜禽合理的蛋白质营养是十分重要的。如日粮中蛋白质供给不足，畜禽就会动用体内储备的蛋白质，使体内出现氮的负平衡。长期缺乏蛋白质，将会出现下列缺乏症。

（1）体内不能形成足够的血红蛋白和血浆蛋白，因而产生贫血和减少血液中的免疫抗体。家畜抗病力减弱，发病率增加。由于蛋白质供给不足使体内某些分泌腺，激素和某些重要的酶合成受阻而引起代谢紊乱。

（2）降低畜禽的生产性能，使其产乳量、产毛量、产蛋量下降，饲料转化效率降低。

（3）影响家畜繁殖，种公畜精液品质下降，母畜性周期失常，胎儿发育不良，产生弱胎、死胎，幼畜初生重下降，生长发育迟缓、消瘦。

但是，日粮中蛋白质水平也不应过高，超过了家畜的需要不仅造成蛋白质的浪费，而且会因排泄过多的代谢产物加重肝脏、肾脏的负担。只有合理的蛋白质营养水平，才能保证家畜健康，提高饲料转化效率，降低养殖成本，增加生产效益。

二、碳水化合物及其营养作用

碳水化合物是来源最广泛、在饲料中占数量最大的营养物质，是家畜饲料中的主要成分。碳水化合物是由碳、氢、氧3种元素组成，其分子式以 $C_X(H_2O)_y$ 代表。其中，氢与氧原子之比为2∶1，与水的组成比例相同，故将这一类化合物总称为碳水化合物。自然界中碳水化合物上百种，按其生理功能共分为四组。

（一）可溶性糖（单糖、双糖）和淀粉（包括糊精）

这组化合物的特性是能溶于水和稀酸中，很容易消化。经消化道酶水解成葡萄糖，吸收进入血液成为血糖。家畜对可溶性糖和淀粉的消化率为95%～100%。

可溶性糖和淀粉主要存在于块茎、块根和谷类籽实中，占碳水化合物的60%～70%。

（二）半纤维素

不是纯化合物，是复杂的多糖，如戊聚糖、己聚糖和果胶等，通常不溶于沸水而溶于稀酸、稀碱中。在植物中分布很广，与纤维素、木质素结合在一起，构成植物细胞壁。在家畜消化道中不分泌消化半纤维素的酶，必须被家畜体内微生物酵解才能消化利用。酵解的终产物是乙酸、丙酸、丁酸。半纤维素的消化率随着植物的木质化程度加大而逐渐降低。

（三）纤维素

化学性质比半纤维素更稳定，不溶于沸水、稀酸和稀碱中。是植物细胞壁的主要成分。可被家畜体内微生物酸解而消化利用。酵解终产物为挥发性脂肪酸（乙酸、丙酸、丁酸），被家畜吸收。

（四）木质素

是一组复杂而又难以消化的物质。它不是碳水化合物，没有营养价值。通常与纤维素、半纤维素镶嵌在一起，不容易将它们分开。由于它的存在，影响微生物酵解半纤维素和纤维素，因此降低了饲料中其他营养物质的消化率。饲料中木质素每增加1%，饲料中有机物质消化率对反刍动物（牛、羊）下降0.8%，非反刍动物猪下降1.6%。

碳水化合物的营养作用可概括如下：

（1）碳水化合物是家畜能量的主要来源，而且也是最经济的来源。每克葡萄糖完全在体内氧化时，可以放出约16.76kJ热能。家畜活动所需要的能量绝大部分由糖元供给。

（2）碳水化合物是形成体脂、乳脂、乳糖的重要原料，糖在体内还可转变为脂肪储于皮下组织中。

（3）碳水化合物为体内合成非必需氨基酸提供碳架。

（4）体内葡萄糖除供能外，还要转变成其他的糖如核糖、半乳糖等，以构成细胞和体液的组成成分。

（5）粗纤维可作填充物质，由于粗纤维吸水量较大，进入胃肠之后，体积膨胀，起到填充作用。

三、脂肪及其营养作用

（一）脂肪的分类

动物体内脂肪可分为组织脂类和储备脂类。组织脂类是组成体细胞的必要成分，主要是磷脂类和固醇类，在动物体内含量相当稳定。储备脂类包括皮下脂肪（膘）、肾周（板油）和肠膜（水油）脂肪以及肌肉间隙脂肪。

（二）脂肪的化学组成

脂肪主要由碳、氢、氧3种元素所组成，但少数也含有氮和磷元素。根据脂肪结构不同分为真脂肪和类脂肪两大类。真脂肪是由脂肪酸和甘油结合而成；类脂是由脂肪酸、甘油及其他含氮、磷物质结合而成。如神经磷脂、脑磷脂、卵磷脂等。动物体内贮备脂类都是真脂肪（甘油三酯），组织脂类属于类脂肪。

（三）脂肪的营养作用

（1）是组成体细胞的必要成分。所有细胞均含有1%～2%的脂类，主要是磷脂、脑磷脂、真脂肪与胆固醇。细胞质占肌肉干物质的4.5%，其中的线粒体、高尔基氏体主要组成部分是磷脂。细胞膜是由蛋白质和脂肪组成的。神经细胞主要成分是卵磷脂、脑磷脂。

（2）是化学能贮备的最好形式。脂肪含能量高，在体内氧化时所放出的热能为同一重量碳水化合物或蛋白质的2.25倍。在一般情况下家畜分解饲料中碳水化合物取得能量，而不分解体脂肪。当饲料丰富时，家畜将碳水化合物转化为体脂肪贮备，以备冬季草枯或饲养条件恶劣时备用。

（3）供给必需脂肪酸。脂肪酸中有3种特殊的不饱和脂肪酸即亚油酸（十八碳二烯酸）、严麻酸（十八碳三烯酸）、花生油酸（二十碳四烯酸）为必需脂肪酸。这3种脂肪酸在体内不能合成或者合成量不够家畜的需要，必须从日粮中供给。亚麻油酸、花生油酸可由亚油酸转化，亚油酸是关键性必需脂肪酸，花生油酸能够有效地防止或治疗亚油酸缺乏症。

仔猪必需脂肪酸缺乏症，断奶仔猪长期饲喂日粮仅含0.06%脂肪的半合成饲粮后，出现下列脂肪酸缺乏症：①掉毛；②鳞片皮屑样皮肤炎；③颈部和肩部周围皮肤坏死；④外貌衰颓；⑤性成熟延迟；⑥消化系统发育不良；⑦胆囊小；⑧生长速度缓慢；⑨饲料利用率低；⑩甲状腺肿大。许多科学家研究发现脂肪酸供给不足时，使家畜生长受阻，皮肤受损呈鳞片状脱落。在日粮中加1.5%玉米油能马上提高生长速度，某些缺乏症消失。

四、能量及其生理作用

（一）饲料中的能量及其度量方法

（1）饲料中能量主要存在于3种有机物质中，即碳水化合物、脂肪和蛋白质。维生素和矿物质在体内代谢所产生的热量，数量极少，故可忽略不计。

（2）在饲养学中常以热量单位衡量能量，以卡表示，即1g水从14.5℃升温到15.5℃所需要的热量为1卡。为了使用方便，在实践中常用的单位为千卡（又称大卡）、兆卡（热姆）。

1千卡（大卡）=1 000卡，1兆卡（热姆）=1 000千卡

国际营养科学协会和国际生理科学协会提出用焦耳表示能量单位。卡与焦耳的等值关系如下：1卡（Cal）=4.184焦耳（J），1千卡（kCal）=4.184千焦（kJ），

1兆卡（MCal）=4.184MJ（MJ）。

（二）能量在体内的转化

饲料中碳水化合物、脂肪、蛋白质等是猪所需的能量来源。对能量的利用首先是维持体温，然后用于必要的活动和器官运动，再其次是生产产品，例如，乳、肉、皮、毛等。在这些过程中能量均有一定量的损耗，以固体（粪）、液体（尿、汗）或气体（甲烷）以及体温等形式损失。

猪食入的能量、排泄的能量以及沉积的能量，是按能量守恒定律进行的，在饲养学上称为能量平衡。

1. 总能（GE）

食物或者饲料完全氧化时所产生的热能为总能，又称燃烧热。总能在评定家畜对饲料利用方面没有什么实际价值，因为从总能到生产净能代谢过程中损失相当多的能量。能量的损失与饲料质量、进食水平、养分平衡情况、环境温度和生理状态等有关。各种家畜对总能的利用率不同，生长肥育猪为28%左右。

2. 消化能（DE）

饲料中的总能不能完全被机体所利用，从饲料的总能减去粪能即为可消化能。从粪中损失的能量是饲料在消化过程中损失最多的一部分能量。粪能中除未消化饲料能外，还包括肠道微生物及其产物、消化道分泌物以及消化道脱落的上皮细胞所产生的能量，是属非饲料来源的能量。这部分能量称粪代谢能。

粪能损失量主要和采食饲料的性质、饲料进食水平有关。例如哺乳幼畜粪能仅占食入总能的10%左右，而采食劣质粗饲料的反刍家畜可占60%以上。当饲料进食水平由维持水平增加1倍时，粪中能量损失增加2%～5%，这与饲料通过消化道的速度有关。

3. 代谢能（ME）

代谢能代表饲料总能中真正能够在体内进行转化部分，因此又称为可利用能量或生理有用能。

代谢能=饲料总能－粪能－甲烷气体能量

=消化能－（尿能+甲烷气体能量）

（1）尿能。消化能吸收后，其中蛋白质的这部分能量在体内不能充分氧化利用，最终产生尿素和其他氧化不完全的含氨尾产物，仍含有能量，它们从尿中排出。这部分能量为尿能。

（2）甲烷气体能量。在消化道中由微生物分解碳水化合物所产生的甲烷（CH_4）也含有能量，甲烷随呼吸作用呼出。尤其是反刍动物甲烷损失的能量较大。而猪、禽等单胃动物甲烷损失少，故可忽略不计。

4. 净能（NE）

代谢能仍然不是对机体完全有用的能量，一部分能量还要以热的形式由身体表面散失。因此，净能＝代谢能－（热能耗＋发酵产热），净能一部分用于维持猪的生命活动，一部分贮存于产品中。

因此，只有了解掌握能量在猪体内的转化，才能在日常管理中有的放矢，最大限度提高营养代谢过程的净能，提高饲料报酬，降低生产成本。

五、矿物质及其营养作用

矿物质又称无机盐，根据矿物质在猪体内所占比重分为：常量元素（占猪体重的0.01%以上）和微量元素（占体重0.01%以下）。

迄今为止所知猪需要的矿物质已有40多种，其中，常量元素主要有钙、磷、镁、钠、钾、磷、硫、氯；微量元素有铁、铜、钴、碘、锰、锌等。后来又发现钼、硒、铬、氟等元素。在养猪生产上最容易缺乏的是钙、磷、钠、氯四种元素。

（一）矿物质的主要营养功能

（1）矿物质是构成体组织的重要成分。钙、磷、镁是形成骨骼的重要成分，锰、锌、铜、铁、碘、钴为酶的铺基或激素、维生素的组成成分，磷在体内每个反应中均不可缺少。

（2）矿物质可调节体液（如血液、淋巴）渗透压恒定，保证细胞获得营养以维持生命活动。肾脏随渗透压的变化控制矿物质随尿的排出量，从而维持体液渗透压的平衡。

（3）维持血液的酸碱平衡。正常动物的血液呈弱碱性，重碳酸盐与磷酸盐是血液中的重要的缓冲物质，维持血液氢离子浓度保持血液酸碱平衡稳定。

（4）矿物质可影响其他物质在体内的溶解度。例如，胃液中的盐酸，可溶解饲料中的矿物质，使之有利于吸收。体内一定浓度的盐类也有利于饲料中蛋白质的溶解。

（5）矿物质维持肌肉、神经的兴奋性。例如当钠、钾离子多时，肌肉神经兴奋性加强，当钙、镁离子含量多时，肌肉、神经的兴奋性受到抑制。

矿物质元素不能相互转化或代替。在日粮中矿物质不足或缺乏时，即使其他营养物质充足，也会降低生产力，影响健康和正常生长、繁殖，严重时可导致疾病或死亡。因此，矿物质的作用并不次于蛋白质和碳水化合物。但由于需要量相对来说较少，往往被忽视而造成损失，矿物质来源较容易解决，这种损失是可以避免的。

（二）常量元素

1. 钙、磷

钙和磷是矿物质元素中最重要的元素，钙、磷在体内代谢吸收主要形成骨骼，骨骼中的钙占全身所有钙的99%；磷占全身磷的80%～85%。钙、磷占机体总灰分的70%以上。钙、磷主要来源于动物性饲料，如肉骨粉、鱼粉含钙、磷丰富；植物性饲料中钙、磷含量差异很大，籽实饲料及其副产品中含磷丰富但缺乏钙，植物叶子中钙含量高于其他部分。植物性饲料中，磷有30%～70%是以植酸磷形式存在的，对于单胃家畜猪不能利用，因此，对猪要重视可利用磷的供给。

2. 钾、钠、氯

钾、钠和氯三种元素主要分布在体液和软组织中，其作用维持渗透压、酸碱平衡等。

钾离子参与糖、蛋白质代谢，也影响神经肌肉的兴奋性。在植物性饲料中钾含量丰富，在一般情况下日粮中不缺少，不需补充。

钠和氯是维持细胞外体液渗透压的主要离子，并参与水的代谢。钠大量存在于肌肉中，使肌肉兴奋性加强，对心脏的活动起调节作用。氯是胃液盐酸的原料，盐酸能使胃蛋白酶活化，并保持胃液呈酸性，有杀菌作用。

植物性饲料中，钠和氯的含量都很少，所以日粮中应另外补加食盐才能满足畜禽的需要。

3. 镁、硫

镁是构成骨骼和牙齿的成分；镁与某些酶的活性有密切关系，是焦磷酸酶、胆碱脂酶等多种酶的活化剂。在糖和蛋白质代谢中起重要作用。

棉籽饼、亚麻饼含镁特别丰富，糠麸类饲料也是镁的良好来源。此外，饲粮中可以补加硫酸镁、氧化镁和碳酸镁。

硫主要是以有机形式存在于体蛋白质中的蛋氨酸、胱氨酸中。维生素中的硫胺素、生物素中也含有硫。家畜的被毛、蹄爪、角、羽等角蛋白质中都含有多量的硫。

硫在体内代谢，必须预先成为含硫氨基酸，因此，硫的缺乏症反映在含硫氨基酸缺乏上。

（三）微量元素营养作用

1. 铁

畜体内的铁60%～70%存在于血红素中；20%左右的铁和蛋白质结合形成铁

蛋白，贮存于肝、脾、骨髓中；其余的铁存在于细胞色素酶及多种氧化酶中。由此可见铁是血红蛋白、肌红蛋白、细胞色素酶和多种氧化酶的成分，与细胞内生物氧化过程有密切关系。血红蛋白作为氧的载体担负着氧的运输，在呼吸过程中起重要作用。

为了提高仔猪成活率，应尽早补充铁。一般是出生后3天开始补铁，直到4~6周龄。其方法是将500g硫酸亚铁溶于1 000mL热水中，用清洁毛刷或木棒一端缠纱布条蘸刷母猪乳头，或者将硫酸亚铁溶液滴入仔猪口中。由于铁的吸收率低，认为仔猪每天口服约15mg的铁就可满足需要。目前，已有用注射的方法补铁，幼猪2~3日龄时注射150~200mg铁剂，可供幼猪3周的需要。以后猪可从饲料中得到铁的低供应。

2. 铜

铜是多种酶类的活性物质，是抗坏血酸氧化酶、酪氨酸酶、细胞色素氧化酶、过氧化氢酶等的构成成分或是激活剂。

另外，铜是预防营养性贫血所必需的元素。血红蛋白虽不含铜，但机体用铁制造血红蛋白时需要微量的铜。所以铜有催化血红素和红血球形成的功能。因此缺铜会发生贫血症。

缺铜时毛的生长受到影响，使黑色毛变成灰白色。

缺铜时，会引起畜禽骨骼生长障碍，使血液中的钙、磷不能在软骨基上沉积造成骨质疏松，出现佝偻病，跛行，成年猪骨壁变薄。

铜是重金属，为了人的健康，要限制日粮中铜的加入量。

3. 钴

钴是维生素 B_{12} 的成分，单胃家畜猪和禽盲肠微生物也可以利用钴合成维生素 B_{12}。如果日粮中维生素 B_{12} 不足，这种合成是很重要的。但是，单胃家畜（猪、鸡）在肠道内利用钴合成维生素 B_{12} 的量不能满足需要，必须在日粮中供给一定量的 B_{12}。

缺钴是地区性的，当土壤中缺钴时，牧草、饲料也缺钴。在缺钴的牧区，定期补给家畜硫酸钴或氯化钴是必要的。

钴过量会引起红细胞增多症。每千克日粮中含400mg钴可使猪中毒，出现厌食，四肢强直性抽搐、弓背、运动失调、肌肉颤抖和贫血等症状。在一般情况下，猪直接由饲料中供给维生素 B_{12} 以满足需要。

4. 硒

长时期认为硒是有毒元素，经多年来研究，现已被公认微量的硒是动物生命活动所必需的元素。

硒和维生素 E 具有相似的抗氧化作用，硒是谷胱甘肽过氧化物酶的必需成分。此酶能使代谢中产生的过氧化物变成无害的醇，是一种抗氧化剂，保护细胞膜的类脂不被氧化，使细胞膜完整。

缺硒是地区性的，我国东北及西北部分地区发现土壤和饲料缺硒以及畜禽的缺硒症。猪多发生肝细胞坏死，使猪突然死亡；包括猪在内的各种家畜和家禽缺硒均可发生白肌病，剖解尸体时可见到骨骼有苍白的条纹，肌肉萎缩，心肌有斑状阴影并萎缩。

在猪的日粮中含有 0.1mg/kg 硒（即每千克日粮含有 0.1mg）就不会出现硒的缺乏症。当日粮中含有 5～8mg/kg 硒不会中毒，但是，在含硒量多的土壤上种植的饲料，长期饲喂会使畜禽慢性中毒。中毒的症状是消瘦、脱毛、肝硬化或萎缩、蹄壳从冠状环脱落，繁殖率下降。急性硒中毒可导致瞎眼、感觉迟钝、肺部充血、痉挛、瘫痪，窒息死亡。

预防治疗硒的缺乏症，通常用亚硒酸钠。在缺硒地区或饲用缺硒地区的饲料，在猪的日粮中含硒 0.1～0.15mg/kg（即每千克日粮中含 0.1～0.15mg 硒）可满足需要量。

5. 锌

锌是多种酶和胰岛素的成分，因而参与蛋白质、碳水化合物和脂肪的代谢。

猪的皮炎是缺锌的典型症状。皮肤粗糙、不全角化，小疹结痂成片，脱毛；生长缓慢、腹泻、呕吐。锌的来源较广泛，幼嫩植物中，酵母、麸皮以及动物性饲料中含锌量较高。补喂锌时常用硫酸锌或碳酸锌。

6. 碘

缺碘是地区性的，我国缺碘的地区比缺硒的面积更大。远离沿海地区，几乎土壤都缺碘。

碘是甲状腺素和三碘甲状腺原氨酸的组成成分。它们对机体代谢速度的调节有着重要的意义。

长时期缺碘的家畜生长缓慢，骨架小，出现侏儒症。基础代谢率低，甲状腺增生肥大。缺碘母猪生下的仔猪身上没毛，皮肤增厚和黏液性水肿，身体很弱，死亡率高。

缺碘地区的家畜饲喂碘化钾或碘化钾食盐（含 0.01%～0.02% 碘化钾的食盐），可预防碘缺乏。

7. 锰

锰是作为参与碳水化合物、脂类、蛋白质代谢的一些酶的组成成分。锰参与

形成骨骼基质中的硫酸软骨素。

缺锰时，使猪的生长受阻、骨骼畸型，生殖机能异常以及新生仔猪运动失调。青粗饲料、糠麸等含锰丰富，禾谷类籽及块根块茎料含量较少。补充锰常用硫酸锰。

六、维生素的生理功能

维生素是营养所必需而化学结构与性质不相同的一组微量物质。在动物体内既不供给能量，也不是动物的结构成分。主要功能是控制、调节代谢作用。维生素的需要量极少，但生理功能却很大，缺少哪一种都能造成畜禽生长缓慢、生产力下降、抗病力减弱，甚至死亡。维生素所引起的障碍，往往不限于机体的某个器官，其影响能扩展到机体的一系列与生命有关的组织中。

维生素根据溶解性质可分为脂溶性维生素和水溶性维生素两大类。

（一）脂溶性维生素

脂溶性维生素包括维生素 A、D、E、K 四种。其中，有的维生素可以在体内贮存，短时期供给不足，对猪的生产力及健康无不良影响。

1. 维生素 A

所有的家畜都需要维生素 A。动物体内含有维生素 A，而植物体内仅含有无活性的维生素 A 元——胡萝卡素。机体吸收胡萝卡素后在胡萝卜素酶的作用下，迅速转变为具有活性的维生素 A。

（1）动物体内维生素 A 的贮存。维生素 A 可在体内大量贮存，70% ~90% 贮存在肝脏中，其余贮存在脂肪组织中。不同动物在肝脏贮存的量不同。

在猪的日粮中青饲料极少，故肝脏中维生素 A 贮存量少，因此要经常的供给青饲料或日粮中加入工业合成的维生素 A，否则容易出现缺乏症。

维生素 A 通过胎盘供给胎儿数量少，因此新生幼畜的肝脏中维生素 A 贮存量少。但初乳中维生素 A 含量丰富，喂初乳对幼畜极为重要，母猪的初乳维生素 A 含量为常乳的 5 倍，仔猪吃初乳后其血浆中维生素 A 含量迅速上升，减少仔猪白痢病的发生。

（2）维生素 A 的生理功能及缺乏症。

①夜盲症。维生素 A 缺乏时对所有的家畜都会产生夜盲症。家畜的感光过程与视网膜中视紫质有关，当光线强时，视紫质很快分解为视黄醛（维生素 A 醛）和视蛋白，当黑暗时呈逆反应，再合成视紫质。在视网膜上进行这些反应时，损失一部分维生素 A（或视黄醛）。如果血液中维生素 A 水平过低，影响视紫质的再合成，将发生功能性夜盲症。

②对上皮组织的影响。维生素A有保护黏膜上皮组织健全和完整的作用。维生素A与多种黏多醣形成有关。黏多糖类主要是存在于黏液分泌上皮中和在软骨的细胞外基质中。所以，维生素A缺乏时使多种黏多醣类合成受阻，引起上皮组织干燥和过度角质化，角质化的上皮容易破裂，细菌容易感染。特别是对泪腺、呼吸道、消化道、泌尿及生殖器官的影响最明显。引起产生干眼病、下痢、肺炎、肾、尿道结石，妊娠母畜流产、胎儿畸形、死胎等病症。

维生素A除了对"干眼病"有治疗效果外，对已经发生感染的病症无治疗的作用。

③影响生殖机能。维生素A缺乏使公畜睾丸、副睾丸发生退化，精液数量减少、稀薄，精子减少，受胎率降低。母畜发情不正常、难产、流产及胎盘难下症状。新生仔畜体质虚弱、怪胎、死胎、瞎眼，死亡率高。

④影响幼畜生长。生长家畜缺乏维生素A，使肌肉、内脏萎缩，脂肪减少，生长缓慢，体重减轻。其原因可能和激活氨基酸的酶及成骨细胞正常活性有关。维生素A不足影响体内蛋白质合成及骨组织的发育。

⑤影响神经系统。维生素A不足造成骨骼发育不良，压迫中枢神经，引起神经系统的机能障碍。使家畜出现运动失调、抽搐等神经症状。视神经孔小，压迫视神经，造成瞎眼。

（3）维生素A的来源。维生素A仅在动物脂肪中存在，鱼肝油是维生素A很丰富的来源，另外，乳脂、蛋黄、肝等食物中也含有丰富的维生素A，饲料中鱼粉是很好的来源，而肉粉、肉骨粉或类似的动物加工副产品含维生素A很少。

植物不含维生素A，但很多植物中含有维生素A元。如幼嫩的苜蓿、三叶草含胡萝卜素最为丰富，胡萝卜、甘薯、南瓜含量也很高。快速干燥的优良青干草中也能保存较多的胡萝卜素。但有些食物和饲料中含胡萝卜素极低，甚至完全没有，例如脱脂乳、谷类籽实及其副产品（除黄玉米外）、瘦肉、老而变白的干草和藁秆、久经日晒雨淋的干草。

为了减少维生素活性成分损失，要求维生素添加剂饲料在生产后的1个月内使用完，最长不得超过2个月。维生素添加剂饲料应保存在低温、通风、光线不强的库内，以保证质量。

2. 维生素D

维生素D不是单一的化合物，目前已知有十余种不同化合物具有维生素D的活性。但对畜禽起重要作用的只有D_2和D_3。某些化合物起着维生素D元的作用，在紫外线（波长230~300nm）的照射下获得维生素D活性。

（1）维生素D的生理功能与缺乏症。维生素D的功能首先是加强钙、磷的吸收。进入体内的维生素D_3在肝脏中被氧化为25-羟维生素D_3，进入肾脏后进一步氧化成1，25-二羟维生素D_3，它在促进钙的输送方面要比维生素D_3的活性大4～13倍。

维生素D的缺乏症突出的病症是幼畜的佝偻病和成年家畜的溶滑症。患佝偻病幼畜生长停滞，骨骼钙化不够而变软，骨骼畸形，行走不灵活，僵硬、弓背。

维生素D对家畜的骨骼正常钙化是必需的，其需要量与日粮中钙、磷水平、家畜品种有关。当日粮中钙和磷的量不足或两者比例不当时，维生素D的需要量较多。但是无论补充多少维生素D都不能补偿钙或磷的严重缺乏。

维生素D的摄入量大大超过需要量时引起中毒，早期骨骼的钙化可能加速，但在后期骨骼的回吸收作用增强，导致骨骼疏松、易折。1头猪每日摄入25万IU（国际单位）维生素D时，就会出现关节、肾、心肌、肺、动脉等广泛的钙化。肾的损伤特别严重时，就会发生尿中毒。

（2）维生素D的来源。维生素D在自然界的分布是很有限的，但维生素D原很普遍。在活的植物细胞中没有维生素D，植物必须收割后经过曝光照射，大量的麦角固醇才能转变为维生素D_2，因此天然干燥的干草比人工干燥的干草含维生素D_2高。目前有工业合成的维生素D_2和维生素D_3粉末，可在舍饲畜禽的饲料中添加以满足需要。

3. 维生素E

维生素E是一组具有生物学活性的化学结构相近似的酚类化合物。其中α－生育酚在自然界中分布最广，是活性最强的一组化合物。

（1）维生素E的生理功能及缺乏症。维生素E是极好的天然抗氧化剂，具有抗氧化的能力。在日粮中维生素E充足时，日粮中的胡萝卜素、维生素A不会因在肠胃或在体组织中氧化而失效。所以维生素E具有保护维生素A和胡萝卜素的作用。维生素E还可以终止体脂肪的过氧化降解作用，保护细胞膜的完整，减少过氧化物的产生。

日粮中缺乏维生素E致使猪发生骨骼肌、心肌萎缩，仔猪发生白肌病。肉眼即可看见肌束内白色条纹，出现肝坏死、脂肪变性呈黄色。此外维生素E缺乏可影响繁殖机能。

维生素E在代谢上总是与微量元素硒有关系。当日粮中缺乏维生素E时，微量元素硒能有效的预防和治疗肝坏死。

（2）维生素E的来源。维生素E在自然界分布很广，植物油特别是小麦胚油，是维生素E的丰富来源。大多数青绿饲料是维生素E良好的来源，甚至调制良好的干草也是维生素E很好的来源，但自然晒干的干草维生素E损失90%左右。谷物籽实饲料中含量丰富，但随贮存时间的延长含量减少，一般条件下保存6个月，维生素E损失约30%～50%。蛋白质饲料中维生素E含量较少。目前，有工业合成的维生素E。

维生素E很不稳定，易氧化，在具有不饱和脂肪酸和矿物质的情况下更易氧化。因此，一般维生素E中还要加乙氧基喹啉等抗氧化剂，保护维生素E的活性。

4. 维生素K

维生素K是萘醌的衍生物，自然界中主要存在两种即K_1和K_2。K_1在植物中形成，K_2由动物肠道内微生物合成。现在生产上使用的是人工合成的K_3，是一种结构简单的甲萘醌，其生物学效价比自然界存在的K_2高3.3倍。人工合成K_3易溶于水，常温下稳定，日光下暴露易被破坏。

(1) 维生素K的生理功能及缺乏症。某些证据表明维生素K可能起着凝血酶元合成酶的辅酶作用；也有证据表明维生素K是凝血酶元的前体物。凝血酶元是一种蛋白质，是在肝内形成的。凝血酶在血液凝固时，对催化纤维蛋白元转化成纤维蛋白质是必需的。

缺乏维生素K引起凝血时间延长、贫血和许多体组织中出血。这种出血可能自发产生，也可能是因创伤而出现，不能止血而死亡。此种病症也会因某些因素妨碍维生素K代谢或合成造成的。例如胆汁缺少、阻塞性黄疸降低维生素K的吸收，长期服用磺胺药物和某些抗菌素将降低维生素K的肠道合成，或者肝脏疾病干扰维生素K的主要功能。

(2) 维生素K的来源。维生素K在自然界中分布广泛，大多数绿色多叶植物（包括干草）含量特别丰富。而动物性饲料、谷类饲料含量很少。

非反刍家畜猪合成的部位在大肠，吸收较差，因此利用有限，所以要在仔猪的日粮中添加维生素K。

(二) 水溶性维生素

属于水溶性维生素的有B族维生素和维生素C。B族维生素是对畜禽很重要的一类维生素，它们作为酶类的辅基参与碳水化合物、蛋白质、脂肪代谢。

水溶性维生素很少或几乎不在体内贮备。短时期的缺乏或不足就会降低体内一些酶的活性，影响家畜的生产力和抗病力。

家畜能在体内由糖合成足够量的维生素C，所以在一般情况下不会缺乏。

1. 硫胺素（维生素 B_1）

（1）硫胺素的生理功能及缺乏症。吸收的硫胺素被送到肝脏，在三磷酸腺苷存在的情况下被磷酸化，形成羧化辅酶。此辅酶参与碳水化合物代谢过程中产生氧化脱羧反应。因此，当硫胺素缺乏时，丙酮酸就不能脱羧与氧化，从而积存在体组织和血液中，对神经系统、能量代谢起有害作用。

（2）硫胺素来源。大多数饲料中均含有丰富的硫胺素。啤酒酵母是特别丰富的来源，整粒的谷物籽实，有麸皮的面粉、胚芽饼、干草、青绿饲料等都含有。另外，工业合成的硫胺素也广泛的应用在养猪生产中。

2. 核黄素（维生素 B_2）

（1）核黄素的生理功能及缺乏症。核黄素是1种辅酶的成分，在代谢中起传递电子的作用。摄入的核黄素在肠壁内进行磷酸化，在组织中以磷酸酯或黄素蛋白的形式出现。黄素蛋白酶参与碳水化合物、蛋白质和脂肪代谢。因此，核黄素具有提高蛋白质在体内沉积，提高饲料利用率，促进家畜生长的作用。

猪日粮中缺乏核黄素，生长速度下降，采食量减少，被毛粗糙、背部皮肤变厚，产生皮炎，在背部及体两侧布满油脂类的渗出物，眼球晶体混浊，产生白内障。

（2）核黄素来源。核黄素广泛分布于自然界中，饲用酵母是丰富的来源，青绿饲料也是核黄素的良好来源。但在谷物、糠麸、块根、块茎、油饼类饲料中核黄素贫乏。因此，必需考虑在猪饲料中添加工业生产的核黄素。

3. 烟酸（维生素PP、尼克酸、尼克酰胺）

烟酸是化学结构最简单的维生素之一。分子式为 $C_6H_5O_2N$，是吡啶的衍生物，溶于水，在干燥状态下很稳定。

（1）烟酸生理功能及缺乏症。摄入的烟酸转变成烟酰胺，具有生理活性，现已知有40余种，例如。葡萄糖无氧酵解和糖类代谢有氧氧化、维生素A转变成视紫质以及高能磷酸键在二磷酸腺苷和三磷酸腺苷中的掺合作用。因此，含烟酸的酶类在动物体内起重要作用。

由于日粮中缺乏烟酸而减弱了体组织中生理氧化作用及新陈代谢作用，使生长家畜生长停滞，使畜禽的生产性能降低。猪发生皮炎，腹泻、偶尔呕吐以及轻度贫血。

（2）烟酸的来源。烟酸在自然界中分布甚广，如花生饼、鱼粉、饲用酵母中含量丰富。谷类籽实及糠麸中烟酸含量较多，但属于结合型的，不易被猪在消化道中吸收利用，在生产中应满足猪对烟酸的需要量。

4. 泛酸

泛酸分子式为 $C_9H_{17}O_5N$，纯泛酸是淡黄色油状物。但其钠、钾、钙的盐类是结晶体，极易溶于水，对湿热、氧化剂、还原剂均稳定，干热及在酸、碱中加热则易破坏。

(1) 泛酸的生理功能及缺乏症。泛酸是辅酶A的组成成分。辅酶A分布在动物体各组织中，参与碳水化合物、蛋白质和脂肪代谢。当泛酸不足时影响辅酶A的合成，影响3种有机物质的代谢。

泛酸缺乏可使机体的许多器官和组织受损，如皮肤、毛发、胃肠、神经系统及生殖等。

(2) 泛酸来源。泛酸广泛的分布在自然中，以糠麸及植物性蛋白质饲料含量最丰富。谷类籽实含量较多，块根块茎类饲料含量少。

猪常用的饲料一般情况下能够满足需要量，如果用甜苯胺或甜菜渣为主要饲料时有可能出现缺乏症。

5. 吡哆醇（维生素 B_6）

吡哆醇分子式为 $C_8H_{11}O_3N$。吡哆醇易溶于水，对热相当稳定，对光破坏性敏感。

(1) 吡哆醇的生理功能及缺乏症。吡哆醇在体内以活性磷酸吡哆醛的形式参与多种酶的辅酶，是促进蛋白质代谢的酶系统中最活跃的成分，在氨基酸的脱氨基反应和氨基换位的过程中起触酶作用。

吡哆醇不足时引起氨基酸代谢紊乱，阻碍蛋白质的合成，其后果是生长缓慢，血液中红血球的形成受到妨碍，饲料的蛋白质利用率降低，猪出现皮炎、贫血、痉挛，神经系统病变，引起猪癫痫性发作。

(2) 吡哆醇的来源。吡哆醇在饲料中普遍存在，酵母、糠麸、青绿饲料、整粒谷类饲料是丰富的来源。动物性饲料、块根块茎饲料相对较少。一般的常用饲料中均能满足畜禽对吡哆醇的需要量，不会出现吡哆醇的缺乏症。

6. 氰钴素（维生素 B_{12}）

维生素 B_{12} 的化学结构极为复杂，分子式为 $C_{63}H_{88}O_{14}N_{14}PCo$，含4.5%金属钴，目前为止是唯一含有金属元素的维生素，是一种结晶物质，在水中溶解度较小，对氧和热较稳定。

(1) 维生素 B_{12} 的生理功能及缺乏症。猪缺乏维生素 B_{12} 时，会发生红细胞型贫血，生长停滞、被毛粗糙、皮炎，后肢运动不协调，母猪受胎率低，影响产后的泌乳量。

(2) 维生素 B_{12} 的来源。植物性饲料中不含维生素 B_{12}，动物性蛋白质饲料是猪维生素 B_{12} 的重要来源。哺乳仔猪也可以从母乳中获得，而断奶仔猪和种猪每千克日粮需添加维生素 B_{12} 14～15μg，才能满足其营养需要。

七、水与猪的营养关系

水和空气一样对生命极其重要。缺少这 2 个要素，生命将不会维持太久。一个饥饿的动物可以消耗掉体内几乎全部脂肪，半数的蛋白质，失去 40% 的体重仍能生存。如果丧失 5% 的水，食欲减退，丧失 10% 的水生理失常，肌肉活动不协调，丧失 20% 的水就会致死。

(一) 水的生理功能

(1) 水是家畜体内重要的溶剂，各种营养物质在体内消化、吸收、运输以及代谢产物的排出等一系列生理活动均需要水，水是各种消化液的组成成分。

(2) 水参与畜体内的生化反应，不仅参与水解反应，还参与氧化－还原反应、有机物质合成以及细胞呼吸过程。水对体内渗透压调节，保持细胞的正常形态等方面起重要作用。

(3) 水对体温调节起重要作用，水的比热大，吸收体内产生的热量，不使体温升高。畜体利用水分蒸发以散发大量的热，保持体温恒定。

缺水将导致食欲、饲料利用率下降，干扰体内所有代谢过程影响生产力。必须及时向家畜供应清洁的饮水。

(二) 水的需要量

影响水的需要量因素很多，如气温、日粮类型，饲养水平，家畜的种类等，所以不易规定水的确切需要量。对于猪来说每采食 1kg 干饲料需饮水 1.9～2.5kg，高温环境下需饮水 4.0～4.5kg。

上述数值只是估计数值，为猪场设计提供参考。在实际生产中，通常是自由饮水。

(三) 水质的要求

检查水源品质的主要标志之一是所含的溶解盐类。凡是天然水中都有一定的溶解盐类，其中重碳酸根、硫酸根、盐酸根为主要的阴离子，镁、钙、钠为主要的阳离子。根据试验表明，含有 4～5g/L 各种混合盐类的水，在一般环境和健康条件下都符合猪的饮水要求。生长育肥猪用高到含有 7g/L 混合盐的水，仍不干扰增长速度和饲料效率。但高到 10～11g/L，就妨碍生产了。

水含盐分超过 1g/L 越多，适口性越差。当环境温度过高饮水量加大时，随之饮进的总盐分也高，加重肾脏负担，这在考虑水的安全标准时应注意。

水有时含有高水平的某些致毒元素，如铅、汞、镉等重金属，不仅危害畜禽健康影响生产力，而且在肉或乳里积累，也会影响人类的健康。

建场之前水源化验是很必要的，对养在集约环境下的猪水质尤其重要。

第二节 猪常用饲料的分类

饲料是各种营养素的载体，它几乎含有家畜所需要的所有营养物质。但是绝大多数单一饲料所含有的各种营养素的数量和比例，都不能满足家畜的营养需要。生产水平越高，差距越大。因此，我们必须了解饲料的性质、来源、产量，掌握各种饲料的营养素特点，才能达到合理利用饲料资源的目的，达到最有效地将饲料转为畜产品的目的。

猪的饲料按饲料特性分为：粗饲料、青绿饲料、能量饲料、蛋白质饲料、矿物质饲料、维生素饲料、添加剂饲料共七大类。

一、粗饲料

是指干草类、农副产品类（包括荚、壳、藤、蔓、秸、秧）及绝对干物质中粗纤维含量为18%及18%以上的糟渣类、树叶类及其他类。

二、青绿饲料

是指天然水分含量为60%及60%以上的青绿饲料类、树叶类以及非淀粉质的块根块茎瓜果类，不考虑其折干后的粗蛋白质及粗纤维含量。

三、能量饲料

是指在绝对干物质中粗纤维含量低于18%，同时粗蛋白质含量低于20%的谷实类、糠麸类、草籽、树籽实类，淀粉质的块根、块茎、瓜果类及其他类。

四、蛋白质饲料

是指绝对干物质中粗纤维含量低于18%，同时粗蛋白质含量为20%及20%以上的豆类、油饼类、动物性饲料及其他类。

五、矿物质饲料

包括工业合成的、天然的单一种矿物质饲料，多种混合的矿物质饲料，以及配合有载体的微量元素，常量元素矿物质饲料。

六、维生素饲料

指工业合成或提纯的单一维生素或复合维生素，但不包括某项维生素含量较多的天然饲料。

七、添加剂饲料

不包括矿物质饲料和维生素饲料在内的所有的添加剂，如防腐剂、着色剂、抗氧化剂，各种药物、生长促进剂、营养性添加剂（氨基酸、脂肪酸等）。

在我国常常将微量元素和维生素也包括在添加剂饲料中。

第三节　猪常用饲料及其营养特点

一、粗饲料

粗饲料是反刍家畜、马及其他草食动物日粮的主要部分。但对于猪虽然可以依靠粗饲料生存，但在没有其他饲料来源的情况下，生产力会相当低，这在现代养猪业中是极不合算的。

粗饲料的特点是体积大，木质素、纤维素、半纤维素、果胶、硅等细胞壁物质含量高，容易利用的碳水化合物含量低。蛋白质、矿物质和维生素的含量变异很大。

1. 干草

干草是指青草（或其他青绿饲料作物）在未结籽实以前，收割后经干燥制成的，仍然保留一定的青绿颜色，故又称为青干草，青干草是保存青饲料的营养成分的有效方法。我国有许多地区，在牧草生长茂盛的季节，晒制大量的青干草以解决冬季饲草供给问题。

干草的营养价值　干草的营养价值取决于制做干草的植物种类、生长阶段与调制技术等。一般情况下由豆科植物制成的干草含粗蛋白质较高，在能量方面豆科干草、禾本科干草及谷类作物调制的干草之间可消化能没有太大的差异。矿物质方面豆科干草含钙高于禾本科干草；植物的生长发育阶段是影响干草品质的重要因素，一般是植物幼嫩阶段其所含的蛋白质和可消化能高，但是还应考虑到单位面积上的最高营养物质的收获量。通常禾本科植物最适宜的收获期是抽穗期，豆科植物是孕蕾期至初花期；干草的质量还取决于调制方法，人工脱水的干草其干物质损失很少，而田间制作的受雨水侵袭的干草物质损失很大。有文章报道指出，植物干燥之前的24h（小时）内由于呼吸作用所造成的干物质损失约3.5%，雨水冲洗造成的损失约5%～14%，豆科干草叶子脱落造成的损失为3%～35%。以堆或捆的方式贮存的干草，在因为湿度过大而干燥速度缓慢时，有可能产生大量的发酵作用而导致温度升高，可能使干草变成褐色或发霉，会使蛋白质和能量消化率显著降低，也有时会使草垛产生自燃。

2. 秸秆与秕壳

秸秆与秕壳饲料是指农作物籽实成熟后，收获籽实后所剩余的副产品。秸秆是农作物籽实收获后的茎秆枯叶部分。主要是禾本科作物的秸秆如玉米秸、稻草、小麦秸、大麦秸、高粱秸、粟秸、糜秸及燕麦秸等。其次是豆科作物的秸秆如大豆秸、蚕豆秸、豌豆秸等。秕壳是指籽实的外皮、颖壳、荚皮及成熟程度不等的瘪谷、籽实等。

秸秆和秕壳的营养特点是干物质中含粗纤维高，在31% ~45%，而稻谷壳和粟谷壳含粗纤维高达44.5% ~51.8%。木质素和硅酸盐含量高，如燕麦秸含木质素14.6%、硅酸盐在灰分中达30%左右，蛋白质含量也很低；豆科秸秆粗蛋白质含量在8.9% ~9.6%，禾本科在4.2% ~6.3%。可消化蛋白质则更低，甚至可能蛋白质的消化率出现负值；矿物质含量很高，稻草中含粗灰分达17%，其中大量的是硅酸盐类，而对动物有营养价值的钙、磷含量却很低。部分秸秆营养成分见表2.2 -1。

表2.2 -1 秸秆类营养成分

名称	每千克干物质消化能（kJ）	每千克干物质可消化粗蛋白质（g）	粗纤维（%）	木质素（%）	灰分（%）	钙（%）	磷（%）
稻草	4 770	2.0	35.1	—	17.0	0.21	0.08
小麦秸	513	5.0	43.6	12.8	7.2	0.16	0.08
大麦秸	463	5.0	41.6	9.3	6.9	0.35	0.10
燕麦秸	554	14.0	49.0	14.6	7.6	0.27	0.10
玉米秸	606	23.0	34.3	—	6.9	0.6	0.10
粟谷秸	475	6.0	41.7	—	6.1	0.09	—
大豆秸	444	14.0	44.3	—	6.4	1.59	0.06
豌豆秸	594	47.0	39.5	—	6.5	—	—
蚕豆秸	443	55.0	55.0	—	8.7	—	—

总的来说，秸秆、秕壳的营养价值远不及干草。

二、青绿饲料

青绿饲料包括天然草地青草、人工栽培牧草、蔬菜类饲料、作物的茎叶及水生植物等。青绿饲料的营养特点如下。

(1) 水分含量一般都很高，陆生植物水分含量约为75% ~90%，水生植物在95%左右，因此，它们的有机物质含量低。如以干物质为基础计算，由于粗纤维含量较高（18% ~30%），所以含消化能低。

(2) 粗蛋白质含量丰富，消化率高，品质优良。一般禾本科牧草和蔬菜类饲料的粗蛋白质含量在1.5% ~3%，豆科青饲料在3.2% ~4.4%。如按干物质计算，禾本科牧草粗蛋白质含量达13% ~15%，豆科青饲料可高达18% ~24%。可满足家畜对蛋白质的营养需要。由于青饲料都是植物的营养器官，含赖氨酸、组氨酸量较多。因此，蛋白质品质比谷类籽实好。

(3) 维生素含量丰富，特别是胡萝卜素。在青绿饲料中每千克含量可达50 ~80mg，在正常采食青饲料情况下，家畜获得胡萝卜素量超过需要量100倍。在体内转化为维生素A贮存在肝脏中。青饲料也是维生素B族的良好来源。

幼嫩的青饲料按等重量干物质计算营养价值与亚麻籽饼、麸皮相近。

青草中赖氨酸、色氨酸含量高，因此蛋白质的生物学价值也高，可达70% ~80%。钙、磷比例合适。粗纤维含量虽然高，但由于幼嫩，尚未木质化，消化率却不低。对于草食动物，青绿饲料是营养物质比较平衡的饲料，因此，放牧畜群在草场茂盛的季节膘情很好。但对于猪和鸡由于消化生理的特点决定，不能单独用青绿饲料组成日粮，只能以少量补充日粮中维生素的不足。

（一）禾本科草

禾本科草的粗纤维含量比较高，在干物质中为30%左右。大部分禾本科品种草在尚未成熟时适口性非常好。其中，以青玉米品质最好，玉米木质化晚，饲用时间长，从抽穗期一直到成熟期消化率变化不大。收割期晚些干物质产量增加。

青玉米的籽实成熟前收割所获得的养分较成熟后籽实加秸秆的养分总量还高。一般来说总能量高0.5 ~1.0倍，蛋白质可高2 ~3倍。青株含有大量的胡萝卜素和碳水化合物。只是蛋白质含量低。

专门栽培作为青饲和放牧的禾本科牧草，在我国还有青饲高粱、苏丹草、象草、燕麦、大麦等。这类牧草主要的是用于饲喂草食动物。

（二）豆科草

豆科植物的种类比禾本科要少得多。豆科植物的蛋白质含量比禾本科植物高，成熟植物籽实更是如此。豆科植物茎秆的纤维素含量特别高，而可溶性碳水化合物含量相对较低。叶子的养分含量丰富，茎秆的养分价值特别是成熟植物茎秆的养分价值则低得多，其主要原因是由于茎部木质化和纤维素的增加。同禾本科植物比较，豆科植物的钙、镁和硫的含量高，而锰和锌则较禾本科含量低。总的来说，豆科植物的适口性是好的。

在豆科植物中紫花苜蓿营养价值高，适口性好。幼嫩阶段干物质中消化能对牛是12.0MJ/kg，蛋白质可达26.1%，消化率高（78%）。钙、镁的含量高，分别为1.21%与0.28%。但紫花苜蓿生长过程中茎的木质化比禾本科草较早、较快。苜蓿干物质中营养成分的百分数见表2.2－2。

表2.2－2 紫花苜蓿的营养成分

成分＼阶段	蕾前	现蕾	盛花
粗纤维（%）	22.1	26.5	29.4
粗蛋白质（%）	25.3	21.5	18.2
灰分（%）	12.1	9.5	9.8
可消化蛋白质（%）	21.3	17.0	14.1
不消化的粗纤维（%）	8.0	12.8	16.2

由表2.2－2可以看出现蕾后粗纤维含量急剧增加，蛋白质的消化率急剧下降，不消化的粗纤维增加，总养分值随着植物的成熟而降低。人们总是希望找出产量高，营养价值也高的最佳收获期。一般认为收割期在1/10～1/2植株开花时为宜。苜蓿青草或苜蓿干草粉均可做猪的饲料。

（三）蔬菜类饲料

蔬菜类饲料包括块根、块茎类地上部分绿色茎叶和某些蔬菜。例如甘蓝、白菜、油菜、甜菜茎叶、甘薯藤、胡萝卜茎叶、马铃薯茎叶等。在收获适时的条件下，一般质地柔嫩，适口性较好。为猪、牛及禽类的优良饲料。但是一般水分含量较多，在80%～90%，能量价值很低，维生素含量高。从干物质基础上看则营养价值较高。蔬菜类饲料对猪的营养价值（干物质基础）见表2.2－3。

表 2.2－3　蔬菜类饲料的营养成分

名称	消化能（kJ/kg）		可消化粗蛋白质（g/kg）	粗蛋白质（%）	粗纤维（%）	Ca（%）	P（%）
	鲜样中	干物质中					
甘蓝叶	65	647	99	16.0	15	0.7	0.4
白菜叶	61	613	130.1	22.0	18	1.95	0.35
甘薯藤	71	565	120.0	16.0	20.0	1.00	0.4
胡萝卜缨	59	543	63.9	13.9	13.9	1.48	0.24
马铃薯秧	73	487	83.0	16.6	33.3	2.4	1.36
聚合草	77	709	217.2	29.1	12.7	2.1	0.56

此类饲料的叶中含硝酸盐量较多，在反刍动物瘤胃内可以被还原亚硝酸盐，数量多时可发生中毒。这类多叶饲料在调制过程中，硝酸盐受微生物的还原作用而产生亚硝酸盐，猪饲用后会中毒。

（四）水生饲料

水生饲料是指利用水面养殖的青绿饲料，包括淡水水生植物和海滨水生植物。水生饲料不占耕地面积，利用河流、湖泊、水库等生产。此类饲料含水量大，干物质少，能量价值低。

水生饲料主要用来喂猪，生饲或熟饲均可，但要注意寄生虫病。

三、能量饲料

能量饲料包括谷物籽实及其加工副产品、块根、块茎及其副产品。主要营养特点是干物质中无氮浸出物占70%～80%，能量高，消化率高；粗纤维含量低，一般在6%以下；粗蛋白质含量在10%左右（8%～12%），蛋白质品质不好，氨基酸种类不全面，赖氨酸、色氨酸少，对于家禽来说一般蛋氨酸的含量较低或缺乏；脂肪含量低，燕麦含量最高约有6%左右，小麦含量最低在1%以下。一般在2%～5%。大部分油脂存在于种胚中，种子油中亚油酸和油酸含量很高，属于不饱和脂肪酸；矿物质中食盐、钙及可用磷少；维生素 B_1 和维生素 E 含量丰富，而缺乏维生素 D，除黄玉米外，均缺乏胡萝卜素。

（一）玉米

玉米所含有的能量浓度在谷实饲料中几乎列在首位。含粗纤维极少，几乎完全为淀粉，易消化，蛋白质含量低（8.5%），大约1/2的蛋白质以玉米胶蛋白的形式存在于胚乳中。在这种蛋白质中，许多种必须氨基酸的含量都很低，赖氨酸、蛋氨酸、色氨酸尤其如此。黄玉米含有胡萝卜素和叶黄素，也是维生素 E 的良好来源，但B族维生素的含量很低，不含维生素D。玉米含钙低，磷含量虽高，大部分以植酸磷的形式存在，猪对其利用率低。玉米含有较高的脂肪，其中不饱和脂肪酸含量高，磨碎后的玉米粉，容易酸败变质，不宜长久贮存。

新育成的高赖氨酸玉米－奥帕克－2与普通玉米相比，它的蛋白质中赖氨酸含量高70%～100%，色氨酸高40%～100%。由于奥帕克－2玉米质地松软，胚乳密度低，千粒重轻，产量低，胚乳粉质等原因影响推广种植。但其营养价值高于普通玉米。

（二）高粱

高粱的化学成分同玉米相似，其蛋白质含量差别极大，在8%～16%范围内平均为11%。最缺乏氨基酸为赖氨酸和苏氨酸。饲养价值大约相当于玉米的95%～97%用高粱喂猪所产生的猪肉，在品质上与喂玉米相同。如果补充其他营养素得当，饲喂方法合理，高粱是很好的能量饲料。

高粱籽实很小，比较硬，一般需要经过加工以后才能被家畜利用。某些品种因种皮内含有单宁，所以高粱的适口性低于玉米。饲养价值略低于玉米见表2.2－4。

表2.2－4 不同谷物籽实的相对价值表（干燥基础）

籽实	可消化蛋白质	能量		
		总消化养分		代谢能
		牛	猪	鸡
玉米	100	100	100	100
大麦	131	91	88	77
高粱	95	88	96	103
燕麦	132	84	79	74
小麦	152	97	99	90

（三）小麦

小麦的能量大约与玉米相等。小麦的蛋白质含量和品质都比较好。硬质冬小麦蛋白质量平均为13%～15%。各种氨基酸之间的比例也比其他谷类籽实好。小麦的适口性好，消化率高。然而用小麦来饲养家畜，一般来说价格过高，因为小麦主要是人类食物。只有低品质的，不适合磨面粉的以及受损害的小麦和小麦的加工副产品才用于饲喂家畜。

(四) 大麦

大麦大部分是用于饲喂家禽。同玉米相比较，大麦蛋白质高（11.7%～14.2%），赖氨酸、色氨酸、蛋氨酸和胱氨酸含量较高。尤其是赖氨酸含0.6%，这是在谷物饲料中不易多得的。但是由于大麦含粗纤维较高（6.9%），而无氮浸出物与粗脂肪较玉米低，所以，消化能低于玉米。在多数情况下饲养价值低于玉米。

大麦含脂肪低于玉米2%，对于胴体品质影响小。因此可使育肥猪获得高质量的硬脂胴体。

(五) 燕麦

燕麦在我国青海、甘肃、内蒙古自治区以及山西北部地区都有一定种植面积。燕麦蛋白质含量较高，而且氨基酸组成比例也比玉米好。但燕麦含无氮浸出物在谷物籽实饲料中最少（66%）。这是由于燕麦的外壳占整粒籽实重量比例达23%～35%。所以，它在谷类籽实中营养价值最低。燕麦脱壳后，适口性和营养价值都提高了，其饲养价值与玉米相同，但价格常常偏高。

(六) 稻谷

稻粒非常硬，与燕麦相似，有粗硬的种子外皮，粗纤维含量较高。能量低于玉米、小麦。稻谷大约含有8.3%的粗蛋白质和9.2%的粗纤维。脱壳的糙米、碎大米等其饲养价值与玉米相等。适口性较好。在盛产稻谷的我国南方各省，用糙米、碎大米、大米粉可作为猪的能量饲料。

(七) 谷物籽实的副产品

1. 麦麸

麦麸是由小麦的种皮、糊粉层、少量的胚和胚乳组成。麦麸的营养价值主要取决于对面粉质量的要求。上等面粉生产是50kg小麦可出产面粉35kg，麸皮15kg。这种麸皮的营养价值高，如果面粉质量要求不高，不仅胚乳在面粉中保留较多，甚至糊粉层物质也进入面粉，则生产的面粉可达81%，而麸皮仅有19%，这样的麸皮营养价值较低。

麦麸含纤维较高（8.5%～12%），因此，能量价值较低。麸皮蛋白质含量极高，可达12.5%～17%氨基酸组成比小麦好，但氨基酸仍不平衡，蛋氨酸很低。由于麦粒中B族维生素多集中在糊粉层与胚中，故麸皮中维生素B含量很高。麸皮含钙少，含磷多，因此钙与磷的比例极不平衡。麸皮具有轻松的特点，常用来调节日粮的能量浓度。由于容积太大，在生长肥育猪日粮中不宜用量高，对于种用母猪，尤其是妊娠和分娩前后的母猪日粮比例中略高些。

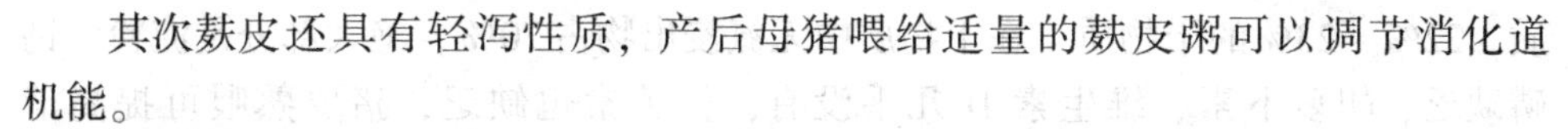

其次麸皮还具有轻泻性质，产后母猪喂给适量的麸皮粥可以调节消化道机能。

2. 米糠

米糠是糙米加工成白米时分离出的种皮、糊粉层与胚3种物质混合物。与麦麸情况一样，其营养价值与白米加工程度有关，加工米越白，胚乳中的物质进入米糠越多，米糠的能量价值越高。米糠含粗灰分高（10.1%左右），粗纤维9.2%，粗蛋白质12.1%，粗脂肪15.5%。蛋白质质量比稻谷好。米糠与麸皮一样钙磷比例相差悬殊。

米糠可以喂各种家畜。因为米糠粗脂肪中含不饱和脂肪酸多，长期贮存会脂肪酸败，所以要尽可能鲜喂。另外，也会使生长肥育猪产生松软脂肪，所以，在饲料中不要超过谷粒饲料混合物的10%~30%。如果比例过高，就会产生松软猪肉。喂幼龄仔猪，容易腹泻。米糠经油榨后所得产品是米糠饼。米糠饼由于油脂含量下降而影响能量价值外，其他方面基本与米糠相似。

3. 砻糠与统糠

稻谷碾米时分离出来的稻谷壳为砻糠，占稻谷中20%左右，纤维素与木质素是砻糠的主要成分。不适合做饲料。而统糠在产稻谷的农村最多。统糠是由稻壳（砻糠）、种皮、粉糊层及胚组成的。含纤维量为24%~30%，粗蛋白质5%~7%，营养价值很低，应属于粗饲料。

（八）几种主要淀粉质块根、块茎饲料

此类饲料的营养特点是水分含量高，在自然状态下，一般为75%~95%。干物质的组成与禾本科籽实近似，含淀粉和糖丰富，纤维素少，而且不含木质素，所以又归为能量饲料。蛋白质含量少，矿物质中钙、磷缺少，而钾含量丰富。维生素差别很大。

1. 甘薯

是一种高产作物，盛产于我国华北地区及南方各地。可以用于人类的食物，又可以用作饲料。甘薯中干物质含量约30%，主要是淀粉和糖，可生喂也可熟喂，适口性很好。特别适宜喂泌乳期母猪、肥育期的猪。在平衡良好的猪饲粮里用甘薯代替40%~50%谷粒饲料可以获得较好的饲养效果。如果饲喂得当，在平衡良好的饲料里3~4kg甘薯可以替代1kg玉米。甘薯干用量占到平衡良好的饲粮1/3~1/2时，具有80%~90%的玉米饲养价值。

2. 马铃薯

主要盛产于宁夏回族自治区、甘肃及内蒙古自治区，含2.5%~3%的蛋白

质，22% ~23%的干物质。在干物质中无氮浸出物占70%，绝大部分是淀粉。钙磷缺乏、胡萝卜素、维生素 D 几乎没有，核黄素也缺乏，猪要熟喂可提高消化率。

在平衡良好的猪饲粮内，3.5 ~4.5kg 马铃薯可代替 1kg 玉米。马铃薯干的用量限制在饲粮的1/3，其饲养价值与玉米相同。

在马铃薯中含有龙葵素，是一种有毒物质。采食过多引起家畜胃肠炎。当发芽时，这种物质就大量产生，一般在块茎青绿色的皮上、芽眼与芽中最多。喂前要剥掉，蒸煮的马铃薯可以降低毒性。蒸煮的水不要饲用。

3. 木薯

木薯含干物质25% ~30%，含蛋白质、钙、磷均低。淀粉丰富，胡萝卜素含量较高。木薯含有氢氰酸，可使家畜中毒。去毒办法是在流水中浸泡 5 ~6 天，叶子煮熟后再饲喂，木薯晒干磨粉，可减轻毒性。

除上述 3 种块根、块茎饲料外，还有甜菜、菊芋、蕉藕、胡萝卜等干物质中均含有丰富的糖、淀粉。能量较高，蛋白质较低。具有能量饲料的一般共性。

四、蛋白质饲料

蛋白质是家畜生产畜产品关键性的营养物质之一，对于幼畜和高产的成年家畜来说尤其如此。另外，蛋白质饲料价格一般高于能量饲料，所以在生产中，充分合理地利用蛋白质饲料是极为重要的。根据蛋白质饲料的来源不同，分为植物性蛋白质饲料与动物性蛋白质饲料。

(一) 植物性蛋白质饲料

植物性蛋白质饲料主要是油类籽实（大豆、花生、棉籽、菜籽、亚麻籽、芝麻、葵花籽等）经提取油后的饼类。例如大豆饼、花生饼、棉籽饼、菜籽饼、亚麻饼、芝麻饼及葵花籽饼等。这类饲料的特点是蛋白质含量高，为30% ~50%；粗纤维含量视加工时是否去壳，去壳的粗纤维占5% ~10%；无氮浸出物占30%左右；粗脂肪含量与加工方法有关，一般压榨法含脂肪 4% ~6%，溶剂浸提法含脂肪 1% ~3%。每千克含代谢能 8.38 ~10.48MJ。

1. 豆饼

在饼类中公认大豆饼质量最好。因为它含蛋白质高，赖氨酸在所有饼类中含量最高。机榨豆饼中含42%蛋白质、含赖氨酸 2.7%，溶剂浸出的豆饼含蛋白质44%，含赖氨酸 2.9%，与含赖氨酸低的玉米、高粱配合使用可以提高日粮的蛋白质生物学价值。豆饼适口性好，易消化，用于各种家畜时都能保证良好的生产性能，所以是非常受欢迎的一种蛋白质饲料。

2. 棉籽饼

棉仁饼含粗蛋白质41%，蛋氨酸加胱氨酸（含硫氨基酸）0.87%，赖氨酸1.39%，与玉米、高粱等配合，在提高蛋白质质量方面远不如豆饼。棉籽饼中含有棉酚，对家畜尤其对单胃家畜猪有毒。因棉酚中毒而死的猪表现为胸、腹腔有过多积水；心脏松弛、肥大；肺充血、水肿；其他器官如肝、脾和淋巴腺普遍充血。所以棉籽饼在猪的日粮中用量不应超过10%。

3. 菜籽饼

含蛋白质36%，含硫氨基酸比豆饼高（1.22%）而赖氨酸含量比豆饼低（1.23%）。适口性比豆饼差。

菜籽饼内含有硫葡萄糖苷，经芥子酶水解而产生异硫氰酸盐和噁唑烷硫酮有毒物质。这两种化合物尤其是噁唑烷硫酮，可使甲状腺肿大，影响能量代谢，影响增重和饲料转化效率。所以建议怀孕母猪、泌乳母猪的用量不超过3%，生长育肥猪用量不超过5%～8%。目前还没有切实可行的菜籽饼脱毒方法。加拿大已经培育出新的油菜品种，含毒量低，可以在猪日粮中加大用量。

4. 花生饼

花生仁饼含粗蛋白质43%，赖氨酸低为1.35%，含硫氨酸1.12%，而精氨酸含量在饼类饲料中最高为5.16%。花生饼的适口性很好。

花生饼含脂肪高，如在温暖而又潮湿的气候下贮存过久，则发生脂肪酸败。最危险的是成为黄曲霉毒素则是致癌物质，危害家畜和人的健康。所以花生及花生饼发霉时，不要用做猪的饲料。

5. 亚麻饼

亚麻籽饼的粗蛋白质含量较低，约为35%，赖氨酸含量也低，约为1.18%。亚麻饼含有亚麻配糖体和亚麻酶。配糖体在亚麻酶的作用下分解形成氢氰酸，氢氰酸是有毒物质。亚麻饼经高温处理使酶失去活性即可安全饲喂。对于幼龄仔猪尽量少用亚麻饼，较大的猪可用较高的水平，在平衡的日粮中，占蛋白质饲料的5%～20%。亚麻饼含有一种黏性胶质，猪不能消化。

此外还有椰子饼、棕榈饼、苏子饼都是含蛋白质较高的饲料。

6. 其他植物性蛋白质饲料

在植物性蛋白质饲料内，还包括一些谷类加工的副产品，如玉米面筋、酒糟、豆腐渣等。这类饲料的特点是水分高，不易贮存。干物质中粗纤维、粗蛋白质与粗脂肪的含量比原料籽实的含量大大提高。粗蛋白质含量在干物质中占22%～42.9%（表2.2－5）。每千克干物质中消化能平均3.3Mcal。

表 2.2－5　糟、渣蛋白质饲料的营养成分表（干物质基础）

营养成分	玉米酒糟	大麦酒糟	高粱酒糟	啤酒糟	酒精糟	玉米面筋	豆腐渣
灰分（%）	4.9	3.1	5.0	—	—	—	5.3
粗纤维（%）	7.4	13.8	14.8	19.9	11.0	5.1	21.9
粗脂肪（%）	8.8	11.5	7.9	6.3	12.6	2.6	8.8
无氮浸出物（%）	49.3	39.6	42.6	47.9	44.3	45.9	34.2
粗蛋白质（%）	29.6	31.9	29.8	22.0	30.1	42.9	29.8
消化能（MJ/kg）							
猪	16.13	13.19	16.89	12.82	13.62	16.17	15.88

（二）动物性蛋白质饲料

动物性蛋白质饲料包括鱼粉、肉骨粉、屠宰场的下脚料、蚕蛹、蚯蚓、蝇蛹等。是一种含蛋白质高、质量好的饲料。它们是氨基酸、维生素、矿物质和某些未知元素的良好来源。

1. 鱼粉

鱼粉是由未腐烂的全鱼或鱼类食品加工后所剩的下脚料为原料，经过干燥、磨碎而成。鱼粉在品质和成分上有很大差异，主要是因鱼原料的品质不同，加工方法和加工所使用的温度不同造成的。秘鲁鱼粉含粗蛋白质65%，含硫氨基酸2.5%，赖氨酸4.9%、钙4.0%、磷2.85%。氨基酸组成比例比较好，两个主要限制性氨基酸含量很高，与谷类饲料、植物性蛋白饲料搭配使用，可以满足猪的营养需要；同时钙和磷含量高，比例适合，尤其是磷，属于有效磷。一般说含蛋白质低的鱼粉含钙磷多，原因是这类鱼的骨骼占的比例大。

国产鱼粉质量不稳定，使用前要了解其营养成分。鱼粉的品质好坏，除蛋白质含量外，还要求新鲜呈黄色（脂肪氧化后变成咖啡色或黑色），干燥不结成块状，脂肪含量不超过10%，砂土杂质少，不超过2%，食盐不超过4%。

2. 肉骨粉

肉骨粉是检疫不合格的废弃家畜经高压消毒脱脂后的物质。因为原料不同，骨骼占有比例不同而分为含蛋白质45%、50%、55%几种。它们含有的钙与磷分别是11%与5.9%；9.2%与4.7%；7.6%与4%。肉骨粉的氨基酸组成不如鱼粉，含硫氨基酸偏低。蛋白质为45%的肉骨粉，含硫氨基酸0.78%，赖氨酸为2.2%，比豆饼的含量还低。另外加工方法和加工过程中所用温度不同，也会影响蛋白质的品质。肉骨粉的蛋白质生物学价值一般比鱼粉、大豆饼低。所以猪的日粮中的蛋白质饲料，最好不要单纯使用肉粉和肉骨粉，而应与其他来源的蛋白质饲料搭配使用。

3. 血粉

血粉含蛋白质高，占干物质 80% ~85%，赖氨酸含量高约 7.07%。但异亮氨酸含量低，约为 0.88%。由于血粉的加工工艺不同，导致氨基酸的利用率不同。低温高压喷雾方法生产的血粉，其赖氨酸利用率为 80% ~95%，而用传统式干热方法生产的血粉，赖氨酸利用率为 40% ~60%。

血粉的适口性差。日粮的血粉主要是用来补充赖氨酸，因此用量不易过多。控制在 6% 以下，一般用量在 2% ~5%。

4. 羽毛粉

羽毛粉也是一种高蛋白质饲料，蛋白质含量高达 86%，以胱氨酸为主，缺少蛋氨酸、赖氨酸、组氨酸和色氨酸，是质量最差的蛋白质饲料，只有在以日粮质量控制的限制饲养时才采用。一般用量在 2% ~5%。

5. 蚕蛹

蚕蛹饼含粗蛋白质 60% 以上，含脂肪也较多，容易腐败变质，产生恶臭气味，影响乳、肉的品质。因此用作饲料时应注意保存，一般是在脱脂后榨成饼或磨成粉备用。

五、矿物质饲料

矿物质饲料都是含营养素比较单一的饲料，例如碳酸钙、石灰石粉、蛋壳粉、蛎壳粉等都是含钙的饲料，专门用来补充钙；食盐只含有钠和氯，用它来补充钠和氯的需要量；骨粉、磷酸钙、磷酸氢钙等主要是用来补充磷，这些都是无机磷，用它们来补充日粮中磷的不足，钙也得到了适当的补充。

1. 食盐

植物性饲料中含钠、氯元素少，为了配合一个平衡的日粮，应补加食盐。食盐的用量一般占日粮的 0.25% ~0.5%。

2. 含钙的饲料

（1）石粉。石灰石经过粉碎后可制得石粉，一般含钙 38% 左右，是补充钙质营养最廉价的矿物质饲料，主要成分是碳酸钙。除石粉外，较纯的商品碳酸钙或白垩也是补充钙的矿物质饲料。

（2）蛋壳粉及贝壳粉。蛋壳和贝壳经消毒后磨碎成粉，可作钙的补充饲料。蛋壳内和贝壳内残留一些有机质，必须注意消毒以免蛋白质腐败或带来传染病。蛋壳粉和贝壳粉一般含钙 38% 左右。

3. 含磷和钙的饲料

骨粉是很好的补充钙和磷的矿物质饲料，其中，磷容易被家畜消化吸收。用来制作骨粉的各种家畜的骨骼必须经高压蒸煮，防止带入传染病，还要脱脂，防止酸败。一般骨粉的化学成分见表 2.2－6。

表 2.2－6　骨粉化学成分

营养成分	含量（%）	范围（%）
水分	4.0	3.0～9.0
粗蛋白质	12.0	10.0～13.0
脂肪	3	1.5～3.5
粗纤维	2	1.5～3.0
灰分	72.0	69.0～75.0
钙	26.0	24.5～30.0
磷	13.0	12.5～15.0

磷酸氢二钠、磷酸氢钠、磷酸氢钙、磷酸钙、过磷酸钙等均是含钙、磷的矿物质饲料。

六、添加剂饲料

添加剂饲料主要是化学工业生产的一种饲料，通常分为营养性添加剂和非营养性添加剂。营养性添加剂是用以补充一般饲料中含量不足的营养素。非营养性添加剂是用来防止疾病感染，增强抵抗力，杀害或控制寄生虫，防止饲料发霉变质，或者是提高适口性，增加采食量。

（一）营养性添加剂

1. 微量元素添加剂

微量元素添加剂是根据猪的营养需要而配制成的。在日粮中所有的微量元素变异很大，而且猪的利用率也不清楚，所以一般不考虑饲料中原来含量。而是按需要量，由无机盐来添加。

除碘化钾、亚硒酸钠外，其余盐类都容易结晶成块状。在配制添加剂前要烘干磨碎，使各种元素的细度均匀一致，再用一定重量的载体混合均匀。通常选用碳酸钙作微量元素预混物的载体，因为矿物微量元素容重较大，采用比重较大的碳酸钙作载体能够混合均匀。同时碳酸钙吸湿性强，可避免结块。

2. 维生素添加剂

维生素添加剂是根据猪的营养需要采用人工合成的各种维生素配合成的。脂溶性维生素易于氧化失效，需要加倍加入。

维生素稳定性差，容重偏低。为了保持维生素的活性，应选择含水量低、酸碱度近中性、化学特性稳定，容重较小、表面十分粗糙、承载性能较强的物质作载体。通常用细砻糠、细小麦麸、玉米芯粉、大豆皮粉等。也有的地方用细玉米粉为载体。载体的加入以维生素预混物占日粮中的比例而定，通常占1%易于在日粮中混匀。维生素预混物不宜贮存时间过久，避免失效。

目前，作为添加剂的维生素有维生素A、D_3、E、K_3、核黄素、B_{12}、烟酸、泛酸钙等。

3. 氨基酸添加剂

常用的氨基酸添加剂有L－赖氨酸盐酸盐和dL－蛋氨酸。添加量是根据配合饲料中含赖氨酸、蛋氨酸量与饲养标准中需要量相比较，配合饲料中不足的数量用合成的氨基酸补加。从而提高日粮的蛋白质质量。所以，它的使用不能象微量元素添加剂和维生素添加剂一样，而是按配合饲料中缺哪种氨基酸就添加哪种氨基酸，缺多少补多少。

（二）非营养性添加剂

非营养性添加剂主要作用是刺激动物生长、提高饲料利用效率以及改善动物健康、增加采食量。

1. 抗氧化剂

抗氧化剂可以防止脂肪及脂溶性养分的氧化变质；它可以保存维生素A、维生素D，同时可以保存和节约维生素E的活性；可以抑制体内代谢过程中过氧化物的形成；防止因脂肪酸败的分解产物与赖氨酸中的ε－氨基进行作用降低氨基酸利用率。

常用的抗氧化剂有乙氧喹啉（又称乙氧喹，商品名为山道喹）、BHT（丁基化羟基甲苯）、BHA（丁基化羟基苯甲醚）。一般认为乙氧喹的抗氧效果要高于BHA、BHT。其用量以不超过日粮的150mg/kg为宜，并且在各种成品、预混料的标签上均需注明，以保证安全。抗氧化剂使用时必须注意安全，最有效的抗氧化剂往往也是最有毒的。

2. 防霉剂

发霉的饲料降低质量，轻则影响采食量，影响畜禽的生产性能发挥，重则影响家畜的健康，造成死亡。为防止霉菌生长，或者在饲料中加抗霉剂。常用的抗霉剂有丙酸钠、丙酸钙。其加入量分别为2.5mg/kg与5mg/kg。饲料一旦被霉菌污染后，则加任何制剂也不能纠正霉菌毒素对降低饲料营养价值的

影响。

3. 促进生长的添加剂

有许多抗生素都具有抑制有害细菌与促进生长的作用。现常用的有杆菌肽，秦洛霉素、维金尼亚霉素、斑伯霉素、螺旋霉素、金霉素、土霉素等。用量占日粮的20～100mg/kg。平均效果是促进生长2%～8%，提高饲料报酬2%～4%。抗生素也有减轻因注射疫苗、驱虫、转群所带来的应激。一般在接受应激前2～3天与应激后2～5天饲喂抗生素，但抗生素使用应符合国家规定。

关于抗生素促生长的机制解释很多，较多人认为是和肠道内特定细菌相互作用的结果。

(1) 有利于合成某些营养素的生物生长，如酵母菌、大肠杆菌、产气杆菌等。抑制对机体有害的微生物的生长，以减少和寄主竞争的营养物质。

(2) 提高机体对某些营养素的吸收利用。

(3) 增加饲料的采食量和饮水量，以猪最明显。

(4) 预防疾病。

目前国家已限制或禁止某些供人用的抗生素用于牧业生产，从长远来看今后的趋势是逐步减少、直至取消药物添加剂。应开发无污染、无公害、无残留的新型绿色添加剂，如“微生物添加剂”、“中草药添加剂”、“酶制剂”等。

第四节　各种营养物质间的相互关系

越来越多的资料证明，各种营养物质在畜禽体内代谢中不是孤立的起作用，而且互相间存在着各种错综复杂的联系。因此，除了掌握营养素各自的作用外，还要了解各营养素在代谢过程中和对机体的营养作用中的相互关系。

一、蛋白质、碳水化合物、脂肪的相互关系

蛋白质、碳水化合物和脂肪三大营养素均含有能量，其中碳水化合物是提供畜禽生命活动和生产的能量来源。

蛋白质、碳水化合物、脂肪在家畜体内代谢过程中相互转化，经过代谢，蛋白质可以转变为脂肪和糖，碳水化合物可转变为脂肪和非必需氨基酸，脂肪也可转为非必需氨基酸和糖。

1. 能量与蛋白质、氨基酸的关系

蛋白质和氨基酸能发送饲料中代谢能的利用。据报道，在用缺少赖氨酸的日

粮饲喂肥猪和生长猪时，每单位增重所耗能量增加。当日粮中蛋白质水平过高时，由于“热增耗”增加了热能的散失，同时也增加了尿能的损失，从而使生理有用能减少。为了节省饲料蛋白质和保证能量的最大利用效率，要求能量与蛋白质有适当的比例。

2. 氨基酸间的相互关系

蛋白质由许多种氨基酸组成，由于构成蛋白质的氨基酸的种类、数量以及氨基酸之间比例不同，蛋白质的品质也不同，组成蛋白质的各种氨基酸之间存在着复杂的相互关系，包括协同、转化、替代和拮抗。

氨基酸分为必需氨基酸和非必需氨基酸。如果保证非必需氨基酸供给，必需氨基酸就可以节省。如非必需氨基酸不足，必需氨基酸就转化为非必需氨基酸，例如酪氨酸不足，用苯丙氨酸来转化，但酪氨酸却不能全部代替苯丙氨酸，同样蛋氨酸可以转化为胱氨酸，但胱氨酸只能部分的替代蛋氨酸。又如甘氨酸可以转化为丝氨酸。

畜禽对各种氨基酸要求在一定的比例，如某一种氨基酸过高，可能造成另一种氨基酸的缺乏。例如，雏鸡日粮中赖氨酸过多，则造成精氨酸不足，必须增加精氨酸的给量。这种现象称为氨基酸拮抗。苏氨酸与色氨酸；亮氨酸与异亮氨酸、缬氨酸；蛋氨酸与甘氨酸等均存在拮抗关系。

二、维生素与其他营养物质的关系

1. 维生素与酶的关系

维生素大部分参与酶的活动，当维生素缺乏时，影响酶的活性，产生机体紊乱，降低生命力和生产力。

2. 维生素与蛋白质、脂肪和糖代谢关系

硫胺素参与糖代谢，当硫胺素缺乏时，糖代谢发生障碍，血中酮酸积累，妨碍神经的正常活动。核黄素参与能量、蛋白质代谢；生物素参与脂肪、糖代谢；烟酸参与脂肪、糖、氨基酸代谢；脂肪有利于维生素 A、D、E、K 吸收；维生素 B_{12}参与蛋白质代谢，有利氨基酸再合成。

3. 维生素与矿物质、维生素与维生素之间的关系

维生素 D 促进钙、磷代谢；微量元素钴是维生素 B_{12}的必需组成成分，在造血过程中，铁、铜、钴参与血红蛋白质的形成，同时维生素 B_{12}、叶酸、吡哆醇都和造血作用有关。维生素 E 与微量元素硒，在一定条件下可以代替。

维生素 E 在畜体内保护胡萝卜素和维生素 A 不被氧化；维生素 B_{12}不足时，使机体增加了对泛酸的需要量，泛酸不足时，可使维生素 B_{12}的缺乏症表现得更

明显。B_{12}能使叶酸变成活性形式，B_{12}还能促进胆碱的合成。还有一些试验指出吡哆醇、核黄素、泛酸之间，核黄素与硫胺素之间，也是互为影响的。

三、矿物质与其他物质间的关系

1. 常量元素间的关系

钙和磷适宜比例为1∶1～2∶1，如比例失调，则钙、磷代谢紊乱。钙或磷任一元素过量，都会妨碍另一种元素吸收。钙、磷增加时，又导致镁的缺乏，镁的缺乏则造成钾排出量增加。草酸和植酸与钙结合，影响钙的吸收。

2. 常量元素与微量元素之间的关系

在实践中微量元素缺乏症的出现，往往不是该元素进食量少，而是因饲粮中存在着限制利用的因素。曾报道，日粮中钙含量高，可引起体内钠贮存下降；钙、磷或铁过量又影响锰的利用。鸡的脱腱症也可以因钙、磷、铁过量造成锰缺乏而引起；饲粮中含铁量高，影响小肠吸收磷，当铁含量超过日粮的0.5%时，可导致明显的缺磷现象；日粮中钙过高，影响锌的利用，采食过量的钙，加重猪的缺锌症状。

3. 矿物质元素与糖、蛋白质、脂肪代谢的关系

磷与脂肪代谢有关，并在糖代谢、蛋白质代谢中起重要作用；钠对氨基酸、葡萄糖穿过黏膜、运输、代谢起作用，适量的食盐能促进饲料中营养物质的利用；锌对蛋白质合成是必需的；镁在能量代谢中起作用，它活化许多酶系统；锰与脂肪，糖代谢有关；钙的吸收与日粮脂肪含量有关，脂肪含量过高，脂肪酸与钙结合成不溶解的钙肥皂，妨碍钙的消化吸收；铜中毒时，日粮中加蛋氨酸可缓解。

各营养素之间的关系是错综复杂的，已经引起营养工作者的广泛注意。但迄今对相互关系的机制研究不足，许多问题只停留在现象阶段，对某种元素的含量还缺乏数量界限，没有明确报道，只是提及“过高”或“过低”。

第五节　猪的饲养标准与饲粮配合

一、猪的饲养标准

猪的饲养标准是根据生产实践中积累的经验和大量实验，规定的不同性别、年龄、体重、生产目的和生产水平的猪群，每天每头应给予的能量、蛋白质、矿物质、维生素等各种营养物质的数量。一个完整的饲养标准包括：各类猪每日每

头营养需要量，每千克养分含量和常用饲料成分及营养价值。我国瘦肉型猪饲养标准见表2.2－7、表2.2－8、表2.2－9、表2.2－10、表2.2－11、表2.2－12、表2.2－13、表2.2－14，以供养殖户在生产实践中参考。

(一) 仔猪饲养标准

表2.2－7 每头每日营养需要量

指标 \ 体重（kg）	1～5	5～10	10～20
预期日增重（g）	160	280	420
采食风干料量（kg）	0.20	0.46	0.91
消化能（MJ）	3.35	5.63	12.61
代谢能（MJ）	3.02	6.41	11.61
粗蛋白质（g）	54	100	175
赖氨酸（g）	2.8	4.6	7.1
蛋氨酸＋胱氨酸（g）	1.6	2.7	4.6
苏氨酸（g）	1.6	2.7	4.6
异亮氨酸（g）	1.8	3.1	5.0
钙（g）	2.0	3.8	5.8
磷（g）	1.6	2.9	4.9
食盐（g）	0.5	1.2	2.1
铁（mg）	33	67	71
锌（mg）	22	48	71
锰（mg）	0.9	1.9	2.7
铜（mg）	1.3	2.9	4.5
碘（mg）	0.03	0.07	0.13
硒（mg）	0.03	0.08	0.13
维生素A（IU）	476	1 056	1 563
胡萝卜素（mg）	1.9	4.2	6.3
维生素D（IU）	48	106	179
维生素E（IU）	2.4	5.3	9.8
维生素K（mg）	0.43	1.06	1.96
维生素B_2（mg）	0.65	1.44	2.68
烟酸（mg）	4.8	10.6	16.1
泛酸（mg）	2.9	6.2	9.8
维生素B_{12}（μg）	4.8	10.6	13.4
维生素B_1（mg）	0.29	0.62	0.98
生物素（mg）	0.03	0.05	0.09
叶酸（mg）	0.13	0.29	0.54

表 2.2－8　仔猪每千克饲粮养分含量

指标＼体重（kg）	1～5	5～10	10～20
预期日增重（g）	160	280	420
增重/饲料（g/kg）	800	600	462
饲料/增重（kg）	1.25	1.66	2.17
消化能（MJ）	16.76	15.17	13.87
代谢能（MJ）	15.17	13.87	12.78
粗蛋白质（%）	27	22	19
赖氨酸（%）	1.4	1.00	0.78
蛋氨酸＋胱氨酸（%）	0.80	0.59	0.51
苏氨酸（%）	0.80	0.59	0.51
异亮氨酸（%）	0.90	0.67	0.55
钙（%）	1.00	0.83	0.64
磷（%）	0.80	0.63	0.54
食盐（%）	0.25	0.26	0.23
铁（mg）	165	146	78
锌（mg）	110	104	78
锰（mg）	4.5	4.1	3.0
铜（mg）	6.0	6.3	4.9
碘（mg）	0.15	0.15	0.14
硒（mg）	0.15	0.17	0.14
维生素 A（IU）	2 380	2 276	1 718
胡萝卜素（mg）	9.3	9.1	6.9
维生素 D（IU）	240	228	197
维生素 E（IU）	12	11	11
维生素 K（mg）	2.2	2.2	2.2
维生素 B_2（mg）	3.3	3.1	2.9
烟酸（mg）	24	23	18
泛酸（mg）	15	13.4	10.8
维生素 B_{12}（μg）	24	23	15
维生素 B_1（mg）	1.5	1.3	1.1
生物素（mg）	0.15	0.11	0.10
叶酸（mg）	0.65	0.63	0.59

(二) 生长肥育猪的饲养标准

表 2.2-9 生长肥育猪每日营养需要量

指标 \ 体重(kg)	20~35	35~60	60~90
预期日增重(g)	500	600	650
采食风干料量(kg)	1.52	2.20	2.83
饲料/增重(kg)	3.04	3.67	4.35
增重/饲料(g/kg)	329	272	230
消化能(MJ)	19.73	28.58	36.75
代谢能(MJ)	18.35	26.65	34.27
粗蛋白质(g)	243	308	368
赖氨酸(g)	9.8	12.3	14.7
蛋氨酸+胱氨酸(g)	6.4	6.10	7.9
苏氨酸(g)	6.2	7.9	9.6
异亮氨酸(g)	7.0	19.0	10.8
钙(g)	8.4	19.0	13.0
磷(g)	7.0	9.1	10.4
食盐(g)	4.6	6.6	8.5
铁(mg)	84	101	104
锌(mg)	84	104	104
锰(mg)	3	4	5
铜(mg)	6	6	8
碘(mg)	0.20	0.28	0.36
硒(mg)	0.23	0.33	0.28
维生素 A(IU)	1 812	2 615	3 358
胡萝卜素(mg)	7.2	10.5	13.4
维生素 D(IU)	278	302	323
维生素 E(IU)	15	22	28
维生素 K(mg)	2.8	4.0	5.2
维生素 B_2(mg)	3.6	4.4	5.7
烟酸(mg)	20	24	26
泛酸(mg)	15	22	28
维生素 B_{12}(μg)	15	22	28
维生素 B_1(mg)	1.5	2.2	2.8
生物素(mg)	0.14	0.20	0.26
叶酸(mg)	0.84	1.21	1.55

表 2.2－10 生长肥育猪每千克饲粮中养分含量

指标 \ 体重（kg）	20～35	35～60	60～90
消化能（MJ）	13.00	13.00	13.00
代谢能（MJ）	12.07	12.11	12.11
粗蛋白质（%）	16	14	13
赖氨酸（%）	0.64	0.56	0.52
蛋氨酸＋胱氨酸（%）	0.42	0.37	0.28
苏氨酸（%）	0.41	0.36	0.34
异亮氨酸（%）	0.46	0.41	0.38
钙（%）	0.55	0.50	0.46
磷（%）	0.46	0.41	0.37
食盐（%）	0.3	0.3	0.3
铁（mg）	55.5	46	37
锌（mg）	55	46	37
锰（mg）	2	2	2
铜（mg）	4	3	3
碘（mg）	0.13	0.13	0.13
硒（mg）	0.15	0.15	0.10
维生素 A（IU）	1 192	1 192	1 187
胡萝卜素（mg）	4.8	4.8	4.8
维生素 D（IU）	183	137	114
维生素 E（IU）	10	10	10
维生素 K（mg）	1.8	1.8	1.8
维生素 B_2（mg）	2.4	2.0	2.0
烟酸（mg）	13	11	9
泛酸（mg）	10	10	10
维生素 B_{12}（μg）	10	10	10
维生素 B_1（mg）	1	1	1
生物素（mg）	0.09	0.09	0.09
叶酸（mg）	0.55	0.55	0.55

注：1. 消化能可 ±8.4MJ，其他养分相应调整；

2. 磷的给量中应有 30% 无机磷或动物性饲料来源的磷

（三）后备母猪的饲养标准

表 2.2－11 每日每头营养需要量

项目 \ 类型	小型			大型		
体重（kg）	10～20	20～35	35～60	20～35	35～60	60～90
预期日增重（g）	320	380	360	400	480	440
采食风干料量（kg）	0.90	1.20	1.70	1.26	1.80	2.10
消化能（MJ）	11.31	15.08	20.53	15.84	22.25	25.52
代谢能（MJ）	10.5	14.25	19.27	14.67	20.74	23.84
粗蛋白质（g）	144	168	221	202	252	273
赖氨酸（g）	6.2	7.4	8.8	7.8	9.5	10.1
蛋氨酸＋胱氨酸（g）	4.1	4.8	5.8	5.0	6.3	7.2
苏氨酸（g）	4.1	4.8	5.8	5.0	6.1	6.5
异亮氨酸（g）	4.5	5.4	6.5	5.7	6.8	7.1
钙（g）	5.4	7.2	10.2	7.6	10.8	12.6
磷（g）	4.5	6.0	8.5	6.3	9.0	10.5
食盐（g）	3.6	4.8	6.8	5.0	7.2	8.4
铁（mg）	64	64	73	67	79	80
锌（mg）	64	64	73	67	79	80
锰（mg）	2.3	2.4	3.4	2.5	3.6	4.2
铜（mg）	4.5	4.8	5.1	5.0	5.4	6.3
碘（mg）	0.13	0.17	0.24	0.18	0.25	0.29
硒（mg）	0.14	0.18	0.26	0.19	0.27	0.29
维生素 A（IU）	1 400	1 500	1 900	1 462	2 016	2 313
胡萝卜素（mg）	5.6	5.5	7.7	5.8	8.1	9.2
维生素 D（IU）	160	210	220	224	234	242
维生素 E（IU）	9	12	17	13	18	21
维生素 K（mg）	1.8	2.4	3.4	2.5	3.6	4.2
维生素 B_2（mg）	2.4	2.8	3.4	2.9	3.66	4.0
烟酸（mg）	9.5	12.6	17.0	15.1	18.0	18.9
泛酸（mg）	9	12	17	13	18	21
维生素 B_{12}（μg）	12	12	17	13	18	21
维生素 B_1（mg）	0.9	1.2	1.7	1.3	1.8	2.1
生物素（mg）	0.08	0.11	0.15	0.11	0.16	0.18
叶酸（mg）	0.5	0.6	0.8	0.6	0.9	1.0

注：后备公猪的营养需要可在“大型”的基础上增加10%～20%

表 2. 2 - 12　每千克饲粮中养分含量

项目 \ 类型 / 体重（kg）	小型			大型		
	10 ~ 20	20 ~ 35	35 ~ 60	20 ~ 35	35 ~ 60	60 ~ 90
消化能（MJ）	12. 57	12. 57	12. 15	12. 57	12. 36	12. 15
代谢能（MJ）	11. 65	11. 73	11. 35	11. 65	11. 52	11. 35
粗蛋白质（%）	16	14	13	16	14	13
赖氨酸（%）	0. 70	0. 62	0. 52	0. 62	0. 53	0. 48
蛋氨酸 + 胱氨酸（%）	0. 45	0. 40	0. 34	0. 40	0. 35	0. 30
苏氨酸（%）	0. 45	0. 40	0. 34	0. 40	0. 34	0. 32
异亮氨酸（%）	0. 50	0. 45	0. 38	0. 45	0. 38	0. 34
粗纤维（%）	6	6	8	6	7	8
钙（%）	0. 6	0. 6	0. 6	0. 6	0. 6	0. 6
磷（%）	0. 5	0. 5	0. 5	0. 5	0. 5	0. 5
食盐（%）	0. 4	0. 4	0. 4	0. 4	0. 4	0. 4
铁（mg）	71	53	43	53	44	38
锌（mg）	71	53	43	53	44	42
锰（mg）	3	2	2	2	2	2
铜（mg）	5	4	3	4	3	3
碘（mg）	0. 14	0. 14	0. 14	0. 14	0. 14	0. 14
硒（mg）	0. 15	0. 15	0. 15	0. 15	0. 15	0. 15
维生素 A（IU）	1 560	1 250	1 120	1 160	1 120	1 110
胡萝卜素（mg）	6. 2	4. 6	4. 5	4. 6	4. 5	4. 4
维生素 D（IU）	178	178	130	178	130	115
维生素 E（IU）	10	10	10	10	10	10
维生素 K（mg）	2	2	2	2	2	2
维生素 B_2（mg）	2. 7	2. 3	2. 0	2. 3	2. 0	1. 9
烟酸（mg）	16	12	10	12	10	9
泛酸（mg）	10	10	10	10	10	10
维生素 B_{12}（μg）	13	10	10	10	10	10
维生素 B_1（mg）	1	1	1	1	1	1
生物素（mg）	0. 09	0. 09	0. 09	0. 09	0. 09	0. 09
叶酸（mg）	0. 5	0. 5	0. 50	0. 5	0. 5	0. 5

(四) 母猪的饲养标准

表 2.2－13 母猪每头每日需要量

期别	妊娠前期				妊娠后期				哺乳期			
体重（kg）	<90	90～120	120～150	>150	<90	90～120	120～150	>150	<120	120～150	150～180	>180
采食风干料量（kg）	1.50	1.60	1.90	2.00	2.00	2.20	2.40	2.50	4.80	9.50	5.20	5.30
消化能（MJ）	17.18	19.27	21.79	23.05	21.20	25.56	28.07	29.33	58.66	60.76	62.43	63.69
代谢能（MJ）	16.51	18.52	20.91	22.12	22.54	24.55	26.94	28.16	56.31	58.32	59.91	61.13
粗蛋白质（g）	165	176	209	220	240	264	288	300	672	700	728	742
赖氨酸（g）	5.2	5.80	6.6	6.9	7.1	7.7	8.4	8.8	23.9	24.8	25.5	26.0
蛋氨酸＋胱氨酸（g）	2.8	3.1	3.5	3.7	3.8	4.1	4.5	4.7	14.8	15.4	15.8	16.1
苏氨酸（g）	4.1	4.6	5.2	5.5	5.6	6.1	6.7	7.0	17.8	18.4	18.9	19.3
异亮氨酸（g）	4.5	5.1	5.7	6.1	6.2	6.7	7.4	7.7	16.1	16.7	17.1	17.5
钙（g）	9.0	10.2	11.5	12.2	12.3	13.4	14.7	15.4	30.9	32.1	32.9	33.6
磷（g）	7.3	8.1	9.2	9.7	9.9	10.8	11.9	12.4	21.0	21.8	22.4	22.8
食盐（g）	4.8	5.3	6.0	6.4	6.7	7.3	8.0	8.4	21.0	22.0	22.0	23.0
铁（mg）	96	108	122	129	132	143	158	165	336	348	356	365
锌（mg）	62	69	78	83	84	92	101	105	210	218	224	228
锰（mg）	12	14	16	16	16	18	20	22	42	44	45	46
铜（mg）	6	7	8	8	8	9	10	11	21	22	22	23
碘（mg）	0.16	0.18	0.21	0.22	0.22	0.24	0.27	0.28	0.56	0.58	0.60	0.61
硒（mg）	0.19	0.21	0.23	0.25	0.25	0.28	0.30	0.32	0.42	0.44	0.45	0.46
维生素 A（IU）	4 800	5 400	6 100	6 500	6 600	7 200	7 900	8 200	8 200	8 500	8 800	9 000
胡萝卜素（mg）	19.3	21.2	24.4	25.9	26.3	28.7	31.5	32.9	33.6	34.8	35.8	36.5
维生素 D（IU）	240	270	300	330	330	360	390	410	833	860	880	900
维生素 E（IU）	12	14	16	16	16	18	20	22	42	44	45	46
维生素 K（mg）	2.5	2.8	3.1	3.3	3.4	3.7	4.0	4.2	8.4	8.7	8.9	9.1
维生素 B_2（mg）	3.7	4.1	4.7	5.0	5.0	5.5	6.0	6.3	12.6	13.1	13.4	13.7
烟酸（mg）	12	14	16	16	16	18	20	22	42	44	45	46
泛酸（mg）	14.4	16.1	18.2	19.3	19.6	21.4	23.5	24.5	49	51	52	53
维生素 B_{12}（μg）	18	20	23	24	25	27	30	31	62	64	66	67
维生素 B_1（mg）	1.2	1.4	1.6	1.6	1.6	1.8	2.0	2.2	4.2	4.4	4.5	4.6
生物素（mg）	0.12	0.14	0.16	0.16	0.16	0.18	0.20	0.22	0.42	0.44	0.45	0.46
叶酸（mg）	0.74	0.83	0.94	0.99	1.01	1.10	1.21	1.26	2.4	2.5	2.5	2.6

表 2.2-14　母猪每千克饲粮中养分含量

期别	妊娠前期	妊娠后期	哺乳期
消化能（MJ）	11.73	11.73	12.15
代谢能（MJ）	11.10	11.10	11.73
粗蛋白质（%）	11.0	12.0	14.0
赖氨酸（%）	0.35	0.36	0.50
蛋氨酸+胱氨酸（%）	0.19	0.19	0.31
苏氨酸（%）	0.28	0.28	0.37
异亮氨酸（%）	0.31	0.31	0.33
钙（g）	6.1	6.1	6.4
磷（g）	4.9	4.9	4.4
食盐（g）	3.2	3.2	4.4
铁（mg）	65	65	70
锌（mg）	42	42	44
锰（mg）	8	8	8
铜（mg）	4	4	4.4
碘（mg）	0.11	0.11	0.12
硒（mg）	0.13	0.13	0.09
维生素 A（IU）	3 250	3 300	1 700
胡萝卜素（mg）	13	13.2	7
维生素 D（IU）	165	165	172
维生素 E（IU）	8	8	9
维生素 K（mg）	1.7	1.7	1.7
维生素 B_2（mg）	2.5	2.5	2.6
烟酸（mg）	8	8	9
泛酸（mg）	9.7	9.8	10
维生素 B_{12}（μg）	12	13	13
维生素 B_1（mg）	0.8	0.8	0.9
生物素（mg）	0.08	0.08	0.09
叶酸（mg）	0.5	0.5	0.5

（五）种公猪的饲养标准（表 2.2－15）

表 2.2－15 种公猪的饲养标准

指标 \ 体重（kg）	<90	90～150	>150	风干饲粮中
采食风干料量（kg）	1.40	1.90	2.30	1
消化能（MJ）	18.02	24.30	28.91	12.57
代谢能（MJ）	17.18	23.46	27.65	12.07
粗蛋白质（g）	196	228	276	140～120
赖氨酸（g）	5.4	7.3	8.7	3.8
蛋氨酸＋胱氨酸（g）	2.9	3.9	4.6	2.0
苏氨酸（g）	4.3	5.8	6.9	3.0
异亮氨酸（g）	4.7	6.3	7.5	3.3
钙（g）	9.5	12.8	15.2	6.6
磷（g）	7.6	10.3	12.2	5.3
食盐（g）	5.0	6.9	8.2	3.5
铁（mg）	101	137	162	71
锌（mg）	63	85	102	44
锰（mg）	13	17	20	9
铜（mg）	6	9	10	5
碘（mg）	0.17	0.23	0.28	0.12
硒（mg）	0.19	0.26	0.30	0.13
维生素 A（IU）				
胡萝卜素（mg）				
维生素 D（IU）	253	341	406	177
维生素 E（IU）	12.6	17.1	20.3	8.9
维生素 K（mg）	2.5	3.4	4.1	1.8
维生素 B_2（mg）	3.8	5.1	6.1	2.6
烟酸（mg）	12.6	17.1	20.3	8.9
泛酸（mg）	15.2	20.5	24.4	10.6
维生素 B_{12}（μg）	19.0	25.6	30.4	13.3
维生素 B_1（mg）	1.3	1.7	2.0	0.9
生物素（mg）	0.13	0.17	0.20	0.09
叶酸（mg）	0.77	1.0	1.2	0.52

注：配种前 1 月，标准增加 20%～25%；冬季严寒期，标准增加 10%～20%

生产上按照猪常用饲料成分及营养价值表，选用当地几种生产较多和价格便宜的饲料制成混合饲料，使它的养分含量符合饲养标准所规定的各种营养物质的数量，这一过程和步骤称饲粮配合。饲粮配合是养猪中的一个重要技术环节，只有配合合理的全价饲粮，才能满足猪在不同生理阶段，不同生产水平的需要，才能达到合理利用饲料资源、降低生产成本，提高饲料利用效率和生产水平的目的。

二、猪的日粮配合

(一) 日粮配合原则

(1) 要符合饲养标准。

(2) 要因地制宜，尽量利用本地区现有饲料资源。

(3) 适口性好，禁用有毒、发霉、变质的饲料。

(4) 符合猪的消化生理特点，并力求多样搭配。

(5) 坚持经济的原则，尽量选用营养丰富而价格低廉的饲料。

(二) 日粮配合方法

猪用系列配合饲料，饲料加工企业都有生产，质量稳定可靠，我们大力提倡推广应用，目前，一些大中型养猪场，具有一定规模的饲养专业户普及率较高。而农村中一些中小饲养户，为降低生产成本，自备原料加工生产也是可以的。因此我们介绍一种比较简单的饲粮配合方法，仅供参考。

试差法：即根据猪不同生理阶段的营养要求或饲养标准，先粗略地制订一个配方，然后按饲料成分及营养价值表计算配方中各饲料的养分含量，最后将计算的养分分别加起来（各饲料的同一养分总合），与饲养标准的要求相比较，看是否符合或接近，如果某养分比规定的要求过高或过低，则需对配方进行调整，直至达到标准规定要求为止。例如，现给60～90kg阶段的育肥猪配制一个饲粮配方，其步骤如下。

(1) 查看猪的饲养标准。生长肥育猪60～90kg阶段的主要营养物质需要量见表2.2－16。

表2.2－16　猪的饲养标准

消化能（MJ/kg）	粗蛋白质（%）	钙（%）	磷（%）	食盐（%）
12.97	14	0.5	0.4	0.25

至于标准中所列的其他各种微量元素和维生素等，很难从一般配合饲粮中得到满足，而必须加入预混饲料予以补充，故在配合饲粮时可不必计算，只要配入1%的预混料即可。

(2) 初步拟定配方。根据现有饲料来源，价格及各类饲料的常规比例，初步拟定饲料配方（表2.2－17）。总量扣除2.5%的矿物质等，按97.5%计。

表 2.2－17 拟定配方饲料

玉米（%）	大麦（%）	麸皮（%）	豆粕（%）	棉籽饼（%）	草粉（%）	其他（%）
51	18	15	8	2	305	2.5

（3）查看猪的饲料成分及营养价值表。分别计算上述饲料所含的消化能和粗蛋白，并与饲养标准相对照，如果相差悬殊，则需重新调整饲料配合比例。试配饲粮组成及消化能和粗蛋白质含量见表 2.2－18。

表 2.2－18 试配日粮组成及营养成分含量

饲料	（%）	消化能（MJ/kg）	粗蛋白（%）
玉米	51	0.51×14.48＝7.3848	0.51×8.6＝4.386
大麦	18	0.18×13.18＝2.3724	0.18×10.5＝1.944
麸皮	15	0.15×11.38＝1.7070	0.15×14.2＝2.13
豆粕	8	0.08×14.52＝1.1616	0.08×47.2＝3.776
棉籽饼	2	0.02×6.86＝0.1372	0.02×41.4＝0.828
草粉	3.5	0.035×5.48＝0.1918	0.035×8.4＝0.294
其他	2.5		
合计	100	13.037	13.36
标准		12.97	14
差值		＋0.067	－0.64

（4）调整消化能与粗蛋白质。由计算结果与标准进行比较可见，消化能高0.067MJ，粗蛋白质低0.64%，故应降低高能饲料，增加高蛋白饲料，减少玉米2%，增加棉籽粕2%，调整后再计算消化能与粗蛋白质，与标准进行比较，如果仍差异悬殊，再进行调整，如果基本符合，则可计算钙，磷等成分，与标准比较调整，调整后的消化能与粗蛋白计算结果见表 2.2－19。

表 2.2－19 调整后日粮组成和营养成分含量

饲料	（%）	消化能（MJ/kg）	粗蛋白质（%）	钙（%）	磷（%）
玉米	49	0.49×14.48＝7.0952	0.49×8.6＝4.214	0.49×0.04＝0.0196	0.49×0.21＝0.1029
大麦	18	2.3724	0.944	0.18×0.12＝0.0216	0.18×0.29＝0.0522
麸皮	15	1.7070	2.13	0.15×0.14＝0.021	0.15×0.06＝0.009
豆粕	8	1.1616	3.776	0.08×0.32＝0.0256	0.08×0.62＝0.0496
棉籽饼	4	0.04×11.05＝0.4420	0.04×41.＝0.1656	0.04×0.36＝0.0144	0.04×1.02＝0.0408

（续表）

饲料	（%）	消化能（MJ/kg）	粗蛋白质（%）	钙（%）	磷（%）
草粉	3.5	0.1918	0.2940	0.03 ×0.57 =0.02	0.035 ×0.08 =0.0028
合计	97.5	12.97	14.01	0.1222	0.2573
标准		12.97	14	0.5	0.4
差值		0	+0.01	−0.3778	−0.1427
骨粉	1.1			0.011 ×30.1 =0.3311	0.011 ×13.64 =0.1481
石粉	0.15			0.0015 ×35 =0.0525	
食盐	0.25				
预混料	1				
合计	100	12.97	14.01	0.506	0.405

（5）计算调整钙与磷。调整后，消化能为12.97MJ/kg，粗蛋白质为14.01%，基本符合。然后计算调整钙磷（见表2.2－19），先计算97.5%这部分饲料的钙磷含量，合计为：钙0.1222%，磷0.2573%，与标准对照，分别缺0.3778%和0.1427%。然后用骨粉补充磷，如果钙仍不足，再用石粉补充钙。该配方添加1.1%骨粉、0.15%石粉，钙含量为0.506%，磷含量为0.405%，与标准比较基本符合，再加0.25%食盐，并添加1%预混料以满足猪对微量元素和多种维生素的需要。

（6）确定饲料配方。经过计算调整，可确定饲粮配方见表2.2－20。

表2.2－20　饲粮配方

玉米（%）	大麦（%）	麸皮（%）	豆粕（%）	棉籽饼（%）	草粉（%）	骨粉（%）	石粉（%）	食盐（%）	预混饲料（%）	合计（%）
49	18	15	8	4	3.5	1.1	0.15	0.25	1	100

第三章 种猪的饲养管理技术

第一节 猪的生物学特性

猪的生物学特性及行为特点是在长期自然选择和人工选择的条件下形成的，了解掌握这些特性特点，并依据这些特性特点组织和指导养猪生产，具有十分重要的意义。

一、繁殖率高，世代间隔短

猪的性成熟早，妊娠期、哺乳期短，因而世代间隔比牛、马、羊都短，一般1.5~2年1个世代，如果采用头胎母猪留种，可缩短至1年1个世代。一般4~5月龄达到性成熟，6~8月龄可以初配。我国优良地方猪种性成熟时间较早，产仔月龄亦可随之提前，太湖猪有7月龄产仔分娩的。

在正常饲养管理条件下，猪1年能分娩2胎，2年可达到5胎。初产母猪一般产仔8头左右，第2胎可产10~12头，第3胎以上可达12头以上，个别的可达20头以上。但这还远远没有发挥猪的繁殖潜力。据研究，母猪卵巢中有卵细胞11万多个，繁殖利用年限内仅排卵400多个，每个发情期排卵20个左右。而公猪每次射精量可达200~500mL，其有效精子数高达200亿~1 000亿个。实践证明，通过外激素处理，可使母猪在一个发情期内排卵30~40个，个别的可达80个。因此，只要采取适当的繁殖措施，改善营养和饲养管理条件，以及采取先进的选育方法，进一步提高猪的繁殖性能是可行的。

二、生长周期短、发育迅速、沉积脂肪能力强

猪由于妊娠期较短，同胎仔数又多，出生时发育不充分，头占全身的比例大，四肢不健壮，初生体重小，平均只有1~1.5kg，约占成年体重的1%，各系统器官发育不完善，对外界环境的适应能力差。仔猪出生后的头两个月生长速度特别快，1月龄体重为初生体重的5~6倍，2月龄体重达到初生体重的15~

20 倍，能适应生后的外界环境。在满足其营养需求的条件下，一般 160～170 天体重可达到 90kg 左右，即可出栏上市，相当于初生重的 90～100 倍。

猪在生长初期，骨骼生长强度最大；在生长中期，肌肉生长强度最大；而生长后期脂肪组织生长强度最大。猪利用饲料转化为体脂的能力较强，是阉牛的 1.5 倍左右。据此，在猪的饲养中应合理利用饲料，正确控制营养物质的供给，同时，根据生产需要和市场需求，确定适时出栏体重，避免脂肪过分沉积，影响胴体品质。猪生长周期短、生长发育迅速、周转快等优越的生物学特性和经济学特点，对养猪经营者降低成本、提高经济效益十分有益。

三、食性广、饲料转化率高

猪是杂食动物，食性广，饲料利用率高。猪对精料有机物的消化率为 76.7%，也能较好地消化青粗饲料，对青草和优质干草的有机物消化率分别达到 64.6% 和 51.2%。猪虽然耐粗饲，但是对粗饲料中粗纤维消化较差，而且粗饲料中粗纤维含量较高，对日粮的消化率也较低，因为猪既没有反刍家畜牛、羊的瘤胃，也没有马、驴发达的盲肠，猪对粗纤维的分解几乎全靠大肠内微生物，所以，在猪的饲养中，应注意精、粗饲料的适当比例，控制粗纤维在日粮中所占的比例，保证日粮的全价性和易消化性。当然，猪对粗纤维的消化能力随品种和年龄不同而有差异，我国地方猪种较国外培育品种具有较好的耐粗饲料特性。

四、不耐热

成年猪汗腺退化，皮下脂肪层较厚，散热难；另一方面，猪只被毛少，表皮层较薄，对日光紫外线的防护力差。这些生理上的特点，使猪相对不耐热。成年猪适宜温度为 20～23℃，仔猪的适宜温度为 22～32℃。当温度不适应时，猪表现出热调节行为，以适应环境温度。当环境温度过高时，为了利于散热，猪在躺卧时会将四肢张开，充分舒展躯体，呼吸加快或张口喘气。当温度过低时，猪则蜷缩身体，最小限度的暴露体表，站立时表现夹尾、曲背、四肢紧收，采食时也表现为紧凑姿势。

五、嗅觉和听觉灵敏、视觉不发达

猪的鼻子具有特殊的结构，嗅区广阔，嗅黏膜的绒毛面积很大，分布在嗅区的嗅神经非常密集。因此，猪的嗅觉非常灵敏，能辨别各种气味。据测定，猪对气味的识别能力高于狗数倍，比人高 7～8 倍。仔猪在生后几小时便能鉴别气味，依靠嗅觉寻找乳头，在 3 天内就能固定乳头；猪依靠嗅觉能有效地寻找埋藏在地下很深的食物，凭着灵敏的嗅觉，识别群内的个体、自己的圈舍和卧位，保持群体之间、母仔之间的密切联系；对混入本群的他群个体能很快认出，并加以驱赶甚至咬伤；嗅觉在公母性联系中也起很大作用，例如，公猪能敏锐闻到发情母猪的气味，即使距离很远也能准确的辨别出母猪所在的方位。

猪的耳朵大，外耳腔深而广，听觉相当发达，即使很微弱的声响都能敏锐的觉察到。猪头转动灵活，可以迅速判断声源方向，能辨声音的强度、音调和节律，对各种口令和声音刺激物的调教可以很快的建立条件反射。仔猪出生后几小时，就对声音有反应，到3~4月龄时就能很快的辨别出不同声音刺激物。猪对意外声响特别敏感，尤其是与吃喝有关的声音更为敏感。在现代化养猪场，为了避免由于喂料音响所引起的猪群骚动，常采取一次全群同时给料装置。猪对危险信息特别警觉，睡眠中一旦有意外响声，就立即苏醒，站立警备，因此，为了保持猪群安静，尽量避免突然的音响，以免影响其生长发育。

猪的视觉很弱，缺乏精确的辨别能力，视距、视野范围小，不靠近物体就看不见东西。对光的强弱和物体形态的分辨能力也弱，辨色能力也差。人们常利用猪这一特点，用假母猪进行公猪采精训练。

猪对痛觉刺激特别容易形成条件反射，可适当用于调教。例如，利用电围栏放牧，猪受到1~2次微电击后，就再也不敢接触围栏了。猪的鼻端对痛觉特别敏感，利用这一点，还可用铁丝、铁链固定猪的鼻端，并固定猪只，便于打针、抽血等。

六、定居漫游、群体位次明显、爱好清洁

猪具有合群性，习惯于成群活动、居住和睡卧。结对是一种突出的交往活动，群体内个体间表现出身体接触和保持听觉的信息传递，彼此能和睦相处。但也有竞争习性，大欺小，强欺弱；群体越大，这种现象越明显。生产中见到的争斗行为主要是为争夺群体内等级、争夺地盘和争食。在猪群内，不论群体大小，都会按体质强弱建立明显的位次关系，体质好、“战斗力强”的排在前面，稍弱的排在后面，依次形成固定的位次关系。

猪不在吃睡地方排泄粪尿，喜欢在墙角、潮湿、背阴、有粪便气味处排泄。因此，可以利用群体易化作用，调教仔猪学吃饲料和定点排泄。若猪群过大或围栏过小，猪的上述习惯就会被破坏。

第二节 种猪的选择

一、种用猪的外形要求

外形选择时，要求种猪具有明显的品种特征，体质结实，健康良好，各部位结构匀称、协调，毛色、外形符合品种要求。具体对各部位的要求如下。

（一）头颈

头部为品种的主要特征，又是神经中枢所在部，要求大小适中，额宽鼻稍短，眼明有神。颈长中等，肌肉丰满，头胸部结合良好。公猪头颈宜粗壮短厚，雄性特征明显，母猪则要求头形清秀、母性良好。

（二）前躯

为产肉较多的部位，要求肩胛平整，胸宽且深，胸颈与背腰结合良好，无凹陷、尖狭等缺点。

（三）中躯

要求背腰平直宽广，应选择脊椎数多、椎体长、横突宽的骨骼结构，肋骨圆拱，且间距宽，体表弓张良好，有利于心肺发育。公猪腹部要求大小适中，充实紧凑。忌凹腰垂腹，背腰太单薄等。

（四）后躯

为肉质最好的部位，要求臀部宽广，肌肉丰满，载肉量多。后躯宽阔的母猪，骨盆腔发达，便于安胎多产，减少难产。臀部尖削、荐椎高突、载肉量少是严重损征。

（五）四肢

要求骨骼结实，粗细适度，前后开阔，姿势端正，立系蹄坚，步度轻快。

（六）乳房

用两手触摸乳房，感觉硬实呈块状者多为肉乳房，肌肉组织多，泌乳性能低，反之手触呈柔软海绵感则为乳腺组织发达，产乳性能高的表现，乳头应不少于6对，发育正常，排列均匀，粗细长短适中，无瞎乳头与副乳头。

（七）外生殖器

外生殖器要求发育正常，性特征明显。公猪具有雄性悍威，两侧睾丸大小一致，如有单睾、隐睾、疝气等都属损征，且能遗传，必须淘汰。母猪阴户要大而下垂。

(八) 皮毛

皮宜薄而柔软，富弹性，周身平滑，肤色呈粉红色，毛宜稀疏，短而有光泽。如果皮松驰多皱褶，粗毛，为体质粗糙疏松的反映。毛色是品种的一个明显标志，要求整齐一致。

二、种公猪的选择

饲养种公猪的目的是配种，以获得数量多品质好的仔猪，1 头种公猪在本交情况下承担 20～30 头母猪的配种任务，1 年可繁殖仔猪 400～500 头，如采用人工授精，1 年可配母猪 500～1 000头，繁殖仔猪万头以上，同时对其后代的生长速度、饲料报酬、体质外形等有益性状的影响很大。俗话说“母猪好，好一窝，公猪好，好一坡”就是这个道理。

外形选择：必须具有明显的雄性特征，身体健康、体质紧凑、身腰长而深广、后躯充实、四肢强健粗大、睾丸发育良好、大小一致、整齐，对称。随着年龄的增加，前驱变得重而厚，后躯特别丰满，不满 2 岁的公猪以肩部和后躯宽度相同者为佳。整体外貌，应当是体形方正舒展，强健有力。

经济性状选择：要求生长发育快，体重约 90kg 时，饲养日龄不超过 180 天，饲料报酬高，每增 1kg 体重消耗饲料不超过 3. 5kg，瘦肉率要求在 58% 以上。公猪的遗传力要强，精液品质良好，能把优良性状传给后代，单睾和包皮积尿的公猪不能选作种用。

三、种母猪的选择

外形选择　要求种猪具有明显的品种特征，体质结实，健康良好，各部位结构匀称、协调，体躯有一定深度，毛色、外形符合品种要求，母猪乳头要整齐，有效乳头数不少于 14 个，发育正常，排列均匀，粗细长短适中，无副乳头，外生殖器正常。

繁殖性能　后备母猪一般在七八月龄时配种。经产母猪一般选择窝产仔数多、泌乳力强，仔猪生长整齐和断奶窝重大。

此外，不同品种与个体具有不同的生活习性，如发情表征、母性强弱、定点排出粪尿的习惯等，这些特征特性关系到配种、产仔、哺乳、节省劳力及保持栏内卫生等，因此在日常生产中必须注意观察，以供选择时参考。

第三节　种猪的饲养管理

一、种公猪的饲养管理

（一）种公猪的饲养

1. 营养需要

公猪的1次射精量通常为200～500mL，精液含干物质约4.6%，其干物质约80%以上为蛋白质所组成，因此在公猪的各种营养中，首要的是蛋白质，其次是维生素A、钙和磷。在配种期，其日粮粗蛋白质水平不应低于16%，在非配种期，不低于14%，蛋白质中所含必需氨基酸要求达到平衡。在农村应充分利用豆科青绿饲料、豆科籽实饲料，适当搭配5%～10%的动物性蛋白饲料，对提高精液品质有良好作用。钙、磷和维生素A是精子的主要组成部分，日粮中钙含量0.6%～0.7%、磷0.5%～0.6%、胡萝卜素7～8mg。才能保持精子较高活力与密度，精子的活力和密度越高，受胎率越高。种公猪日粮中，每千克含消化能不低于12.57MJ。

2. 饲喂量

公猪的日粮应以富含蛋白质的精料为主，保证日粮各种营养达到平衡。体积不宜过大，否则，易造成腹围增大，腹部下垂，影响配种能力。国内现行饲养标准建议，根据公猪体重来决定饲料供给量：体重小于90kg公猪每天饲喂风干饲料1.6kg；体重90～150kg饲喂风干饲料1.9kg；体重大于150kg为2.3kg；引进的大型公猪每天饲喂2.5～2.75kg，在非配种期每天喂2.5kg，配种期每天喂3.0kg。冬天寒冷，为维持体热消耗，应适当增加饲喂量5%～10%。尽管按种公猪的不同阶段喂给标准饲料，也会出现过肥过瘦情况。因此，必须根据不同状况随时增减饲料。此外，每天供给公猪2.0kg左右鲜嫩青绿饲料也很有好处。

（二）种公猪的管理

种公猪的管理除了经常保持圈舍清洁、干燥、阳光充足、空气流通、冬暖夏凉外，还应注意以下管理工作。

（1）配种前调教。生后7月龄体重达到100kg的公猪应进行配种前调教，利用个体适当，发情明显的6～7月龄母猪试配，在早、晚空腹时进行，地点固定，每次15～20min，要耐心细致，不可粗暴。通过调教，在能够达到自行爬跨母猪并进行交配，即可投入使用。

（2）实行单圈喂养。成年公猪一般单圈饲养，这样安静，减少干扰，食欲正常，杜绝了咬架事故及恶癖发生。

（3）加强运动。可以增强体质，锻炼肢蹄，提高配种能力，是保证精液品质正常的有效措施。特别是青年公猪和非配种期的公猪要加强运动，每天驱赶运动1h左右，一般在早晚进行为宜。

（4）保持猪体清洁。每天刷拭猪体，保持皮肤清洁卫生，可防止皮肤病，体外寄生虫病，还可促进血液循环，夏天结合降温避暑进行淋浴、清洁猪体。

（5）定期称重。根据体重变化，调整日粮营养水平，使成年公猪体重维持不变，保持幼龄猪正常生长。

（6）定期检查精液品质。应坚持每30天检查1次，以便针对性及时调整营养、运动和配种强度。

（7）定时定点配种。目的在于培养种公猪的配种习惯，有利于安排作业顺序。配种时间春夏秋三季，宜在7：00～8：00或16：00～18：00，寒冷季节宜安排在中午气温较高时配种，均应在喂食前进行，切忌饱食后配种。

（8）防止公猪自淫。其表现是射精失控，见到母猪还未爬跨就射精，即使在自己圈内无其他猪也自射自吃精液。如发生这种恶弊，应立刻停止使用，并远离其他猪只，分析发生不正常刺激的原因，加强运动，适当调整营养水平，就能逐渐改变这种恶习。

（9）建立正常的饲养管理日程。使种公猪的饲喂、饮水、运动、刷拭、配种、休息等有序进行，养成良好习惯，增进健康，提高配种能力。

（三）种公猪的合理利用

（1）适宜的配种年龄和体重。种公猪初次配种过早或过迟均不宜，特别是过早配种会影响种猪本身生长发育，缩短利用年限，影响后代质量。引入品种和培育品种以8～10月龄、体重达110～130kg或体重达到成年体重的60%以上配种比较适宜。

（2）利用强度。1～2岁的幼龄公猪，由于本身有待进一步生长，每周配种不得超过两次；成年公猪每天可配种1～2次，连续配种一周应休息1～2天。

（3）公母猪的配比。实行季节产仔的本交猪场1头公猪可负担15～20头母猪的配种任务，分散产仔的猪场可负担20～30头，利用年限一般为3～5年。

二、母猪的饲养管理

（一）空怀母猪的饲养管理

即将配种的后备母猪及仔猪断乳后的成年母猪称为待配母猪（或空怀母

猪），加强这个时期母猪的饲养管理，使其尽快达到正常的繁殖体况和正常的性机能活动，做到适时配种，全配全准，为多胎多产奠定基础，是这一阶段饲养管理要求的关键。

1. 后备母猪初配年龄与体重

后备母猪（瘦肉型）在8～9月龄，体重达100～120kg开始配种为宜。这时母猪本身发育已完全成熟，排卵数多，产仔数也增加，泌乳量高，仔猪育成率也高，还可以延长母猪的使用年限。过早配种，则由于母猪本身未发育成熟、产仔少、泌乳差、母体损耗大，减少母猪的使用年限。

2. 配种前的管理

（1）即将投入配种的后备母猪。改喂种猪用配合饲料，定量给料，每天每头喂料2.0～2.5kg，如果准备下次发情时配种，在配种前10天左右，再适当增加饲喂量，这样做不但发情明显，排卵数也增加，能达到多产仔的效果。若青年母猪已达到发情期，但又没有发情征候出现，可将它们移到另一栏内，饥饿24h，每天用公猪诱情，这样可以刺激正常发情。

（2）成年母猪。确保其正常发情的关键在于使母猪膘情不致于过度下降，必须在哺乳期间给予充足的营养，并实行早期断奶。仔猪断奶后，母猪可一栏关2～5头，从第3天开始，每天早晚用公猪接触试情15～20min，一般断奶后第4～第8天，有80%～90%的母猪发情并可以配种。若不用公猪接触，母猪单圈或放在大群中饲养，有时只有50%左右的母猪发情。对膘情过瘦的母猪，在配种前提高营养标准，增加饲喂量，尽快恢复膘情，参加配种。

（3）发情与适时配种。母猪如果健康无病，发情是有一定规律性的，大约每三周左右反复1次（发情周期），每次发情征候持续6～7天，发情过程大致可划分为发情前期、发情期和发情后期。

发情前期（2～2.5天），外阴部红肿，从阴门中流出半透明糊状黏液，公猪接近后则会逃跑，不让爬跨。

发情期（2～2.5天），肿大的外阴部稍变轻，出现小皱纹，红色也略变浅，母猪变得举止不安，鸣叫，不时小便，公猪接近时，安静而允许公猪爬跨。

发情后期（1.5～2天），外阴部红肿消退，逐渐恢复正常。

母猪排卵的时间多在允许公猪爬跨后20～30h，但卵子排出后，具有受精能力的时间很短，只有5～6h。同时，当母猪配种后，精子通过生殖道向输卵管上端运行，到达输卵管上端1/3处，即受精部位约要2～3h，在输卵管内精子具有受精能力的时间约为30h。根据上述推算出的交配适时期应是在用手按母猪臀部，呆立不动，允许公猪爬跨后12～24h进行为最好。但由于发情在个体间差异很大，为了提高受胎率，1个发情期内可配2次，若第1次交配在早上，则第2次交配应在当天下午，第1次交配在下午，则第2次交配应在次日上午，间隔时间为8～12h，均在空腹进行。对商品仔猪生产，可先后间隔10～15min用两头公猪各配1次，可提高受胎率、产仔数，产仔的整齐度、健壮度。

3. 营养需要

日粮中蛋白质含量13～14%，消化能每千克11.73～12.57MJ，要保证维生素A、D、E及钙、磷的供给，配种前适当喂一些青绿多汁饲料。

4. 促进母猪发情排卵的措施和对屡配不孕的处理

在生产中有些母猪在仔猪断奶后10天内迟迟不发情，可采取以下措施进行催情和促使排卵。

(1) 改善饲养管理。对迟迟不发情的母猪，首先应从饲养上找原因，如调整日粮，加减喂料，增加运动等。

(2) 诱情。每天早晚用公猪追逐或爬跨，把不发情的母猪关在公猪圈内混圈饲养，也可用发情母猪的爬跨来诱情。

(3) 注射激素。采用上述措施后仍不发情的母猪，可试用激素催情。

①孕马血清（PMSG）：可促使滤液成熟和排卵，皮下注射每日1次，连续2～3天，第1次5～10mL，第2次10～15mL，第3次15～20mL，一般注射3天后可发情。

②绒毛膜促性腺激素（CG）：该激素由胎盘产生，对母猪催情和排卵效果显著。体重70～100kg，1次肌内注射500～1 000IU，如加注孕马血清效果更佳。

③垂体前叶促性腺激素：含促滤液生成素（FSH）、促黄体生成素（LH）、促黄体分泌素（LTH），对催情和排卵效果显著，在发情期前1～2天用药，一次肌内注射500IU，连用2天。

另外，对患子宫炎或阴道炎的母猪，可用25%高渗葡萄糖液30mL，加青霉素100万IU，注入子宫半小时后配种，治疗效果显著。如连续2个情期不发情或配不上，可考虑淘汰。

(4) 母猪假发情的防治。母猪在配种受胎后的第1个或第2个发情期的头1～2天，表现出轻微发情症状，称为“假发情”。假发情与真发情的主要区别在于假发情时间短，不明显、食欲不减，食后睡觉安定，决不接受公猪爬跨配种。引起假发情的原因是妊娠后期和哺乳期营养不良，雌性激素分泌增多，孕酮减少，因此防制的根本措施是改善这个时期的饲养管理，适量多喂一些青绿饲料。

另外应及时防治生殖器官疾病。

(二) 妊娠母猪的饲养管理

1. 妊娠的判断

母猪的发情周期大致是3周时间，若配种后3周不再发情，就可以判断已经妊娠。或者配种后第16~17天在耳根下注射3mL 雌激素，在5天内不发情的则为妊娠，出现发情征状的是空怀母猪，这种方法的准确率达95%以上。

2. 妊娠母猪的饲养管理

(1) 妊娠期母体和胎儿的变化。母猪的妊娠期平均为114天（112~116天）。母猪妊娠后，性情变得温顺、食欲增高、毛呈现光泽，在妊娠期不仅胎儿要生长，母猪本身还要生长发育。试验证明，经产母猪在妊娠期，本身增重约40~50kg，为原体重的30%~40%，青年母猪增重50~60kg，为原体重的40%~50%。越到妊娠后期，胎儿增重越快，妊娠30天时，胎儿重仅1.7g，90天时胎儿平均体重600g以上，到110天时平均体重达1 100g左右，胎儿90天以后的增重占妊娠全期增重的50%以上，因此，做好母猪妊娠期的饲养管理是保证胎儿正常生长发育的关键。

(2) 妊娠前期饲养管理（妊娠前80天）。妊娠前期，母体增重和胎儿发育的速度都较缓慢，因此，除对体况较差的过瘦母猪适当增加喂料外，膘情较好的母猪按一般营养水平即可满足母体和胎儿的需要，可把节省下来的部分精料用在妊娠后期和哺乳期。每千克日饲粮中应含消化能11.31~11.73MJ、粗蛋白质12%，钙0.61%，磷0.49%，食盐0.4%，胡萝卜素7~8mg，日喂2.0~2.5kg，日饲2次。

如妊娠前期喂过多的精料，大部分转化为母体增重，对胎儿发育不利，而且因母猪养得过肥而引起胎儿死亡，使产仔数减少，所以要控制精料的喂量。

另外，妊娠初期（妊娠前40天），由于胚胎在子宫里着床不够稳定，易因种种原因造成胚胎损失，如跌倒、挤撞、咬架、饲料及环境突然变化等，必须引起足够的重视，防止机械性流产。妊娠后期应单圈饲养，保持猪体卫生、环境安静。

(3) 妊娠后期饲养管理（妊娠80~110天）。妊娠后期胎儿的生长发育和母体的增重比较迅速，所以，要增加饲喂量和提高营养水平，日喂料2.5~3.0kg，日喂3次。每千克日粮中含消化能11.73~12.57MJ，粗蛋白质12%~14%、钙0.61%、磷0.49%、食盐0.5%、胡萝卜素7~8mg。这个阶段如果饲喂量不足，不仅胎儿发育不良，不整齐，生下来的仔猪显得很弱、育成率下降，同时也会严重影响母猪下1个周期的生产。80日龄以后，除特殊情况，即使饲料多给了些，也不致于造成母猪肥胖，胎儿发育受阻、难产以及泌乳不良等障碍。要注意钙、磷和维生素A、D、E、B及微量元素的补充。另外，在这个阶段由于胎儿急速生长，使肠胃受到压迫，为了促进肠胃蠕动，每天应适量喂一些青绿饲料。只喂配合饲料，很容易使母猪发生便秘和食滞，容易引起难产或者一部分胎儿死亡，或者分娩后泌乳恶化等事故，必须高度重视。

（4）严禁饲喂发霉变质、冰冻和有毒饲料，供给充足清洁饮水。

3. 妊娠母猪胚胎死亡、流产原因及防制

（1）妊娠母猪胚胎死亡的原因。主要有：①营养不良：母猪严重缺乏蛋白质、维生素A、D、E及矿物质Ca、P、Fe、Se、I等元素，或饲料中营养不平衡，过量喂碳水化合物含量较高的精料。②内分泌不足：妊娠期孕酮分泌不足，造成胚胎死亡流产。③患子宫疾病或高热传染病：如布病、细小病毒感染、伪狂犬病、丹毒、乙脑、流感、败血症等。④近亲繁殖：精子活力下降，受精卵减少等。⑤饲料或农药中毒。⑥管理不善：如突然改变饲料，喂冰冻或发霉饲料，夏季长期高温环境（35~40℃），冬季圈舍阴冷潮湿，缺少运动，或跌打咬架造成机械性流产等。

（2）防制措施。①改善营养条件：保证各种营养素的合理与平衡；②做好各类疫病的防治：制定合理有效的免疫程序（包括公猪在内）和创造良好的卫生环境，切断各类疫病的感染途径。③杜绝近亲繁殖。④做好日常管理：减少各种不良因素的影响，夏季防暑降温，冬季保温除湿，合理运动，环境安静，预防中毒等。

（三）哺乳母猪的饲养管理

1. 分娩前的饲养管理

（1）掌握预产期。母猪妊娠期平均114天，生产中总结出的“三、三、三”推算方法，即三个月三周零三天，或配种月份加4，配种日减6，即可准确推算出预产日期。

（2）分娩舍严格消毒。分娩舍在使用前要冲洗消毒，消毒方法是：先用水冲洗，再用3%~5%的石碳酸或2%~3%来苏儿（或火碱）水溶液喷洒地面与猪栏，再用扫帚蘸上石灰水（石灰1kg加水1.5kg）粉刷墙壁，经干燥1~2天后使用。产房温度22℃左右，相对湿度65%~75%，清洁干燥，安静、阳光充足、通风良好。

（3）分娩母猪提前移入分娩舍。预产期5~7天前赶入分娩舍，尽可能在早晨空腹时转移，进入分娩舍后立即喂料，使猪尽快习惯新环境。如果到临近分娩时才突然把母猪移入分娩舍，由于不习惯而引起精神紧张，往往产生无乳、子宫炎和乳房炎等疾病，甚至发生初生仔猪大部分死亡或母猪咬死仔猪等事故。

（4）在分娩舍要进行减食。母猪移入分娩舍之后，要逐步减少饲喂量，到产前1~2天减少40%~50%，分娩当天停食，只给饮水，产后再逐渐增加饲喂量，并仍喂妊娠期间的饲料，改变饲料应在分娩7天以后进行较为安全。

（5）不要变更饲养员。母猪进入分娩舍后，饲养员不要任意变动，随意变换饲养员会给母猪分娩带来不利影响。分娩舍除了专职饲养员外，尽可能地不让其他人员进入。

（6）保持安静的环境。在临近分娩时，频繁地移动猪只，常会发生产后母猪不泌乳，或咬死仔猪等事故，因此保持环境安静，使母猪情绪安宁是很重要的。

（7）夏天室温不能太高。分娩舍里的温度如果超过30℃，且湿度又高，母猪就会感到不舒适、呼吸急促并发热，影响哺乳，所以在炎热夏天，最好用冷水冷浴母猪颈部降温，但不能用冷水浇淋全身。

（8）注意观察临产征状。母猪临产时，外阴部充血肿大，腹部下垂，尾根部下陷，乳房膨大，流出乳汁，时起时卧，频频排尿、紧张不安，则很快就要分娩了，应作接产准备（表2.3-1）。

表2.3-1　产前表现与产仔时间

产前表现	距产仔时间
乳房胀大（俗称“下奶缸”）	15天左右
阴户红肿，尾根两侧开始下陷（俗称“松胯”）	3~5天
挤出乳汁（乳汁透明）	1~2天
叼草做窝（俗称“闹栏”）	8~16h（初产猪、本地猪种和冷天开始早）
乳汁为乳白色	6h左右
每分钟呼吸90次左右	4h左右（产前一天每分钟呼吸约54次）
躺下、四肢伸直、阵缩间隔时间逐渐缩短	10~90min
阴户流出分泌物	1~20min

2. 分娩监护

（1）妊娠母猪出现频频排尿，站卧不安，开始阵疼，阴户流出稀薄黏液等临产征兆时，接产人员必须在产房守候，准备好毛巾、剪刀、碘酒、耳号钳、台称、分娩记录本等用品，并保持安静。

（2）接产与假死仔猪急救。仔猪产出后，立即用布片将口、鼻及全身黏液擦干，扒去胎膜，增加新生仔猪活力。有的仔猪由于个体大，在产道停留时间长，或因脐带被压迫，产出时呈假死状态，应急救。一是进行人工呼吸，将仔猪四肢朝上，一手托肩，另一手托臀部一屈一伸进行人工呼吸致仔猪开始呼吸为止；二是在仔猪鼻部涂酒精刺激呼吸；三是将仔猪浸在40℃水中刺激（防口、鼻进水）。

（3）难产处理。母猪正常分娩需3～4h，如母猪长时间剧烈阵痛，仍产不出仔，并呼吸困难，心跳加快，属难产，应进行人工助产。一是可肌内注射催产素10～20IU，或麦角浸膏1～2mL；二是必要时进行手术掏胎，将手臂洗净消毒，涂润滑剂，在母猪怒责间歇时慢慢伸入产道，摸引胎儿并矫正胎位，随母猪怒责缓缓把仔猪拉出。

（4）断脐。断脐不宜过短，否则出血过多。可在出生10～15min内，在4～6cm处用大拇指将脐带血液向仔猪腹部方向挤压，用线结扎后用消毒剪刀剪断，并用5%碘酒涂抹。

（5）猪瘟超前免疫。仔猪出生后即刻肌内注射猪瘟弱毒疫苗1头份，注后30min才能让仔猪采食初乳。

（6）剪耳号。

（7）剪平犬齿。用剪齿钳将仔猪犬齿剪平一半，但不要剪及牙肉。

（8）剪短尾巴。出生后即用剪刀把仔猪尾巴距尾根1/2～2/3处剪掉。

（9）称重并登记分娩卡片。

（10）采食初乳。母猪分娩后头3天分泌的乳为初乳，初乳富含蛋白质、维生素、镁盐及抗体，所以必须使仔猪在产后2h内都吃上初乳，使仔猪获取被动免疫，并能帮助胎粪排出和刺激帮助消化。

（11）排出胎衣。仔猪产完后0.5～2h经轻微阵痛后排出胎衣，若超过2h胎衣未排出，可肌内注射催产素或麦角浸膏促使排出，并进行清理，防止母猪吃胎衣养成吃仔猪恶癖。

3. 哺乳期的饲养管理

仔猪生后，即脱离母体进入新的环境，靠母乳和母爱继续生长和发育，获得新的生命力。母猪在哺乳期间，要提供大量乳汁哺乳仔猪，消耗较多精力和营养。因此，对哺乳母猪的饲养管理好坏，是提高仔猪成活率和断乳窝重的重要因素。

(1) 营养需要。哺乳母猪的日粮标准，可按体重的0.8%～1%给予维持日粮，在此基础上，每增加1头仔猪加0.30kg。每千克日粮应含可消化能11.73～12.57MJ，粗蛋白质14%～16%、钙0.64%、磷0.46%。例如母猪体重为100kg，维持饲料应给0.8kg，生有10头仔猪，每头仔猪增补0.3kg，共补加3.0kg饲料，一共给料3.8kg。在饲料配合上，要力求全价营养，特别注意矿物质和维生素的补充，保证在仔猪断乳后母猪有中上等膘情。

(2) 饲喂方法。刚分娩的母猪当天不喂料，只喂些麸皮粥或饮水，在产后7天内逐步增加饲料并达到标准喂量，日喂3～4次。细心观察母猪及仔猪精神状态和粪便等，发现疾病及时治疗。在仔猪断奶前3～5天，母猪逐渐减料1/3～1/2，防止乳房炎的发生。对分娩时体况过瘦的母猪应适当提高第一个泌乳月的饲喂水平，因母猪产后21天达到泌乳高峰，第一个泌乳月泌乳量占总量的65%左右，失重占哺乳期总失重的85%左右，如果营养不良，则很快就会垮掉，难以弥补。为了不影响繁殖成绩，并为下1次发情打下基础，应把母猪的体重损耗控制在60kg以内。

4. 人工催乳

母猪在哺乳期间，常常发生泌乳不足、仔猪缺奶的情况，尤其初产母猪更为常见。造成泌乳不足的原因很多，如初产母猪乳腺发育不全，促泌乳激素和神经机能失调，母猪患病，饲养管理不当等。针对实际情况，应采取相应措施解决。

(1) 乳头孔堵塞。多发生于初产母猪，主要表现是母猪乳房发育很好，但仔猪吸不出奶。如确定是乳头孔被污物堵塞所致，只要饲养人员用手挤压，把乳头孔的污物挤出，即能顺利泌乳。

(2) 仔猪拱奶无力。在生产中，常见到母猪的乳房发育很好，但如遇到所生仔猪弱小，吃奶前无力拱奶，不能给母猪乳房以必要刺激，致使母猪不能正常放乳，饲养人员应在仔猪拱奶时，用手帮助按摩乳房，直到母猪发出"哼哼"声时为止，仔猪就可以顺利吃上奶了，通过几次帮助，仔猪身体逐渐强壮，可使母猪正常放乳。

(3) 母猪患子宫炎和乳房炎。应采取措施及时治疗，消除炎症，使之恢复泌乳。

(4) 营养不良。这是造成母猪无乳或泌乳量少的一个重要原因，可在适当提高营养水平的前提下喂给催乳饲料，如豆浆、米浆等，特别是动物性蛋白饲料如鱼粉、血粉等，对营养不良而缺乳效果很显著。

(5) 对症下药。用催产素、血管加压素或喂中草药等进行催乳。

（6）加强对初产母猪产前乳房按摩。促使乳腺充分发育。

（7）给哺乳母猪创造舒适的环境条件。消除不利泌乳的因素。

(四) 评定母猪繁殖力水平的指标

评定母猪繁殖力水平的指标有产仔数、初生重、均匀度、泌乳力、育成仔猪数、断奶重等6项。

1. 产仔数

产仔数是评定母猪生产水平最重要的指标，它与品种、胎次、配种技术、饲养管理、个体品质都有一定关系，但因产仔数的遗传力很低（0.03~0.24），故难以通过选择得到提高。产活仔数用母猪一胎所产存活的仔猪数来表示，不包括死胎、木乃伊和畸形仔猪。加上死胎、木乃伊和畸形仔猪的总和称为总产仔数，简称产仔数。产活仔数与总产仔数之比为存活率，其计算公式为：

存活率（%）=产活仔数÷总产仔数×100

2. 初生重

指仔猪出生后的体重。在出生后的1h之内（第1次吮乳前）称初生个体重，初生个体重之和称为初生窝重，初生重与品种、胎次、窝产仔数、妊娠期营养状况等有关。

3. 均匀度

均匀度也称整齐度，是指同窝仔猪大小均匀的程度，表示方法有2种：一种是以仔猪与全窝仔猪初生重的差异（标准差）来表示，标准差越小，大小越均匀；另一种是计算发育整齐度的百分率表示，是最重与最轻仔猪的对比。发育均匀度（%）=最轻仔猪体重÷最重仔猪体重×100

4. 泌乳力

母猪的泌乳力以前曾用30日龄全窝仔猪活重来表示，现改为以20日龄全窝仔猪重量（包括寄养仔猪在内）作为统一衡量泌乳力的指标。由于猪的泌乳量难以直接测定，故在一般情况下均以泌乳力反映相对泌乳量。

5. 育成仔猪数（断奶仔猪数）

指断奶时一窝仔猪的头数。断奶时育成仔猪的头数与初生时活仔数（包括寄入的，扣除寄出的）之比称为育成率或哺育率，计算公式为：

哺育率(%)=断奶时育成仔猪数÷(产活仔数+寄入仔猪数-寄出数)×100

6. 断奶重

仔猪断奶重是断奶时同窝仔猪的个体重，常用平均体重表示。仔猪断奶窝重是同窝仔猪个体断奶重的总和，断奶窝重是衡量母猪繁殖力的重要指标，它与以上各项指标有很强的相关性，也与其以后的增重有密切关系。

（五）提高母猪群体繁殖力的途径

所谓繁殖力，就是家畜维持正常繁殖机能生育后代的能力。母猪繁殖力是养猪生产的一项重要经济指标。因为种猪生产成本是由育成仔猪来分担的，母猪繁殖力高则经济效益提高，反之则降低。由此可见，衡量母猪繁殖力高低的标准应该是每头母猪每年能提供的育成仔猪数。影响母猪繁殖力的因素很多，但应做好以下 3 个方面的工作。

1. 保持合理的母猪群体年龄结构

年龄结构对母猪群体繁殖力的影响很大。母猪群内年龄结构，主要依据母猪的利用年限而定，一般猪种母猪的繁殖高峰期为第 3 ~ 第 8 胎，第 9 胎及第 9 胎以后产仔数逐胎减少，存活率也逐胎下降，据此，母猪的利用年限定为 4 ~ 5 岁，每年更新 20% ~25%，2 ~ 5 胎龄母猪应占繁殖群的 60% 以上，6 ~ 7 胎龄的占 20%，对繁殖力较高的母猪可适当延长利用年限，对繁殖力低的母猪可提早淘汰。淘汰母猪的标准是：①年龄 4 岁以上的；②缺乳或泌乳力差的；③ 2 ~ 3 个情期配不上的；④第 3 胎产仔在 7 头以下的；⑤新生仔猪大小不匀的；⑥有恶癖的。

2. 缩短繁殖周期

繁殖周期也称分娩间隔，是影响母猪繁殖力的重要因素。母猪的繁殖过程分为配种期、怀孕期、泌乳期，从配种至泌乳期结束（仔猪断奶），称为 1 个繁殖周期。因为怀孕期 114 天是固定的，所以要缩短分娩间隔，必须从抓紧配种期和缩短哺乳期来实现，只要使母猪在仔猪断奶时能保持中等体况，一般断奶后 7 天内都能发情。因此，可以将断奶至配种的间隔预定为 10 天，关键是必须抓住断奶后的第 1 个发情期，保证情期受胎率达到 100%。

缩短泌乳期的潜力很大，传统养猪，习惯于 60 天断奶，极大地制约了母猪繁殖力的发挥。在饲养管理较好的条件下，泌乳期缩短为 35 天，一般都可以做到，且对断奶后母猪发情和受配及后来仔猪育成均无影响，这样，繁殖周期可缩短到 159 天，即 1 年可产 2. 29 窝仔猪，除去不可预见的不利因素，实际可产 2. 2 窝，比 60 日龄断奶的母猪年多产 0. 3 窝。仔猪提早补料是提前断奶的根据，提前断奶是缩短繁殖周期的关键。

3. 增加窝断奶仔猪数

提高母猪年繁殖力，必须增加窝断奶仔猪数。窝断乳奶仔猪数受窝产活仔猪数和哺乳期仔猪死亡率这两方面的制约，其中提高窝产活仔猪数又要靠增加母猪排卵数、提高母猪受精率，降低胚胎和胎儿死亡率来实现。从技术措施上说，要使母猪一窝多产仔，主要应从以下几方面入手：保证蛋白质、维生素和矿物质的平衡供应，使母猪常年保持种用体况；初产母猪配种前短期优饲催情，每天适当运动，做到适龄适时配种和重复配种；肉猪生产，充分利用杂种优势，进行双重配种；怀孕母猪不可喂发霉变质、冰冻或酸性过大、含酒精较多的饲料，防止拥挤、咬架、鞭打、惊吓和追赶等造成机械性流产；在高温季节采取防暑降温措施，减少胚胎死亡。降低哺乳期仔猪死亡率是增加窝断奶仔猪数的另一重要因素。据统计，仔猪从出生到断奶前的死亡率通常为15% ~20%，而且大部分(60% ~70%) 死亡发生在出生后的第1周内。仔猪断奶前死亡原因很多，但压死和冻死占总数的50%以上。因此，加强泌乳期的饲养管理，特别是前期管理，对减少仔猪断奶前死亡数极为重要。

仔猪后备猪的饲养管理技术

仔猪生长发育的好坏，直接关系着种猪的利用价值以及育肥猪的肥育品质。仔猪培育一般分为3个阶段，即以依靠母猪生活的哺乳仔猪的养育阶段；由哺乳逐步过渡到完全依靠采食饲料而独立生活的断奶仔猪的养育阶段；从培育为种猪或育肥猪的后备或育肥猪饲养阶段。在生产实践中，应当根据仔猪的不同时期生长发育特点，以及在每个不同时期内对饲养管理的不同要求来对幼猪进行培育。

第一节　哺乳仔猪的培育及管理

从仔猪出生到断奶前为哺乳仔猪的养育阶段，在这一时期的主要任务是提高仔猪的育成率，为生产提供健壮的仔猪。

一、哺乳仔猪的生长发育和生理特点

（一）生长发育快，物质代谢旺盛

仔猪出生后生长发育十分迅速，一般10日龄体重为出生体重的2倍以上，30日龄可达到5～6倍，60日龄相当于出生重的15倍以上。仔猪生长发育快反映了物质代谢旺盛，据测定仔猪20日龄每增重1kg需要沉积蛋白质9～12g，相当于成年猪的30～50倍，需代谢能30.25MJ，为成年猪的3倍。可见，仔猪对营养物质的代谢需要比成年猪高，如营养物质不足或失调，仔猪的生产发育就要受到影响，严重时会死亡。

（二）消化器官不发达，容积小，机能不完善

仔猪出生时消化器官与其他器官比较，相对在重量和容积上都小，如胃重仅8g，容奶40～50mL，而且机能很不完善，缺少游离盐酸，仅有凝乳酶和少量胃蛋白酶，胃底腺不发达，胃蛋白酶无活性，消化能力极弱。但仔猪初生时肠腺和胰腺比较完善，胰蛋白酶、肠淀粉酶和乳糖酶活性较高，因此，仔猪只能利用乳

中的营养物质，不能利用植物性饲料中的营养物质。此外，仔猪的胃液分泌还没有与神经系统建立条件反射，而且食物通过消化道的速度很快。因此，仔猪对饲料的种类、质量、形态、饲喂方式和方法等，都有特殊要求，饲养仔猪应掌握这些特点。

（三）缺乏先天性免疫力，容易得病

母猪的免疫抗体因胚胎结构不能直接转移给胎儿，而使初生仔猪缺乏对病原微生物侵入的抵抗能力。母猪分娩后，其初乳中含有抵抗多种病原微生物的高浓度免疫抗体，而仔猪的肠道对物质的透过性又高，仔猪吃初乳后，能将初乳中的抗体通过“胞饮作用”吸到血液中，并逐步自体产生抗体而获得免疫力。仔猪出生24h以内对初乳中抗体吸收量最大，初乳中的抗体效价比母猪血清中的抗体效价要高出几倍，初生仔猪哺乳后，初乳中的抗体效价急剧下降，6h后下降到分娩时的一半以下。仔猪出生24h后，其肠道黏膜绒毛上皮细胞的“胞饮作用”消失，吸收能力显著降低。2～3周后，初乳中的抗体在仔猪体内几乎消失殆尽，自体抗体数量又很少，由于补饲、饮水等进入体内的病原微生物大量增加，缺少抑制而得病甚至死亡。若仔猪在开始哺乳时，由于各种原因（如体弱等）采食初乳不足，被动免疫抗体数量少，而消失时间提前，因而疾病往往发生在出生后7～10天。仔猪易发疫病主要有：黄痢（早发性大肠杆菌病）、红痢（坏死性肠炎）、白痢（迟发性大肠杆菌病）、传染性胃肠炎、流行性腹泻、仔猪副伤寒等，应注意鉴别与防治。

（四）体温调节能力差，行动不灵活

初生仔猪脑皮层发育不全，体温调节能力差，特别怕冷，容易冻死，而且反应迟钝，行动不灵活，易被压死，因此，保温是养好仔猪的保护性关键措施。

二、提高哺乳仔猪成活率的措施

根据仔猪出生后的环境变化，哺乳仔猪生长与生理特点和死亡原因分析，养好哺乳仔猪要抓好以下7个方面的关键措施，特别是平常所说的过好三关：初生关、开食补料关、断奶关。

（一）固定乳头

自然哺乳时仔猪生后1～2天就自行固定奶头，强壮的在中、前部乳头，弱小的在后部乳量少的乳头，因此初生仔猪在分娩后1～2天要人为控制哺乳，把弱小仔猪固定在中、前部乳头吃奶，较强的放在后部乳头，这样人为的辅助几次使之固定奶头，可起到扶弱抑强的效果。固定乳头是同窝仔猪发育整齐的关键。

（二）仔猪寄养

母猪哺育仔猪的头数可以按其体重计算，一般每 20kg 哺育 1 头仔猪，泌乳力强的，亦可 15kg 哺育 1 头，经产母猪泌乳能力旺盛的可哺乳 10～12 头，初产及营养状况不良的母猪可限制在 8 头左右。适宜的哺乳头数是以哺乳成活率高、仔猪发育整齐为前提，因此，初生重在 0.7kg 以下的弱小仔猪最好在出生后就淘汰，当母猪产仔数超过其有效乳头数，或同窝仔猪差异大，或因产褥热、乳房炎等而丧失泌乳能力时，最有效的办法是把仔猪寄养给同期分娩的其他母猪。寄养注意事项：①分娩时间相差不超过 2 天；②被寄养的仔猪一定要吃过初乳；③寄养时必须用寄养母猪的奶、尿擦抹寄养仔猪全身，使寄养母猪与寄养仔猪气味相同；④在寄养仔猪第 1 次哺乳时要当心被寄养母猪咬伤；⑤选择寄养母猪应是性情温顺、乳头多、泌乳量好的母猪。

（三）做好保温

仔猪对温度与湿度最为敏感，仔猪周围（保温箱等）最适宜温度为：1 日龄 35℃，2～4 日龄 34～33℃，5～7 日龄 30～28℃，8～35 日龄 28～20℃。当环境温度为 15～20℃时（母猪最适温度区），相当一部分仔猪会受冷而冻死，尤以 3 日龄内更甚。一般保温设施采用红外灯保温箱，远红外电热板、火墙等都有较好效果。温度偏高、湿度偏大则正好符合细菌繁殖的环境，可造成仔猪下痢，皮肤病发生等。因此，在保温的同时，应保持舍内的干燥卫生，通风，湿度在 65%～70%。

（四）提早补料

母猪的泌乳规律是从产后 5 天起，泌乳量才逐渐上升，20 天达到泌乳高峰，30 天以后逐渐下降。当母猪泌乳量逐渐下降时，仔猪的生长发育却处于逐渐加快的时期，就出现了母乳营养与仔猪需要之间的矛盾，不解决这个矛盾，就会严重影响仔猪增重，解决的办法就是提早给仔猪补料。仔猪提早补料，能促进消化道和消化液分泌腺体的发育，可大大减少仔猪下痢发生率。试验证明，补料的仔猪，其胃的容量在断奶时比不补料的仔猪约大 1 倍，胃的容量增大，采食量随之增加（表 2.4－1）。

表 2.4－1　仔猪随日龄的采食量

日龄	15～20 天	20～30 天	30～40 天	40～50 天	50～60 天
采食量（g）	20～25	100～110	200～230	400～500	500～700

1. 补料方法

仔猪生后7天就可以开始补料，最初可用浅盆在上面撒上少量乳猪料，仔猪会很快尝到饲料的味道，这样反复调教2~3次，就会自动采食。母乳丰富的仔猪生后10天仍不爱吃料，可在料中加入少量白糖等甜味剂，灌入仔猪口中，调教几次，当仔猪认料后，便可用自动喂料器饲喂。补料的同时，应供给充足清洁的饮水。

2. 仔猪的营养需要

仔猪主要长肌肉、骨骼和组织器官，需要营养完善的日粮，在补饲日粮中，粗蛋白含量应达到18%~20%，即每千克日粮中要含有150~160g可消化蛋白质。仔猪在生长期特别需要赖氨酸、蛋氨酸和色氨酸，这在植物性饲料中往往不能满足，必须补充动物性饲料来加以平衡，一般动物性饲料如鱼粉、骨肉粉应占日粮的5%~10%，同时在日粮中要注意钙、磷和食盐的补充（表2.4-2）。

表2.4-2 规模猪场建议仔猪饲养标准

饲料	消化能（MJ/kg）	蛋白（%）	钙（%）	磷（%）	赖氨酸（%）	蛋+胱（%）	补饲时间（天）
1	13.83	20	0.6~0.7	0.5~0.6	0.9	0.7	7~30
2	13.41	18	0.6~0.7	0.5~0.6	0.8	0.7	30~60

另外，经验证明，给仔猪饲喂土霉素，可促进仔猪的生长发育，防止下痢，土霉素的喂量为20日龄前每天每头15mg，21~40日龄20mg，41~60日龄30mg，每日将土霉素混入饲料中即可。

（五）适时断奶

什么时候断奶，要看母猪和仔猪的具体情况来确定。大致标准是仔猪生后28~35日龄，体重达6~8kg时断奶，到了这个日龄，仔猪已能自体产生独立生活所必需抗体，所以是一个比较安全的断奶时期。同时，1个月左右断奶后，母猪一周内就能发情配种，使繁殖周期缩短到160天左右，提高了母猪的利用强度。正确断奶方法有以下3点。

（1）断奶前1周给母猪开始减料。到断奶的前3天，饲喂量减少30%~50%，断奶当天只给饮水，不喂料，目的是使母猪泌乳量尽快降下来，预防乳房炎发生。

（2）断奶前10天。仔猪补料次数从3~4次增加到5~6次，特别是晚上要增加1次，使仔猪尽量多吃饲料，尽快使仔猪脱离恋乳的心绪。

（3）断奶后。把母猪移走，仔猪仍喂哺乳期饲料并减量1/3左右，预防消化性腹泻，此后，仔猪留在原圈饲养5～7天便可转入育成猪舍或其他适宜猪舍，并逐步增加喂料量，于2周后全部过渡到断奶仔猪料，可减少应激影响。

（六）补铁与补硒

铁是造血和防止营养性贫血的必要元素。仔猪出生时铁的总储存量为50mg，每日生长需7mg，而母猪乳中含量很少（每100g乳中含铁0.2mg），仔猪从母乳中每日摄铁量为0.7～1mg，因此仔猪在哺乳期，其铁的摄入量远远不够。只有当100mL血液中含有血红蛋白9mg以上，才能满足需要，若不及时补铁，则仔猪会因缺铁而出现食欲减退、被毛散乱、皮肤苍白、生长停滞或拉稀等。补铁方法：

（1）仔猪出生2～3天肌内注射血多素、牲血素等右旋糖酐铁合剂等，效果均较好；

（2）用5g硫酸亚铁和2g硫酸铜溶于1 000mL水中，制成铁铜合剂，从3日龄起在仔猪吮乳前，将合剂涂抹在乳头上，每天涂抹3～4次，每头仔猪可获铁5～6mg。

仔猪缺硒易引起白肌病和仔猪大肠杆菌病（白痢），因此在仔猪3～4日龄时肌内注射0.1%亚硒酸钠溶液1.5～2mL，断奶时再注射1次，可达到补硒的目的。

（七）预防下痢

1. 仔猪黄痢

初生仔猪的一种急性、高度致死性疾病，病原为溶血性大肠杆菌，以腹泻、排黄色或黄白色液状粪便为特征，多发生于1～7日龄，最短可在生后12h内发病。防治办法：一是母猪进圈前用烧碱配成1%～2%的热水溶液，对饲槽、猪床进行冲洗消毒；二是每周用0.1%～0.3%次氯酸钠或过氧乙酸溶液对食槽、猪床消毒1次，或用含有漂白粉的溶液喷洒消毒猪舍地面，保持圈舍内干净、卫生、温度适宜，通风良好；三是接产时每个乳头挤掉少量乳汁，并经常用0.1%高锰酸钾液擦拭乳头，保持猪体、乳头清洁；四是仔猪可喂给0.1%高锰酸钾水。

至关重要的是让每头仔猪都能吃足初乳和免疫接种。妊娠母猪产前40天和14天，于耳后肌内注射仔猪大肠杆菌腹泻菌苗（K88、K99、987P）或产前10～25天耳后肌内注射MM－3基因工程苗，免疫效果良好。另外药物防治，对刚出生的仔猪一律皮下或肌内注射磺胺类药物或抗菌素，每天2次，连用2～3天，7日龄时重复量1次。对脱水仔猪腹腔注射葡萄糖液，每头10～20mL。

2. 仔猪白痢

白痢是7～20日龄仔猪常发的疾病，以排泄乳白色或灰白色黏稠腥臭粪便为特征，病原为大肠杆菌，死亡率较高。防治办法和仔猪黄痢的防治措施相似，要把重点放在改善环境卫生状况上。现推荐两种防治白痢方法：一是母猪产前用双份工程菌苗MM－3进行免疫或饲料中拌入0.01%的金霉素或呋喃唑酮；二是按每千克仔猪体重取利福平7mg，磺胺二甲基嘧啶0.01g，胃蛋白酶0.5g，次硝酸铋0.5g，干姜粉1.0g，共研末，与适量炒香的玉米粉充分拌匀，加少许开水调成糊状，喂给发病仔猪，1天2次，一般喂2次即停泻，喂2～3天排粪正常。

3. 仔猪红痢

红痢病原是C型魏氏梭菌引起的急性传染病，主要侵害1～3日龄的仔猪，发病后精神不振，排红色黏液粪便，肠严重坏死，传染途径为消化道。该病发病快、病程短、死亡率高，一旦发生很少能耐过，必须从预防着手，加强饲养管理，保持猪舍清洁卫生及消毒工作，特别是产房、用具和母猪乳头处的消毒，以减少本病的发生和传播。

免疫接种C型魏氏梭菌培养物，经福尔马林脱毒并混合铝胶制品，母猪产前30天肌内注射5mL，产前15天再注射10mL。

另外，猪传染性胃肠炎，由病毒引起，多在冬季流行，以呕吐、严重腹泻和失水为特征，不同年龄均可发病，1～7日龄仔猪死亡率最高。主要措施是对病猪注射抗生素防治细菌性并发症，并不断地供给清洁饮水或进行补液。

第二节 后备猪的饲养管理

仔猪从断奶到4月龄，是断奶仔猪的养育时期；从4月龄到初次配种时间为后备猪的饲养时期。断奶猪和后备猪都处在生长发育的旺盛时期，可以理解为生长前期和生长后期，必须经过精心培育，才能为以后留做种用或育肥奠定基础。

一、营养需要

猪的生长期是骨骼和肌肉的生长发育阶段，需要充足的蛋白质和矿物质、维生素等。日粮中粗蛋白质含量，在生长前期（2～4月龄）应保持18%～16%，生长后期（5～8月龄）16%～14%，钙0.8%，磷0.6%。在封闭饲养条件下，还要注意补充维生素D。能量水平，每千克日粮应含消化能12.15～12.57MJ。

日粮中要求全价氨基酸，特别是赖氨酸对猪的生长发育影响较大，豆饼富含

赖氨酸，动物性饲料乃是各种必需氨基酸很全的好饲料，因此，在生长猪的日粮中，力求饲料多样化，以便达到各种必需氨基酸的平衡。

二、管理要点

（一）公母分开养，合理编群

仔猪到4～5月龄时，公猪发育较快，表现性欲而频繁爬跨母猪，往往会自淫或损伤四肢和腰，所以，公母一定要分开饲养。要尽可能把月龄和体重大致相同的关在一起，每群规模以5～6头为宜。

（二）加强调教

调教的目的使猪的生活有规律，养成习惯，采食、排粪尿与睡觉，均在固定地点，以利于保持猪栏干燥清洁、猪体卫生、促进生长、减少疾病；另一方面可以减少饲养员的劳动时间，降低劳动强度。

（三）进行健康观察

对后备猪进行健康观察是饲养人员的一项重要的管理作业，健康猪的特点应当是随日龄增长，发育良好，品种特征明显，食欲旺盛，行动活泼，粪便正常，皮肤红润，被毛光泽，腰背平直，尾巴卷起，眼睛有神等。

（四）做好后备种猪的选拔

根据生产需要，对预留种的生长猪群应按育种计划要求进行选拔。一般从60日龄开始到配种前每月选1次，未选入的及时转入育肥群饲养。选拔的大致标准是：

（1）体型、毛色、耳型、头型等符合品种特征。

（2）生长发育正常，体格健壮，四肢结实，被毛光泽，食欲旺盛，行动灵活。

（3）同窝仔猪窝产10头以上，断乳8头以上，乳头6对以上，排列对称、均匀。

（4）无遗传病，公猪睾丸大小适中，对称，母猪外生殖器发育正常，阴门较大而下垂。

（5）选择的后备猪，4月龄体重应达50～60kg，6月龄90～100kg，8月龄应达120～130kg。

（五）后备猪的限饲

对选拔做种用的后备猪，应专群管理并限饲，以防止过肥或体质疏松，提高育成后的种用价值，限饲的大致给料标准是：4月龄每头每天1.8～2.0kg，5月龄2.0～2.2kg，6月龄2.2～2.5kg，7月龄2.5～2.8kg，8月龄2.8～3.0kg。

（六）加强运动和日光浴

运动可促进肌肉、骨胳生长、锻炼腰背与四肢，防止过肥，有条件的猪场，最好让后备猪每天运动1～2次，如能结合放牧，让猪拱土，啃食青草，晒晒太阳，有利于促进维生素D的合成和钙的吸收，提高育成效果。

（七）做好驱虫，免疫接种等工作

刚断奶的仔猪肠道蛔虫多，会影响猪的生长发育，并且浪费大量饲料，因此，分群饲养一段时间后要进行1次驱虫，一般在早晨空腹投药。经过一段时间后再进行1～2次投药。同时按照免疫程序对危害猪群的传染病进行免疫接种。

第五章 育肥猪饲养管理技术

第一节 影响育肥猪效果因素

一、品种与类型对育肥效果的影响

猪的品种类型对猪的育肥影响很大，这是因为不同品种的猪生长发育规律不一样，在整个育肥期的不同阶段所需要的营养标准和饲粮数量不一样。引进品种，如大约克、杜洛克、长白猪等，属于瘦肉型猪，在以精饲料、高营养水平的饲养条件下，其育肥效果比地方品种猪好，增重较快，育肥时间短。但在以青粗饲料为主的中、低营养水平饲养条件下，则国外品种增重速度不如地方品种，育肥效果也较差。所以为了提高育肥效果，应对不同品种、类型的猪采取不同育肥方法。

二、杂交对育肥效果的影响

利用杂种优势，是提高育肥猪效果的有效措施之一，因为杂交后代生活力强，生长发育快，日增重高，饲料利用率高，有利于降低饲养成本，但对育肥效果起决定因素的在于有效的杂交组合（亲本的选择），一般来说以国外品种为父本，我国地方品种为母本，其后代增重速度和饲料利用率，分别提高10%~20%、5%~10%，生产实践证明：三元杂交比二元杂交育肥效果更好。

三、营养水平和饲料品质对育肥效果的影响

营养水平对育肥效果影响极大，一般来说，在育肥过程能量摄取越多，日增重越快。但蛋白质对育肥效果也有影响，因为蛋白质不仅与育肥猪的肌肉生长有直接关系，而且蛋白质在机体中是酶、激素、抗体的主要成分，对维持猪体的新陈代谢、生命活动都有特殊功能，因此蛋白质如果不足，不仅影响骨骼、组织、皮肤、肌肉的生长，同时影响育肥猪的增重。在一定范围内，日粮蛋白质水平越

高，增重速度越快，但高到一定程度对增重也是无效的，只会造成氨基酸的浪费。此外，必需氨基酸、矿物质、维生素不足也会对育肥效果有很大影响。

育肥猪随着月龄的增长，肉猪的骨骼、皮肤、肌肉、脂肪的生长是有一定规律的。即骨骼、肌肉、皮肤组织的增长随体重的增长呈逐渐下降的趋势，而脂肪组织呈强度沉积态势。随着肉猪体组织及增重的变化，猪体的化学成分也呈规律性变化，即随着体重的增加，机体水分、蛋白质和灰分相对含量下降，而脂肪的相对含量则迅速增长。以上这些规律性的变化是制定肉猪不同体重时期营养水平和科学饲养管理技术的理论依据。通过不同生长阶段，控制营养水平，来加速和抑制猪体某些部分和组织的生长发育，使肉猪既能快速育肥，又能获得较好的胴体品质和饲料报酬。根据生产实践，一般25～60kg阶段，消化能13MJ/kg，粗蛋白质14%，赖、蛋比（赖氨酸占粗蛋白质的百分比）6.2%；60～100kg阶段，消化能13MJ/kg，粗蛋白14%，赖、蛋比6.1%的营养水平较好。据国外大量研究证实，当赖氨酸占粗蛋白质6%～8%时，蛋白质的生物学价值最高。育肥猪的日粮中应含有足量的矿物质、微量元素和多维素，一般前期钙占0.7%，磷占0.5%，后期分别为0.6%、0.45%。多维素加0.014%，微量元素添加剂按说明添加即可。此外，猪对粗纤维的利用能力较低。一般在肥育前期不应超过4%，后期不超过8%为宜。并合理调制，提高饲料的适口性。

四、性别与去势对育肥效果的影响

公、母猪经去势后有利于育肥，因为没有性激素的影响，表现为性情安静，食欲提高能更好地吸收利用营养，使增重速度提高，改善肉的品质。

五、仔猪初生重和断奶对育肥效果的影响

根据生产实践，仔猪初生重、断乳重与育肥增重之间呈正相关。凡仔猪初生个体大的，则生命力强，体质健壮，生长快，断奶体重亦大，健康状况和抗病力相应提高。同时，断奶体重大的仔猪，育肥速度较快，饲料报酬也高。

六、环境因素对育肥效果的影响

在养猪生产过程中，人们往往只重视猪的品种、饲料、饲喂方式及疾病的防治，有时却忽视了环境因素对生猪生长的影响。其实在养猪生产中环境因素的影响也是丝毫不应该忽视的，具体包括以下几个方面。

（一）温度的影响

猪是恒温动物，无论环境温度高低，都能通过自身机体调节来保持恒定的体温。当环境温度下降时，猪体通过增加采食提高代谢率，增加散热，来维持体温

恒定；当环境温度过高时，又通过减少采食量降低代谢率，增加呼吸频率来散发体热，维持体温恒定。这种开始提高或降低代谢率的温度叫临界温度。育肥猪的适宜温度范围为15～25℃。但不同日龄的育肥猪对温度的最佳要求是不同的，这就是人们常说的适宜温度。所谓适宜温度，简单讲是指猪体既不感觉热，也不感觉冷，此时猪的增重最快，生长发育最好。各阶段猪的适宜温度、临界温度（表2.5－1）。

表2.5－1 温度对育肥猪的影响

猪的体重（kg）	低临界温度（℃）	适宜温度（℃）	高临界温度（℃）
初生	29	30	31
20	15	25	30
50	15	23	29
100	15	20	28

另外，在生产中人们对育肥猪的舒适温度常用下列公式进行估算：

$$T = 26 - 0.06W$$

T表示最舒适的环境温度；W表示猪的体重。

例如体重10kg仔猪，最适宜温度25.4℃；100kg育肥猪则舒适温度为20℃。

1. 低温的影响

猪在低温的情况下，要不断的增加体温散发热量，为维持生理平衡猪的采食量增加。这就意味着饲料能量一部分用于维持体温，而不是用于生长，饲料利用率降低，料肉比随之增大。所以当猪处于低临界温度时，生猪的生产效益会下降。

2. 高温的影响

当猪处于高临界温度时，不但增加饲料消耗，生猪的日增重会降低甚至出现负增重的情况。

根据有关试验，如果气温上升到35℃以上或低于低临界温度10℃时，由于饲料利用率低，增重慢，其结果每增加1kg重，比适宜温度饲料多消耗0.35～0.4kg。由此可见环境温度对饲料利用率的影响很大。

（二）湿度的影响

空气湿度对育肥猪影响总是与气温共同作用的。当温度适宜时，相对湿度从45%上升到75%或95%时，对猪的采食量和增重均无不良影响。当猪舍内低温高湿时，猪体内热量散发加剧，猪耗料量增加，增重量减少（母猪日增重减少

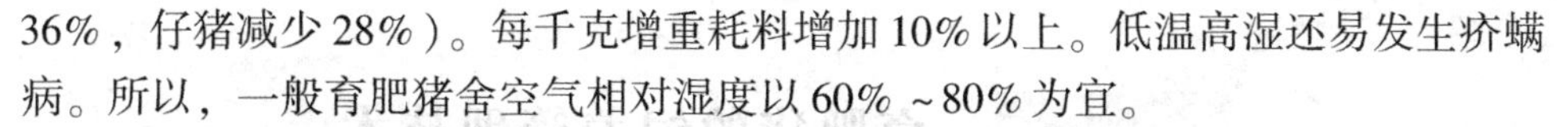

36%，仔猪减少28%）。每千克增重耗料增加10%以上。低温高湿还易发生疥螨病。所以，一般育肥猪舍空气相对湿度以60%～80%为宜。

（三）有害气体的影响

猪舍中有害气体主要指猪呼吸、粪尿、饲料、垫草腐败分解产生氨气、硫化氢、二氧化碳和甲烷等有害气体。

（1）氨气对猪的影响。猪舍内氨气浓度每立方米不能超过20～30mL。如果超过100mL，猪日增重减少10%。饲料利用率降低18%。如果超过400～500mL，会引起黏膜出血，发生结膜炎、呼吸道炎症。还会引起坏死性支气管炎、肺水肿、中枢神经系统麻痹，甚至死亡。

（2）硫化氢的影响。硫化氢气体是一种强毒性神经中毒剂，有强烈的刺激性。猪舍内每立方米空气含量超过550mL时，可以直接抑制呼吸中枢，使猪窒息而死。猪舍内硫化氢浓度每立方米空气中不宜超过10mL。

（3）二氧化碳的影响。猪舍内二氧化碳的浓度每立方米空气不能超过4%。否则就会造成舍内缺氧，使猪精神不振，食欲减退，影响增重。

（四）尘埃与微生物的影响

猪舍内尘埃是微生物的载体，通风不良或经常不透阳光，尘埃更能促进各种微生物的繁殖。每立方米空气中细菌可达100万个，主要有黄曲霉菌、青霉菌、毛霉菌、腐生菌、球菌、霉菌芽孢和放线菌等。如不及时清除污物，避免尘埃飞扬，保持猪舍合理的通风换气和定期消毒，势必引起细菌性传染病的发生。

（五）饲养密度的影响

饲养密度的大小直接影响猪舍的温度、湿度、通风、有害气体和尘埃微生物的变化及含量，也影响猪的采食、饮水、排粪、排尿、活动休息。一般情况下12m^{2}的猪舍可养育肥猪10头，即每头育肥猪需1.2m^2。

（六）光照的影响

适当的光照可使猪皮下脂胆固醇合成VD促进钙磷的沉积和骨骸的生长发育。阳光紫外线有杀菌、消毒作用，但照射时间不宜过长，否则伤害猪的皮肤、眼的结膜和角膜。夏季照射时间过长可使猪发生日射病。强光对猪体脂肪的沉积有减慢作用，暗光可使猪体脂肪沉积加快，因此，根据猪的生长阶段可以适当的调节猪舍的光照。

第二节 育肥猪的饲养管理技术

一、育肥猪的饲养技术

体重20～100kg阶段的猪称生长育肥猪，其中，20～35kg体重阶段为育肥前期；35～60kg体重阶段为育肥中期；60～100kg体重阶段为育肥后期。对生长育肥猪饲养管理的好坏，直接影响到养殖效益的高低。

(一) 科学配制日粮

育肥猪的日粮必须营养全面平衡，不仅要能满足维持正常生命活动的需要，还应提供较多的营养以满足生长（增重）的需要。1头体重20kg的幼猪，维持需要5.95MJ消化能，折成配合饲料约需0.5kg（含12.57MJ/kg），而每增重1kg活重平均约需1.3～2kg配合料。当猪的体重达到40～60kg时，每增重1kg约需3.0kg配合料，这说明猪的营养供给应随体重的不同而变化。在整个育肥期日粮中的蛋白质与能量的供给是：蛋白质前（猪在幼龄时）高后低（育肥后期），而能量供给则是前低后高。

1. 饲料中的能量水平

由于生长肥育猪对能量的利用是在满足维持需要以后，多余的才用来生长脂肪和肌肉等，所以饲料中能量水平的高低，可影响其增重速度，也就是说，饲料中的能量水平高时增重速度快，反之增重速度慢甚至不增重，故肥育猪饲料的能量水平以每千克含消化能12.6～13.0MJ为宜，最低限度也需11.7～12.2MJ。

2. 饲料中的蛋白质水平

育肥猪的合理蛋白质水平，要看是什么种猪而言，因不同杂交猪的瘦肉率是不同的，如用我国的地方猪与国外瘦肉猪杂交的二元杂种猪，瘦肉率大约为46%～50%。三元杂的瘦肉率平均在50%～55%，说明瘦肉率越高的杂种猪，其饲料蛋白质水平应当高一些，此外，猪在幼龄期，饲料的蛋白质水平也要高一些。

虽然蛋白质水平与瘦肉率有一定关系，但并不是越高越好，当日粮中的蛋白质水平差异较大时可以提高瘦肉率1%～3%，当蛋白质水平达25%时，瘦肉率几乎无明显提高，所以若用高价蛋白饲料最多增高1%～3%的瘦肉率，在经济上肯定是不合算的。在考虑蛋白质水平时，还要注意氨基酸的平衡作用，如果饲料的蛋白质水平降低些，而氨基酸达到平衡，其效果比提高蛋白质水平还好。由于育肥猪的品种差异对蛋白质的要求也不完全一致。如高瘦肉率杂种猪饲料的营养水平：生长阶段10～35kg、35～65kg、65～90kg，可消化能（MJ/kg）分别为：13.83MJ/kg、13.0MJ/kg、12.6MJ/kg；粗蛋白质分别为20.0%、16.0%、14.0%。中等瘦肉率杂种猪饲料的营养水平的生长阶段10～35kg、35～65kg、65～90kg可消化能（MJ/kg）分别为：13.83MJ/kg、12.6MJ/kg、12.2MJ/kg；粗蛋白质分别为18.0%、15.0%、13.3%。

3. 饲料中的矿物质与维生素

钙磷的补充以骨粉最好，猪所需要的铁、铜、锰、锌、钴、碘和硒等微量元素都用它们的化合物配制添加剂，每千克饲料可配入400mg硫酸亚铁、50～150mg硫酸铜、370～400mg的硫酸锌、8mg硫酸锰、2mg的硫酸钴、0.5mg的亚硒酸钠。在配制饲料时，将这些化合物混合均匀，再用玉米细粉10kg加以稀释，按0.05%的比例混入1t配合饲料中。一定要注意配合均匀，以免中毒。如果农户配制困难可以购买微量元素添加剂。维生素的补给量可使用猪用复合维生素，每100kg饲料加入15g。

4. 饲料中的粗纤维水平

不论饲养什么杂种的肥育猪，其饲料中均含有一定的粗纤维。粗纤维有助于饲料在肠道中运行、也可防止猪拉稀。但粗纤维过多，就会影响其他饲料的消化率，阻碍猪的增重。在肥育猪的饲料中粗纤维的含量应控制在：10～30kg体重阶段粗纤维不宜超过3.5%；30～60kg阶段不要超过4%；60～90kg阶段不要超过7%。

（二）进行科学饲喂

1. 饲料生喂

青饲料、谷实类饲料、糠麸类饲料，含有维生素和有助于猪消化的酶，这些饲料煮熟后，破坏了维生素和酶，引起蛋白质变性，降低了赖氨酸的利用率，根据有关试验的结果，谷实饲料由于煮熟过程的耗损和营养物质的破坏，利用率比生喂的降低了10%。同时熟喂还增加设备、增加投资、增加劳动强度、耗损燃料，所以一定要改熟喂为生喂。

2. 干湿饲喂

有些人以为稀喂料，可以节约饲料。其实并非如此。猪长得快不快，不是以猪肚子胀不胀为标准的，而是以猪吃了多少饲料，又主要是这些饲料中含有多少蛋白质、多少能量及其他们利用率为标准的。稀料喂猪有如下缺点：第一、水分多，营养干物质少，特别是煮熟的饲料再加水，干物质更少，影响猪对营养的采

食量，造成营养的缺乏，必然长得慢。第二、水不等于饲料，因它缺乏营养干物质，如在日粮中多加水，喝到肚子里，时间不久，几泡尿就排出体外，猪就感到很饿，但又吃不着东西，结果情绪不安、跳栏、撬墙、犁粪。第三、影响饲料营养的消化率，我们知道饲料的消化，依赖口腔、胃、肠、胰腺分泌的各种蛋白酶、淀粉酶、脂肪酶等酶系统，把营养物质消化、吸收。喂的饲料太稀，猪来不及嘴嚼，连水带料进入胃、肠，影响消化也影响胃、肠消化酶的活性，酶与饲料没有充分接触，即使接触，由于水把消化液冲淡，猪对饲料的利用率必然降低。第四、喂料过稀，易造成肚大下垂，屠宰率必然下降。采用干湿饲喂是改善饲料的饲养效果的重要措施，应先喂干湿料，后喂青料，自由饮水。这样既可保证营养物质的采食量，又可减少因排尿多造成的能量损耗。

3. 定时定餐

育肥猪的喂法主要是定时喂、定质喂、定量喂，使猪养成习惯，这样有利于猪对饲料的消化吸收。喂料前可调一调猪的口味，方法就是让猪听到、嗅到有关吃喝的声音，都跑到食槽边吵着要吃，但不急着喂，调调口味，过几分钟再喂，这样能促进胃液分泌，饲料消化较完全，喂时要先喂精饲料，后喂青饲料，精料干湿喂，青料生喂，同时做好少给勤添。水让猪自由饮用。饲喂的餐数：小猪阶段3~4餐，中、大猪3餐为好。还应该注意：不要突然改变饲料；不要喂霉坏变质的饲料或过粗、过细的饲料；小猪阶段统糠的喂量不宜超过日粮的15%。

二、育肥猪的管理技术

(一) 合理组群

育肥猪在育肥前要按性别、体重组群，每群以10头左右为宜，以1窝或2窝小猪合群饲养最为理想。

(二) 加强调教

育肥初期应特别注意训练猪群在固定地点吃食、睡觉与排粪尿，以利保持栏内卫生，便于清扫和管理。

(三) 保持安静

减少外来刺激，使猪充分休息，安心采食，限制运动，防止斗欧咬伤。

(四) 防暑保温

育肥猪适温为15~25℃，如在27℃以上时应考虑防暑，冬季气温低于15℃时应注意防寒保温。

(五) 防疫驱虫

按防疫程序注射疫苗外，断奶仔猪转入生长舍2~3周内应驱体内寄生虫

1次。

（六）严格消毒

消毒能将猪病的发生率降到最低限度。定期对猪舍内外及其使用的设施、器具进行彻底消毒，交替使用消毒剂，猪舍门前要经常用新鲜的生石灰粉进行消毒。

（七）适时出栏

育肥猪体重越大，膘越厚，脂肪越多，瘦肉率越低。所以育肥期越长，饲料转化率越低，经济效益就越差。实践证明，育肥猪10~90kg阶段，每增重1kg，所消耗的能量有明显增高的趋势，如表2.5-2所示。

表2.5-2　育肥猪不同体重每增重1kg的能量消耗表

体重（kg）	10~20	20~40	40~50	60~70	70~90
每增重1kg，消化能消耗（MJ）	16.80	23.15~25.1	35.6~37.7	41.9~46.1	54.5~58.7

从上表可以看出，盲目追求大的体重，经济上是不合算的。一般来说，猪在6月龄以前，增重最快，饲料转化率和瘦肉率都高，因此以6月龄，活重90~100kg，出栏最为适宜。

第三节　猪的育肥方法

一、直线育肥

直线育肥法．就是从20~100kg均给予丰富营养，中期不减料，使之充分生长，以获得较高的日增重，在4月龄后体重达到90~100kg。技术要点如下：

（一）选择优良的仔猪

肥育仔猪一定要选择二元或三元杂交仔猪，要求发育正常，60~70日龄转群体重达到15~20kg以上，身体健康、无病。

（二）做好育肥前准备

肥育开始前7~10天，按品种、体重、强弱分栏、阉割、驱虫、防疫。

（三）供给合理营养

要求前、中期（20~60kg），每千克饲粮含粗蛋白质16%~18%，消化能

12.6～13.0MJ，后期（61～100kg），粗蛋白质13%～14%，消化能4.5～4.6MJ，同时注意饲料多种搭配和氨基酸、矿物质、维生素的补充。

（四）自由采食饮水

每天喂2～3餐，前期每天喂料1.2～2.0kg，后期2.1～3.0kg。精料采用干湿喂，青料生喂，自由饮水。

（五）做好日常管理

夏天要防暑、降温、驱除蚊、蝇，冬天要关好门窗保暖，保持猪舍安静，猪舍干燥、清洁。

二、阶段育肥

（一）育肥前期、中期

育肥猪在育肥前期、中期（20～60kg阶段），均采用高能量、高蛋白日粮，每千克混合料粗蛋白质16%～18%，消化能13.0～13.4MJ，日喂2～3餐，每餐自由采食，尽量发挥小猪早期生长快的优势，使其日增重达1～1.2kg以上。

（二）育肥后期

育肥猪在育肥后期（60～100kg阶段），采用中等水平能量，中等水平蛋白，每千克饲料含粗蛋白13%～14%，消化能12.2～12.6MJ，日喂2餐，采用限量饲喂，每天只吃80%的营养量，以减少脂肪沉积，保持日增重0.6～0.7kg。为了不使猪挨饿，在饲料中可增加粗料比例，使猪既能吃饱，又不会过肥。

在生产中无论采用哪种育肥法，对于同一场或同一栋圈舍饲养的育肥猪都要实行，全进全出，即同一时进猪、同一时出栏，以便于生产管理和疫病防治。

第六章 猪的杂交优势利用技术

第一节 杂交的概念与杂种优势的度量

一、杂交的概念

简单地讲，杂交是指同一物种不同种群（品种、品系）个体间的互相交配。杂交可使后代的基因杂合程度增加，产生杂种优势。杂交在养猪业中有着十分重要的作用，通过杂交可生产出比原有品种、品系更能适应特殊环境条件的高产杂合类型，在抗逆性、繁殖力、生长势等方面大大提高，从而实现高产高效优质生产。

二、杂种优势的度量

杂种优势一般用杂交一代的平均值（F1）与亲本平均值之差额来表示。如以S和D分别代表父本和母本的生产性能，则杂种优势为F1 -（S + D）/2，其相对值称为杂种优势率（H），由于猪的经济性状是由很多不同类型的基因决定的，因此，杂种猪的很多经济性能不都表现出杂种优势，也不能表现出同样的杂种优势。杂种优势的产生有其规律性，遗传力低的性状主要受环境因素的影响，由非加性基因所控制，杂交时杂种优势明显，遗传力高的性状受加性基因的控制，杂交时杂种优势不太明显。杂交时容易获得杂种优势的如产仔数、初生重、仔猪成活率和断奶窝重等性状。杂交亲本间的差异程度越大，杂种优势越明显。分布地区距离较远，来源差别较大，类型、特点不同的种群间杂交可以获得较大的杂种优势。

国内外生产实践表明，在猪的经济杂交中，杂种猪的生长势、饲料效率和胴体品质方面，可分别提高5% ~10%、13%和2%，而杂种母猪的产仔数、哺育率和断乳重，可分别提高8% ~10%，25% ~40%和45%。

第二节 影响杂交优势的因素

一、不同品种或品系间进行杂交的效果不同

在进行杂交生产时，必须事先开展杂交组合筛选试验，测定各个品种或品系间的配合力。近年来国内各地开展的猪的杂交利用，一般是以地方品种或培育品种做杂交母本，以引进瘦肉型猪种做父本，杂交效果良好，北方猪种与南方猪种杂交也会获得良好的效果。

二、不同杂交方式杂交效果不同

猪的经济杂交有多种方式，目前我国最常用的是 2 品种（二元）和 3 品种（三元）杂交。三元杂交的效果一般优于二元杂交。因三元杂交所用的母猪是一代杂种，本身就具备母系杂种优势，再与增重快、饲料利用率高的第二父本交配，结果使三元杂种在繁殖性能和肥育性能方面均可获得更高的杂种优势。

三、同一品种个体间存在着差异杂交效果不一样

在种猪培育时，一定要重视种猪的选择和个体选配，提高种用质量。否则，就不可能达到预期的效果。

四、杂种优势的显现受遗传和环境两大因素的制约

对于一个优良的杂交组合来说，如果所给的饲养管理和环境条件不适，使其基因型不能得到充分表现，那么就无法获得预期的杂种优势。因此，任何杂交组合的好与坏都是与特定的饲养管理条件相关联的，如饲料的营养水平，饲养环境、温湿度、疫病防制等。离开了具体的饲养管理条件，就无法评价杂交组合的优与劣。

第三节 杂交亲本的选择与杂交方式

一、杂交亲本的选择

（一）母本的选择

作为杂交母本，一般应具备下述条件。

（1）数量多、分布广，适应性强。

（2）繁殖力强，母性好和泌乳力高。

（3）体格不宜过大，以减少维持需要。

我国绝大多数地方猪种和培育品种都具备作母本猪的条件。也有一些地方品种选育程度较差，个体间差异较大，造成杂种后代生产性能不一致，因此在生产实践中就必须对其不断的进行选育与提高。

（二）父本的选择

杂交父本应具备的条件如下。

（1）生长速度快，饲料利率高、胴体品质好。

（2）性成熟早、精液品质好、性欲强。

（3）能适应当地的自然环境条件。

具备这些特征的一般都是高度培育的猪种，如长白猪、杜洛克猪、大约克猪和汉普夏猪等国外引入的瘦肉型猪种，都可作为杂交父本来利用。三元杂交或多元杂交时，选择最后一轮的父本（终端父本）尤其重要。

二、杂交方式

猪的杂交方式有多种，下面就国内外经济杂交目前最常用的两种杂交方式及其优缺点做一概要介绍。

（一）两品种杂交

又称二元杂交或简单杂交，是利用两个品种或品系的公、母猪进行杂交，杂种后代（F_1）全部作为商品肥育猪。二元杂交的模式如下：

A♂ ×B♀

↓

F_1AB（商品猪）

（1/2A，1/2B）

两品种杂交

优点：简单易行，筛选杂交组合时，只有 1 次配合力测定，能获得 100% 的后代杂种优势。因此，这是商品猪生产中应用广泛且比较简单的一种方法。

缺点：双亲均为纯种，杂 1 代又全部用作肥育，因而杂种优势得不到充分利用。

（二）三品种杂交

又称三元杂交，是从二元杂交所得的杂种一代母猪中，选留优良的个体，再与另一品种的公猪进行杂交。第 1 次杂交所用公猪称第 1 父本，第 2 次杂交所用公猪称第 2 父本（终端父本），其杂交模式如下：

A♂×B♀
↓
F_1AB♀（留作繁殖母猪）AB♂（做育肥商品猪）
↓
C♂×AB♀
↓
CAB（商品猪）
CAB（1/2C，1/4A，1/4B）

三品种杂交

优点：杂交程度高，有更丰富的遗传基础，能获得100%的后代杂种优势（因为CAB是完全杂种）和100%的母系杂种优势（因为AB是完全杂种）。特别是杂种母猪在繁殖性能方面的优势得到充分发挥，产仔数，泌乳力等优势十分显著，又能充分利用第1和第2父本在肥育性能和胴体品质方面的优势，一般在二元杂交基础上再提高2%~5%，因此，三元杂交一般比二元杂交效果好。

缺点：杂交繁育体系较为复杂，不仅要保持3个亲本品种的纯繁，还要保留大量的1代杂种母本群。

三、三元杂交的主要环节

（一）选择好的杂交亲本

纯种是杂交的基础，亲本越纯，性能越高，其杂种后代表现越好，前面已经讲过杂交亲本（父、母）选择的条件要求。父本的选择主要为长白、大约克、杜洛克3个品种，在国内已饲养多年，特别是在扩繁、培育方面取得显著成效，也获得了一定经验。

（二）筛选最佳杂交组合

即使都是瘦肉型品种，不同品种间杂交，杂交效果的差异也是很大的。要选择杂交效果最好的组合推广。如以杜洛克×长白×大约克；或杜洛克×大约克×长白组合效果最好。

（三）建立健全良种繁育体系

所谓繁育体系是指为了提高整个地区育种和杂种优势利用效果而规划建立起来的一整套合理的组织机构，通过宏观调控，统一协调，保持各类畜群较高生产水平、准确实施所推行的杂交方案，实现高效生产的目标，其实质是总体选配制度的固定组织形式，也可以说是一个严密的制种工程。

三元杂交瘦肉型猪良种繁育体系由商品代、父母代、祖代和曾祖代四级不同性质的猪场组成。商品场饲养高质量的三元杂交商品猪，源源不断的向社会提供商品肉猪。父母代场饲养二元母猪和做杂交用的第二父本（终端父本）公猪，专门为商品场生产与提供三元杂种仔猪；祖代场以扩大繁殖，选育纯种母猪，并引进杂交用的父本公猪进行二元杂交，为父母代场补充更新所需要的杂种1代后备母猪，曾祖代场饲养经过高度选育的纯种猪群，不断地向祖代、父母代（父本）场供应高性能的纯种亲本。原种猪一般都从外国或国家级重点场引进。因此，要保证三元杂交生产的顺利实施，其关键是各种猪场要加强对杂交亲本的选育提高，有严格规范的制种方法和保证供种质量，向二元母猪饲养户提供真实有效的系谱卡片和建议杂交模式等。

（四）改善饲养管理，提高营养水平

猪是杂食动物，能利用多种饲料，猪所需要的并非饲料本身，而是从吃进的饲料中摄取其营养成分。猪所需要的营养物质有40多种，就所需营养物质而言，瘦肉型猪与其他类型的猪没有什么不同，但在饲养实践中，对瘦肉型猪的饲养又不能完全跟养一般猪一样。三元杂交瘦肉猪，日增重高，生长快，因此需要的营养物质较多，当任何一种营养物质得不到满足时，高产潜力就不能充分发挥，如果采用有啥喂啥的传统饲养方式，则更不会达到预期效果，并适得其反。

瘦肉就是蛋白质，所以蛋白质饲料的补充，对三元杂交瘦肉型猪显得特别重要，不能随意降低。蛋白质是由氨基酸组成的，蛋白质营养，实质就是氨基酸营养，对猪而言有10种必需氨基酸，其中，缺少任何一种都会降低整个蛋白质的生物学价值。在各种必需氨基酸中，赖氨酸最为重要，是第一限制性氨基酸，实践证明，在普通混合饲料中，按标准添加赖氨酸，可以显著提高饲养效果，经济上是合算的。另外，瘦肉型猪腹线平直，肚子较小，食欲也往往比其他猪差些，因此，要注意饲料加工调制，提高适口性，让猪尽可能多吃一些。各类疏松多汁糟渣类饲料和粗饲料比例不能太大，以保证营养浓度。在饲养方式上，前期不限量，后期适当限量以利增重和提高瘦肉率。那种前期吊架子，后期催肥的传统饲养方法是不适宜的。

第七章 生猪的防疫保健措施

第一节 猪病的预防控制

预防为主，对养猪业特别重要。养猪空间一般都比较密集，一旦发生传染病、寄生虫病，就可能波及很多的猪，除了造成死亡的直接经济损失外，痊愈猪发育生长缓慢，饲料利用率降低，还会给猪场留下病原体，成为后患。因此，必须给予高度重视。

一、自繁自养

自己饲养公猪和母猪，繁殖仔猪，可以减少疾病传播。农户和养猪场如果必须购买仔猪，需由特定的健康猪群提供，不应由几个不同猪场或猪群提供。购买仔猪时，要严格检查猪的健康状况，看皮肤、呼吸、鼻子、眼睛以及排便是否正常。大批购进仔猪，一定要同当地兽医部门联系，了解产地的疫情，观察5～7天，才能运回。购回的仔猪，还要进行预防接种并隔离检疫30～45天。

二、全进全出

全进全出，即同批猪同期进一栋猪舍催肥后全部出售。猪舍空出后，及时消毒，然后再进新猪。消毒药可选用20%生石灰乳、5%漂白粉溶液、2%热氢氧化钠溶液等。消毒时先彻底清扫，然后再用消毒药液刷洗和喷洒消毒。实行全进全出饲养，可以消灭上批猪留下的病原体，给新进猪提供一个清洁的环境，避免交叉感染。同时，同一批猪日龄接近，也便于饲养管理。

三、免疫接种

规范的疫苗接种，可以使猪主动获得有效的抗体免疫力，防止传染病的发生。不同的猪场要根据本地区的疫情制定本场免疫程序，适时进行预防接种。每次预防接种，要将接种时间、疫（菌）苗种类、批号、有效日期、生产厂家、接种头数、接种反应等情况进行登记。

四、监测疫情

规模化养猪场应建立疫情监测系统，每天都应进行普遍观察。检测的疫病种类除国家强制免疫计划中的猪瘟、口蹄疫、高致病性蓝耳病外，还应包括：猪水泡病、伪狂犬病、结核病、布鲁氏菌病、乙型脑炎、猪丹毒、肺疫、猪囊尾蚴病和弓形虫病等。当发生疫病或怀疑发生疫病时，应采取以下措施。

（1）猪场应及时向当地畜牧兽医行政管理部门报告疫情。

（2）确诊发生口蹄疫、猪瘟等疫病时，养猪场应配合当地畜牧兽医管理部门，对猪群实施严格的隔离、扑杀措施；发生猪瘟、伪狂犬病、结核病、布鲁氏菌病、猪繁殖与呼吸综合征等疫病时，应对猪群实施净化措施。

（3）整个猪场要进行彻底清洗消毒，病死或淘汰猪的尸体要进行无害化处理，避免疫情进一步扩散。

五、严格消毒

1. 进场消毒

场门消毒池内放置2%烧碱或20%石灰乳，每周更换1次。进场人员、车辆及物品应从消毒池中趟过，另外用喷雾消毒装置，对车身和车底盘进行喷雾消毒。人员进入时还应在消毒间消毒更换工作衣帽鞋。

2. 猪舍消毒

在引进猪群前，应彻底消除空猪舍内杂物、粪尿及垫料，用高压水彻底冲洗顶棚、墙壁、地面及栏架，直至洗涤液透明清澈为止。干燥后按其容积每m^3用14g高锰酸钾和28mg福尔马林混合，密闭熏蒸12~24h，通风后再用2%烧碱或其他消毒剂冲洗消毒1次，24h后用洁净水冲去残药。

3. 场内消毒

整个场区每半个月要用2%~3%烧碱溶液喷洒消毒1次，不留死角，各栋舍内的走廊、过道每5~7天用3%烧碱溶液喷洒消毒1次。

4. 用具消毒

饲槽、水槽等用具每天洗刷，每周用氯制剂或其他药剂消毒1次。

5. 猪体消毒

饲养期间猪舍应每周进行带猪消毒1次，消毒液可用氯制剂、酚制剂、碘制剂等，按使用说明进行喷雾或喷洒消毒。母猪进产房前应洗刷干净全身，用0.1%高锰酸钾消毒乳房和阴部。

6. 污水和粪便的消毒

猪场粪便和污水中含有大量的病原菌，应对其进行严格消毒。对于猪的粪便，可用发酵池法和堆积法消毒；对污水可用含氯25%的漂白粉消毒，用量为每m^3水中加入6g漂白粉，如水质较差可加入8g。

7. 处理病死猪场地的消毒

病死猪要在指定地点烧毁或深埋，病猪走过或停留的地方，应清除粪便和垃圾，然后铲除其表土，再用2%～4%烧碱溶液消毒，每m^3 1L左右。

8. 发生重大疫病时应采取带猪喷雾消毒

带猪喷雾消毒应选择毒性、刺激性和腐蚀性小的消毒剂，如过氧乙酸和二氧化氯溶液等。各类猪只的消毒应用频率为：在疫情期间，产房每天消毒1次，保育舍可隔天消毒1次，成年猪舍每周消毒2～3次。带猪喷雾消毒时，所用药剂的体积以做到猪体体表或地面基本湿润为准。实践证明在疫病流行期间，为了防止或控制疾病蔓延，在治疗的同时，采用带猪消毒可取得良好的效果。

六、定期驱虫

1. 驱虫方法

猪寄生虫的防治应坚持“预防为主”的方针，每年春、秋两季各进行1次常规驱虫。在具体用药上，必须根据当地寄生虫流行状况和猪感染寄生虫的种类选择不同的药物，有时需要几种药物配合使用。除丙硫咪唑外，其他药物对寄生虫的幼虫和卵基本没有驱除作用，为了驱虫彻底，常需要在第1次驱虫的1周后再次用药。对妊娠母猪和仔猪，为避免引起不良反应，应注意掌握药物的剂量，慎用敌百虫等，可使用伊维菌素等安全性高的药物。

2. 驱虫程序

仔猪断奶后20天驱虫1次，间隔1.5～2个月再驱虫1次，后备猪间隔1.5～2个月进行第3次驱虫；新购进的仔猪到场后立即进行驱虫；肥育猪在50kg体重时驱虫，如果需要转群，转群前应用药1次；后备母猪、空怀母猪在配种前驱虫；妊娠母猪于产前2周再次驱虫后进入产房，以打破母猪与仔猪之间的寄生虫传播环节；后备种公猪进入配种前2周驱虫1次，以后每隔半年驱虫1次，如寄生虫危害严重，可每3个月驱虫1次。

3. 综合防治措施

在开展药物防治的基础上，还应采取以下综合措施。保持水源、饲料的清洁，防止粪便污染。应经常清扫猪舍、运动场，定期消毒。防止猫、鼠等动物进入猪场，以免污染饲料和环境。仔猪与成年猪分群饲养，避免互相传染，猪粪集于粪池经生物发酵以杀灭虫卵。

七、预防用药

规模化猪场在养猪生产中，易发生相应的某些疾病。适时添加药物，能够起到较好的预防保健作用，降低猪的发病率，提高养猪经济效益。

八、消除鼠害

老鼠对养猪的危害较大，不仅浪费猪饲料，破坏猪场的建筑物，还经常携带多种微生物和寄生虫，从而引起疫病的流行。猪场灭鼠工作非常重要，可以通过以下方法进行防鼠、灭鼠。

一是建筑防鼠。从猪场建筑和卫生着手控制鼠类的繁殖和活动，猪舍及周围的环境整洁，及时清除残留的饲料和生活垃圾，猪舍建筑如墙基、地面、门窗等方面要坚固，一旦发现洞穴立即封堵。

二是器械灭鼠。常用的有鼠夹子和电子捕鼠器（电猫）。用此方法捕鼠要考察当地的鼠情，弄清本地以哪种鼠为主，便于采取有针对性的措施。此外诱饵的选择常以蔬菜、瓜果作诱饵，诱饵要经常更换，尤其阴天老鼠更容易上钩。捕鼠器要放在鼠洞、鼠道上，小家鼠常沿壁行走，褐家鼠常走沟壑。捕鼠器要经常清洗。

三是药物灭鼠。中药主要有马钱子、苦参、苍耳、曼陀罗、天南星、白龙蓄、狼毒、山宫兰等。药物灭鼠时应千万注意人畜安全。

此外，猪场还要建立健全灭鼠制。一般猪场根据实际情况定期普查，及时灭鼠。

第二节 猪常见病的防治

一、猪瘟

猪瘟是由猪瘟病毒引起猪的一种急性、热性、接触性传染病。

（一）流行特点

自然条件下，猪、野猪是猪瘟病毒唯一宿主。不分年龄、性别和品种均易感。

传染源为病猪、愈后带毒和潜伏期带毒猪。病、死猪的所有组织、血液、分泌物和排泄物，持续毒血症并数月排毒的先天性感染的仔猪等所散播的大量病毒，不断污染周围环境，是导致猪瘟持续发生的主要原因。屠宰病猪的血液、脏器、废料和废水不经灭毒处理，也可大量散播病毒，造成猪瘟的发生和流行。被污染的饲料、饮水、运输工具以及管理人员服装也可成为传播本病的媒介。

病毒主要经消化道、呼吸道感染。也可经眼结膜、伤口、人工授精感染，也可经胎盘垂直传播。直接接触感染动物的分泌物、排泄物、精液、血液而感染；或通过养殖场访问者、兽医及猪贸易传播；通过污染的栏舍、器具、车辆、衣物、设备及采血针头间接传播；用未煮沸的废弃食品喂猪导致传播等。

本病一年四季均可发生，没有明显的季节性。然而受气候条件等因素的影响，以春、秋两季较为严重。治疗无效，病死率极高。呈流行性或地方流行性。

（二）临床表现

最急性型：突然发病，看不到任何症状即死亡；或突然发病，体温升高至41℃以上，呈稽留热。食欲减退，口渴，精神萎顿，嗜卧，乏力。腹下和四肢皮肤发绀和斑点状出血，很快因心力衰竭、气喘和抽搐死亡，病程1～2天。多发生在流行初期，较为洁净的易感猪群。

急性型：病初体温可升高达40.5～42℃，一般在41℃左右，发病后4～6天体温达到高峰，稽留4～10天。病猪明显减食或停食，但仍有食欲，喂食时走向食槽，口渴饮水或稍食后即回窝卧下。精神高度沉郁，常挤卧在一起，或钻入垫草下，颤抖。食欲减退，偶尔呕吐。嗜睡、挤堆。呼吸困难，咳嗽。结膜发炎，两眼有脓性分泌物。全身皮肤黏膜广泛性充血、出血。皮肤发绀，尤以肢体末端（耳、尾、四肢及口鼻部）最为明显。先短暂便秘，排球状带黏液（脓血或假膜碎片）粪块，后腹泻排灰黄色稀粪。大多在感染后5～15天死亡，小猪病死率可达100%。

慢性型：体温时高时低，呈弛张热型。便秘或下痢交替，以下痢为主。皮肤出疹、结痂，耳、尾和肢端等坏死。病程长，可持续1个月以上，病死率低，但很难完全恢复。不死的猪，常成为僵猪。多见于流行中后期或猪瘟常发地区。

温和型：潜伏期长，症状较轻不典型，病死率一般不超过50%，抗菌药物治疗无效，称为“温和型”猪瘟。病猪呈短暂发热（一般为40～41℃，少数达41℃以上），无明显症状。母猪感染后长期带毒，受胎率低、流产、死产、木乃伊胎或畸形胎，所生仔猪先天感染，死亡或成为僵猪。

（三）防治措施

（1）免疫接种。预防猪瘟最有效的方法就是接种猪瘟疫苗。

（2）开展免疫监测，采用酶联免疫吸附试验或正向间接血凝试验等方法开展免疫抗体监测。

(3) 及时淘汰隐性感染带毒种猪。

(4) 坚持自繁自养，全进全出的饲养管理制度。

(5) 做好猪场、猪舍的隔离、卫生、消毒和杀虫工作，减少猪瘟病毒的侵入。

二、猪丹毒

猪丹毒是由红斑丹毒丝菌（俗称猪丹毒杆菌）引起的一种人畜共患传染病。急性型表现为败血型或在皮肤上发生特异性红疹，慢性型表现为非化脓性关节炎或增生性心内膜炎。

(一) 流行特点

病猪及带菌猪是主要传染源。带菌的牛、马、羊、禽、狗是潜在的传染源。屠宰场、加工厂废料、废水、食堂残羹和腌制、熏制肉品等也可成为传染源。

病猪及带菌猪通过粪、尿和口、鼻、眼分泌物向体外排菌，污染饮料、饮水、土壤、用具和场舍等，主要通过消化道引起感染，其次是通过皮肤伤口感染。

感染动物主要为猪，不同年龄和品种的猪均易感，以 3 ~6 月龄青年猪发病率最高。其他动物如牛、羊、马、狗、鹿以及家禽、鸟类也有感染本病的报道。人也可感染。

本病一年四季都可发生，但以炎热多雨季发病较多。本病常呈散发性或呈地方流行性，有时呈暴发性流行。

(二) 临床表现

临床上一般可分为最急性型、急性型、亚急性型和慢性型，我国流行的猪丹毒以急性、亚急性居多，慢性较少。

最急性型：病程极短，在没有任何可见临床表现情况下，多突然死亡，剖检也无明显可见病理变化，偶可见于暴发初期。

急性型：又称败血型，多见于流行初期。大多数病例可见到明显症状，体温升高达42 ~43℃，精神沉郁、步态僵硬或跛行，结膜充血。初期粪干结，后期转为腹泻。发病1 ~2 天或死亡前，以耳根、颈下、胸前、腹下及四肢内侧等部位出现红斑，指压褪色。病程 2 ~ 4 天，发病率平均为 55.0% 左右，死亡率达 80% ~90%。哺乳仔猪和刚断奶仔猪一般突然发病，表现神经症状，抽搐，倒地而死。病程不超过1 天。

亚急性型：又称疹块型，其特征是皮肤表面出现疹块。体温升高达 41℃，常于发病后2 ~3 天在胸、腹、背、肩、四肢等处的皮肤发生疹块。初期充血，

指压褪色，后期淤血，呈紫黑色，压之不退。疹块发生后，体温逐渐下降，有的病猪多自行康复。病程约为 1 ~2 周。

慢性型：多由急性或亚急性转化而来，以关节炎（多见于腕、跗关节），或心内膜炎，或两者并发为主要症状。少数病猪呈皮肤坏死症状，多发生于背、耳、肩、蹄、尾等处皮肤。慢性型常发生于老疫区。

（三）病理变化

急性型猪丹毒肠黏膜发生炎性水肿，胃底、幽门部严重，小肠、十二指肠、回肠黏膜上有小出血点，体表皮肤出现红斑，淋巴结肿大、充血，脾肿大呈樱桃红色或紫红色，质松软，包膜紧张，边缘纯圆，切面外翻，肾脏表面、切面可见针尖状出血点，肿大。心包积水，心肌炎症变化。肝充血，红棕色。肺充血肿大。

疹块型：以皮肤疹块为特征变化。

慢性型：溃疡性心内膜炎，增生，二尖瓣上有灰白色菜花赘生物，瓣膜变厚，肺充血，肾梗塞，关节肿大变形。

（四）诊断

可根据流行病学、临床症状及尸体检查进行综合诊断，猪丹毒病应注意与其他疾病特别是与猪瘟、猪肺疫、猪流行性感冒、猪弓形虫病、李氏杆菌病作区别诊断。

必要时进行化验室诊断，常用方法：采血直接涂片镜检、分离培养、动物试验、全血平板凝集试验等。

（五）防制

(1) 加强饲养管理。对购入新猪隔离观察 21 天，对圈、用具定期消毒。发生疫情隔离治疗、消毒。未发病猪用青霉素注射，每天 2 次，连续 3 ~4 天。

(2) 预防免疫。种公、母猪每年春秋 2 次进行猪丹毒氢氧化铝甲醛苗免疫。育肥猪 60 日龄时进行 1 次猪丹毒氢氧化铝甲醛苗或猪三联苗（猪瘟、猪肺疫、猪丹毒）免疫 1 次即可。

(3) 治疗。对发病猪应早治疗。

①青霉素每千克体重 1 万 IU 静注或四环素每千克体重 5 000 ~10 000IU 或康迪注射液 0. 1 ~0. 2mL/kg 体重，1 日 2 次。

②氨苄青霉素静注或泰乐菌素等治疗。

三、猪肺疫

猪肺疫，又称猪巴氏杆菌病，是由多杀性巴氏杆菌引起的猪的一种急性、热性传染病。最急性型呈败血症和咽喉炎；急性型呈纤维素性胸膜肺炎；慢性型较少见，主要表现慢性肺炎。

（一）流行特点

本病的传染源为病猪及健康带菌猪。病菌存在于急性或慢性病猪的肺脏病灶、最急性型病猪的各个器官以及某些健康猪的呼吸道和肠道，可经分泌物及排泄物排出。

主要经呼吸道、消化道传染，也可经损伤的皮肤而传染。此外，健康带菌猪因某些因素特别是上呼吸道黏膜受到刺激而使机体抵抗力降低时，也可发生内源性传染。

各年龄的猪均易感，以中猪、小猪易感性更大。其他畜禽也可感染本病。

最急性型猪肺疫，常呈地方流行性。急性型和慢性型猪肺疫多散发，常与猪瘟、猪支原体肺炎等混合感染或继发。

（二）临床表现

最急性型：多见于流行初期，常突然死亡。病程稍长者，表现高热达41～42℃，结膜充血、发绀。耳根、颈部、腹侧及下腹部等处皮肤发生红斑，指压不全褪色。特征症状是咽喉红、肿、热、痛急性炎症，严重者局部肿胀可扩展到耳根及颈部。呼吸极度困难，口鼻流血样泡沫，多经1～2天窒息而死。

急性型：较为常见。主要呈现纤维素性胸膜肺炎。除败血症状外，病初体温升高达40～41℃，痉挛性干咳，有鼻漏和脓性结膜炎。初便秘，后腹泻。呼吸困难，常呈犬坐，胸部触诊有痛感，听诊有啰音和摩擦音。多因窒息死亡。病程4～6天，耐过者转为慢性。

慢性型：主要呈现慢性肺炎或慢性胃肠炎。病猪持续咳嗽，呼吸困难，鼻流出黏性或脓性分泌物，胸部听诊有啰音和磨擦音。关节肿胀。时发腹泻，呈进行性营养不良，极度消瘦，最后多因衰竭致死，病程2～4周。

（三）病理变化

最急性型：全身黏膜、浆膜和皮下组织有出血点，尤以喉头及其周围组织的出血性水肿为特征。切开颈部皮肤，有大量胶胨样淡黄或灰青色纤维素性浆液。全身淋巴结肿胀、出血。心外膜及心包膜上有出血点。肺急性水肿。脾有出血但不肿大。皮肤有出血斑。胃肠黏膜出血性炎症。

急性型：除具有最急性型的病变外，其特征性的病变是纤维素性肺炎。主要表现为气管、支气管内有多量泡沫黏液。肺有不同程度肝变区，伴有气肿和水肿。病程长的肺肝变区内常有坏死灶，肺小叶间浆液性浸润，肺切面呈大理石样外观，胸膜有纤维素性附着物，胸膜与病肺粘连。胸腔及心包积液。

慢性型：猪极度消瘦、贫血。肺脏有肝变区，并有黄色或灰色坏死灶，外面有结缔组织，内含干酪样物质；有的形成空洞，与支气管相通。心包与胸腔积液，胸腔有纤维素性沉着，肋膜肥厚，常常与病肺粘连。有时在肋间肌、支气管周围淋巴结、纵隔淋巴结及扁桃体、关节和皮下组织见有坏死灶。

（四）诊断方法

本病的最急性型病例常突然死亡，而慢性病例的症状、病变都不典型，并常与其他疾病混合感染，单靠流行病学、临床症状、病理变化诊断难以确诊。

（1）与类症鉴别。在临床检查应注意与急性猪瘟、咽型猪炭疽、猪气喘、传染性胸膜肺炎、猪丹毒、猪弓形虫等病进行鉴别诊断。

（2）实验室检查。取静脉血（生前），心血各种渗出液和各实质脏器涂片染色镜检。

（3）猪肺疫可以单独发生。也可以与猪瘟或其他传染病混合感染，采取病料做动物试验，培养分离病源进行确诊。

（五）防治措施

1. 治疗

最急性病例由于发病急，常来不及治疗，病猪已死亡。青霉素和四环素族抗生素对猪肺疫都有一定疗效。抗生素与磺胺药合用，如四环素 + 磺胺二甲嘧啶，泰乐菌素 + 磺胺二甲嘧啶则疗效更佳。“914”对本病也有一定疗效，一般急性病例注射 1 次即可，如有必要可隔 2 ~ 3 天重复用药 1 次。在治疗上特别要强调的是，本菌极易产生抗药性，因此有条件的应做药敏试验，选择敏感药物治疗。可采用以下药物：

（1）青霉素 80 ~ 240 万 IU 肌内注射，同时用 10% 磺胺嘧啶 10 ~ 20mL 加注射用水 5 ~ 10mL 肌内注射，12h 1 次，连用 3 天。

（2）庆大霉素 1 ~ 2mg/kg 体重、四环素 7 ~ 15mg/kg 体重，每日 2 次，直到体温降低为止。

2. 预防

（1）预防免疫。每年春秋两季定期用猪肺疫氢氧化铝甲醛菌苗或猪肺疫口服弱毒菌苗进行 2 次免疫接种。也可选用猪丹毒、猪肺疫氢氧化铝二联苗，猪瘟、猪丹毒、猪肺疫弱毒三联苗。接种疫苗前几天和后 7 天内，禁用抗菌药物。

（2）改善饲养管理。在条件允许的情况下，提倡早期断奶。采用全进全出制的生产程序；封闭式的猪群，减少从外面引猪；加强饲养管理，消除可能降低抗病能力因素和致病诱因，如圈舍拥挤、通风采光差、潮湿、寒冷等。圈舍、环境定期消毒。对新购入猪隔离观察1个月后无异常变化方可合群饲养。

(3) 药物预防。对常发病猪场，要在饲料中添加抗菌药进行预防。

四、口蹄疫

本病是由口蹄疫病毒引起偶蹄动物的一种急性、热性、高度接触性传染病。主要特征：口腔黏膜、蹄部、乳房上出现水泡，形成溃烂，可进一步发展为败血症。口蹄疫病毒具有多型性、易变的特点。病毒对酸敏感，过氧乙酸、次氯酸、乙酸的消毒效果较好。

本病一年四季均可发生，但以冬春、秋季气候较寒冷时多发。本病传染性极强，常呈流行性，流行周期为每2~5年1次。主要传染源为患病动物和带毒动物，通过水泡液、排泄物、分泌物、呼出的气体等途径向外排散感染力极强的病毒，污染饲料、水、空气、用具和环境。病猪屠宰后，通过未经消毒处理的肉品、内脏、血、皮毛和废水而广泛传播。此外人工授精也能传播，鸟类、鼠类可机械传播本病。

(一) 临床病状

本病的潜伏期为24~96h，病初体温高，食欲减少，精神不振，随病程的发展，在蹄冠、蹄踵、蹄叉、口腔的唇、齿龈、舌面、乳房的乳头等部位出现一个、几个或更多的米粒大小的水泡，水泡破裂后形成鲜红色的烂斑，干燥后形成黄色痂皮。严重时蹄壳脱落，出现跛行。如无细菌继发感染，经1~2周后病损部位结痂愈合，若蹄部病损严重则需3周以上才能愈合。口蹄疫对成年猪的致死率一般不超过3%，初生仔猪和哺乳仔猪常表现急性肠炎和心肌炎而突然死亡，病死率可达60%~80%。妊娠母猪可发生流产。

(二) 病理变化

本病除口腔、蹄部的水泡和烂斑外，在咽喉、气管、支气管和胃黏膜有时发生圆形烂斑和溃疡，溃疡上盖有黑棕色痂块。小肠黏膜可见出血性症状。仔猪心包膜有弥漫性或点状出血，心肌切面有灰白色或淡黄色斑点或条纹，心肌松软似煮熟状称为“虎斑心”。猪蹄部继发感染可出现化脓性出血性炎症。

(三) 诊断

根据疾病的特点，临床症状、病理变化、流行病学可做出初步诊断。但要确诊，区别于水泡病、水泡疹、水疱性口炎必须进行实验室诊断。

(四) 防治措施

(1) 加强防疫。防止疾病的传入，控制污染地区。猪场进行严格消毒程序。

常用消毒药有1%～2%氢氧化钠、30%草木灰、1%～2%甲醛溶液。正确的消毒程序是：分别选用上述药品，喷洒周围环境，保持4h以上，再彻底清扫粪尿、垃圾、泥土、污物，然后堆积发酵或焚烧。第2次喷洒并维持4h以上。猪舍的水泥地面及运载工具用自来水冲洗干净，干燥后喷雾或喷洒，自然干燥后使用。

（2）发生病后。患畜全部淘汰，并采取隔离封锁措施，彻底消毒。

（3）场周围地区发生本病。本场猪群应进行疫苗免疫接种，对于常发地区按期进行免疫。母猪在妊娠初期和分娩前1个月各接种1次灭活苗（单价灭活苗、口蹄疫灭活病毒与猪瘟弱毒的联苗等）。仔猪在40日龄或80日龄注射1次，即可获得较强的免疫能力。

（4）紧急防制。可用口蹄疫灭活疫苗注射。对未发病的猪群紧急接种疫苗，常规苗为每头5mL，高效价苗为每头3mL。或用口蹄疫高免血清或康复动物血清进行被动免疫，按每千克体重0.5～1mL皮下注射，15天后加强免疫1次。对于已发病的猪群，全部淘汰，猪舍进行全面消毒。

五、高致病性猪蓝耳病

高致病性猪蓝耳病是由猪繁殖与呼吸综合征病毒（PRRS）变异株引起的一种急性高致死性传染病。

（一）流行特点

在自然流行中，本病仅见于猪，其他家畜未见发病。不同年龄、性别和品种的猪均能感染。但不同年龄的猪易感性有一定差异。母猪和仔猪较易感，发病时症状较为严重。

病猪和带毒猪是主要传染源。病猪的鼻液、粪便、尿液均含有病毒。耐过猪可长期带毒和排毒。最主要和常见的传播途径是病猪移运和地区内病毒经空气传播。病毒经呼吸道感染，因此，当健康猪与病猪接触，如同圈饲养、频繁调运、高度集中更易导致本病的发生和流行。

PRRSV感染猪体的途径很多，包括口腔、鼻腔、肌肉、腹腔和生殖道。可通过空气传播，也可垂直传播。传染常常发生于猪只之间的密切接触，是一种高度接触性传染病。猪只直接接触极易造成PRRSV的传播，因此猪场内和猪场间猪只的移动是成为最主要的传播方式。从母猪到仔猪的传播，主要是在子宫中或出生后发生，或者是易感仔猪与感染猪混群，使病毒持续循环传播。

（二）临床表现

体温明显升高，可达41℃以上。眼结膜炎、眼睑水肿。咳嗽、气喘等呼吸道症状。部分猪后躯无力、不能站立或共济失调等神经症状。仔猪发病率可达

100%，死亡率可达50%以上。母猪流产率可达30%以上，成年猪也可发病死亡。

（三）病理变化

感染PRRSV发生流产，早产的母猪以胎盘大块状出血，胎膜上常有黑红色血泡为主要变化，血泡触之有硬感，切开鲜红色血泡，内为浓稠的血液，黑红色血泡内为糊状的黑红色血。PRRSV母猪产出的死胎多发生腐败自溶，胎膜上也常有黑红色泡。流产胎儿，死胎或母猪死后剖出的胎儿病理变化有3个共同点：①皮下广泛性出血并发生红色胶样变。②心脏冠状沟，纵沟周围出血，红色胶样变。③肾皮质部出血。弱仔或仔猪患PRRS死亡后，多见眼四周水肿，肺变为白色，其间有红色斑块，不塌陷，称“花斑肺”，肾表面有灰白色坏死灶或针尖大出血点，部分肾间质扩大。

（四）诊断

诊断PRRS要特别留意生殖障碍性病史，在一个猪场中若出现下面4种情况，即可疑似为PRRS感染：①母猪发生繁殖障碍，流产、早产、产死胎、木乃伊胎、弱仔。②保育生长猪出现厌食，体温升高达40～41℃，呼吸困难，耳、阴囊、阴户出血，发绀，皮肤毛孔出血或菜子粒状出血及发展变化。③哺乳仔猪患病死亡率高。④胎盘大块状出血，胎膜上有血泡，死胎皮下广泛出血并有红色胶样变；病死猪有间质肺炎，肺肿胀，不塌陷，表面有红褐色斑。要确诊可做血清学检验。

（五）防治

1. 预防

（1）免疫接种。目前，预防和控制PRRS的主要措施是对猪群免疫接种，市场销售的疫苗有灭活苗和弱毒苗2种。到底使用哪种苗，在学术上还处于百家争鸣之中。从实践的结果看，当猪场发生PRRS以后，应用PRRS弱毒活疫苗紧急免疫注射，在短时间内病猪会有明显好转，在1年内免疫接种3次，疫情能控制住。

（2）免疫程序。①种公猪用灭活苗接种2次，第1次接种后，间隔20天，用同样疫苗，同样剂量再免1次，其他的猪用弱毒活疫苗接种，其中，妊娠70天以上的母猪暂不接种，待分娩仔猪断奶后再接种。仔猪做常规免疫，3周龄和10周龄各免1次。②人工自然感染产生免疫力是让健康猪自然接触病猪的粪便，死胎，木乃伊胎，弱仔的内脏等，使猪体产生免疫力，抵抗PRRSV的发生。这个方法除PRRS外还适用于细小病毒病，猪断奶后多系统衰弱综合征，传染性胃肠炎，轮状病毒等肠病毒感染以及大肠杆菌感染所致的猪病。具体做法是：每10头后备母猪或新母猪用1个死胎或1个弱仔的内脏打浆，加适量冷水，拌料喂猪，收集分娩当天所有木乃伊和胎盘置于后备母猪或新母猪栏中，让其自然感染。从繁殖母猪群中，每天收集粪便，加水拌料喂猪，每头后备母猪或新增母猪每次用粪便100～200g，加冷水500mL，充分混合，拌料喂，配种前1月喂2次，每次连喂1周。

2. 治疗

在免疫接种的同时，加强消毒，对病猪进行抗病毒和提高免疫力的治疗还是有希望的。①利巴韦林第1次量为每10kg体重15mg肌内注射，第2次，第3次每10kg体重10mg，每日1次，连用3次。也可按此量加入500mL 5%的糖盐水中，静脉注射。②复方黄芪多糖注射液（含黄芪多糖，甲磺酸培氟沙星，利巴韦林，安乃近），静脉或肌内注射。

六、猪链球菌病

猪链球菌病是由不同血清群链球菌感染引起猪的不同临床症状类型疾病的总称。猪Ⅱ型链球菌病的特征为高热，出血性败血症，脑膜脑炎，跛行和急性死亡；慢性型链球菌病的特征为关节炎，心内膜炎和化脓性淋巴结炎。

（一）流行特点

各种年龄的猪都易感，但新生仔猪和哺乳仔猪的发病率、病死率最高，其次是架子猪和怀孕母猪。本病一年四季均可发生，以5～11月发生较多。急性败血型链球菌病呈地方流行性，可于短期内波及同群，并急性死亡。慢性型多呈散发。

（二）临床表现

少数猪呈最急性型，不见症状突然死亡。多数猪呈急性败血型，突然高热稽留，食欲减退或废绝，结膜潮红、出血、流泪、流鼻液，呼吸急迫，间有咳嗽。颈部皮肤最先发红，由前向后发展，最后于腹下、四肢下端和耳的皮肤变成紫红色并有出血点，跛行。个别病例出现血尿、便秘或腹泻，粪带血，多在3～5天内死亡。

急性脑膜脑炎型：主要表现为脑膜炎症状，尖叫、抽搐，共济失调，口吐白沫，昏迷不醒，最后衰竭麻痹，常在2天内死亡。

亚急性型：与急性型相似，但病情缓和，病程稍长。

慢性型：主要表现为关节炎，以内膜炎，化脓性淋巴结炎，子宫炎，乳房炎，咽喉炎，皮炎等。

（三）病理变化

急性败血型：以出血性败血症病变和浆膜炎为主，血液凝固不良，耳、腹下及四肢末端皮肤有紫斑，黏膜、浆膜、皮下出血，鼻黏膜紫红色、充血及出血，喉头、气管黏膜出血，常见大量泡沫，肺充血肿胀，全身淋巴结有不同程度的充血、出血、肿大，有的切面坏死或化脓。黏膜、浆膜及皮下均有出血斑。心包及胸腹腔积液，浑浊，含有絮状纤维素，附着于脏器，与脏器相连。脾肿大。

脑膜脑炎型：脑膜充血、出血，严重者溢血，部分脑膜下有积液。脑切面有针尖大的出血点，并有败血型病变。

慢性关节炎型：关节皮下有胶样水肿，关节囊内有黄色胶胨样或纤维素性脓性渗出物，关节滑膜面粗糙。

（四）诊断

本病症状和病变较复杂，易与急性猪丹毒、急性猪瘟、李氏杆菌病相混淆，因此确诊要进行实验室诊断。

（1）镜检。病猪的肝、脾、肺、血液、淋巴结、脑、关节囊液、腹、胸腔积液等均可作涂片，染色镜检，如发现单个，或双或呈短链的革兰氏阳性球菌，即可确诊，但应注意与链球菌和两极浓染的李氏杆菌相区别。

（2）分离培养。取上述病料接种于血液琼脂平皿，37℃培养24～48h，可见β溶血的细小菌落，取单个的纯菌落进行生化试验和生长特性鉴定。选取菌落抹片、染色、镜检亦见上述相同细菌。

（3）动物接种。病料制成5～10倍乳剂，给家兔皮下或腹腔注射1～2mL，或小鼠皮下注射0.2～0.4mL，接种动物死亡后，从心血、脾脏抹片或分离培养，进一步确诊。

（五）防治

（1）治疗。一旦发病，全群猪都要在饲料中添加敏感药物，预防继续传播造成更大的损失。有条件要做药敏试验，选择敏感药物治疗。用大剂量青霉素，氨苄青霉素，先锋Ⅳ、Ⅴ、Ⅵ，小诺霉素和磺胺嘧啶，磺胺六甲氧，磺胺五甲氧早期治疗有一定的疗效。

（2）预防。猪场建筑要科学合理，空气流通。要做好猪舍卫生和消毒工作。目前已有商品猪链球菌疫苗，必要时可用。

七、仔猪黄痢

仔猪黄痢又称早发性大肠杆菌病，是由大肠杆菌埃希氏菌引起的乳猪常见肠道传染病之一。仔猪黄痢对仔猪的危害是非常大的，如果没有合理的防治措施，

常常会给猪场带来巨大的经济损失。

(一) 临诊症状

仔猪常在出生后数 h 至 7 天内发病，以 2 ~ 4 天最常见。常常先是一头仔猪发生，很快蔓延到全窝。病猪排黄色稀粪，后拉半透明的黄色液体，有腥臭味，严重时肛门松弛，排粪失禁，粪水污染尾巴、会阴、臀部和四肢等。病仔猪衰弱，常见昏睡。捕捉时尖叫，由肛门流出黄色稀粪。仔猪发病后被毛粗乱无光，皮肤松弛，常站立不动，走起路来摇晃，最终常因体力不支而倒地死亡。

(二) 病理变化

剖检濒死的仔猪常见胃、肠黏膜急性卡他性炎症，以十二指肠最为严重，其次是空肠、回肠，内容物为酸臭味且较稀薄。胃壁黏膜水肿，表面附着多量黏液。肝脏常有瘀血，呈紫色或黄色相间的嵌纹状色彩，稍肿大。胆囊一般不扩张，有的甚至缩小，胆汁浓稠。肾脏不肿大，被膜光滑易剥离，色泽常比正常的苍白，其他脏器无明显的眼观变化。

(三) 防制

1. 预防

(1) 加强饲养管理，搞好环境卫生，对饲养员严格要求，每天在 5：00，11：00，15：00，18：30，21：30 5 个时间点定时饲喂，每周 2 次对猪舍内各进行一次消毒，猪场每周用 1：1 500的百毒杀液进行一次大消毒。进出人员应在紫外光灯下每次严格消毒 10min。对母猪加强饲养管理，供给妊娠母猪全价饲料，促进母猪分泌更多更好的乳汁，保证仔猪的营养需要。母猪在产前 30 天和 15 天分别注射 K88、K99 大肠杆菌苗。母猪在产前 1 周进入产房，在进产房前用 0.1% 的高锰酸钾溶液擦洗母体，特别是乳房、乳头、股内和胸腹部。产房也要进行严格的卫生消毒。母猪产前的 7 天内，在其饲料中拌入土霉素，饮水中加入氟哌酸。

(2) 仔猪出生后，剪脐带时要严格消毒，并尽快吃上初乳。另外，仔猪出生后第 3 天，补充铁制剂，间隔 2 天再用 1 次。加快空气的流通，保证猪舍和保温箱内合适温度。粪便立即清理冲洗，保持栏内清洁。饲养员日夜轮班护理产后母、仔猪，做到及时发现病情，立即采取应对措施。

2. 治疗

(1) 在用药之前做药敏试验。本病对氟苯尼考、黄连素高度敏感；对环丙沙星、土霉素、诺氟沙星、磺胺嘧啶、庆大霉素中度敏感；对链霉素、恩诺沙星不敏感。根据这一结果，仔猪在出生后、开奶前就给其注射 1% 黄连素 1.5 ~

2.0mL，第2天注射1.5～2.0mL的土霉素。对出现黄痢的仔猪，每头注射氟苯尼考1.5mL，同时灌服诺氟沙星与庆大霉素1∶1的混合液1～1.5mL，早晚各1次。第2天，给发病的猪注射1.5mL的黄连素，并给其灌服由庆大霉素稀释的活性炭2mL，早晚各1次。另外，视情况给仔猪补液强心，灌服复方氯化钠和10%的葡萄糖混合液。

（2）用0.2～0.3g的土霉素，温开水调成糊状，涂于母猪的乳头让仔猪吮吃，每日3次，连用3天。同时用水、庆大霉素、环丙沙星与活性炭混合灌服，2mL/头，有明显的效果。

八、仔猪红痢

仔猪红痢，又称猪梭菌性肠炎、猪传染性坏死性肠炎，是由C型或A型魏氏梭菌所引起的急性传染病。主要发生于3日龄以内的新生仔猪。其特征是排红色粪便，肠黏膜坏死，病程短，病死率高。在环境卫生条件不良的猪场，发病较多，危害较大。

（一）流行特点

本病发生于1周龄以下的仔猪，以1～3日龄的新生仔猪最多见，偶尔可在2～4周龄及断奶仔猪中见到。魏氏梭菌广泛存在于人畜肠道、土壤、下水道及尘埃中，在饲养管理不良时，容易发生本病。在同一猪群内各窝仔猪的发病率相差很大，最低的为9%，最高的达100%。病死率为5%～59%，平均为26%。

（二）临床症状

本病的病程长短差别很大。最急性病例排血便，往往于生后当天或第2天死亡；急性病例排浅红褐色水样粪便，多于生后第3天死亡；亚急性病例开始排黄色软粪，以后粪便呈淘米水样，含有灰色坏死组织碎片，有食欲，但逐渐消瘦，于5～7日龄死亡；慢性病例呈间歇性或持续性下痢，排灰黄色黏液便，病程十几天，生长很缓慢，最后死亡或被淘汰。

（三）病理变化

病变常局限于小肠和肠系膜淋巴结，以空肠的病变最重。最急性病例，空肠呈暗红色，肠腔充满血染液体，腹腔内有较多的红色液体，肠系膜淋巴结呈鲜红色。急性病例的肠黏膜坏死变化最重，而出血较轻，肠黏膜呈黄色或灰色，肠腔内有血染的坏死组织碎片黏着于肠壁，肠绒毛脱落，遗留一层坏死性伪膜，有些病例的空肠有约40cm长的气肿。亚急性病例的肠壁变厚，容易碎，坏死性伪膜更为广泛。慢性病例，在肠黏膜可见1处或多处的坏死带。

(四) 防治措施

本病的治疗效果不好，或来不及治疗，主要依靠平时的预防。首先要加强猪舍与环境的清洁卫生和消毒工作，产房和分娩母猪的乳房应于临产时彻底消毒。有条件时，母猪分娩前半个月和1个月，各肌内注射仔猪红痢菌苗1次，剂量5~10mL，可使仔猪通过哺乳获得被动免疫。如连续产仔，前1~2胎在分娩前已经2次注射过菌苗的母猪，下次分娩前半个月注射1次，剂量3~5mL。另外，仔猪生下后，在未吃初乳前及以后的3天内，投服青霉素或与链霉素并用，有防治仔猪红痢的效果，用量：预防时每千克体重8万IU，治疗时每千克体重10万IU。每日2次。

九、猪流行性感冒

猪流行性感冒是由A型流感病毒引起的一种猪的急性、高度接触性、传染性呼吸道传染病。以突然发病，咳嗽、呼吸困难，发热以及迅速康复为特点。本病多发于寒冷季节，尤其是冬、春季节易发生。本病病原主要存在于病猪和带毒猪的呼吸道分泌物中，对热和日光的抵抗力不强，一般消毒药均能迅速将其杀死。

不同品种、日龄、性别的猪均对本病易感。一般病毒经呼吸道感染，在猪群中传播迅速，很快波及全群，多呈流行性发生。本病虽发病率高，但病死率低。如有其他病原的继发感染，则加重病情。

(一) 临床症状

本病潜伏期2~7天，发病初期体温突然上升，达到40~42℃，猪表现出精神状态不佳，厌食或者食欲废绝，喜钻草窝，全身寒战，皮温高，烫手，两眼发红，怕光流泪，呼吸急促，咳嗽，有鼻涕，有的甚至鼻涕带血，大便干燥，如护理不当常引起肺炎或其他疾病而死亡。病程较短，一般6~7天自行康复。

(二) 诊断

根据本病大多于深秋、早春、气候聚变时发生的流行特点，结合其临床的四大表现（高温、咳嗽、流鼻涕、腹式呼吸）而诊断。人流感流行时对本病的诊断有一定的参考价值，具体确诊可以进行实验室诊断。

(三) 防制

对于本病治疗无有效疫苗和特效药物。治疗一般用5-碘脱氧尿苷，但对机体毒性不大。可同时注射抗生素和磺胺类药物，使用止咳祛痰、清热解毒的药物，以控制并发症和继发症的发生，必要时可使用中药制剂：柴胡6g，防风18g，蒿本12g，茯苓皮12g，枳壳12g，陈皮18g，薄荷18g，菊花15g，紫苏16g，生姜为引煎服。

防止猪流感的发生要保持猪舍卫生，注意通风、防寒保暖，严防“贼风”偷袭，定期用10% ~30%石灰乳或5%漂白粉水消毒。对患病猪，最重要的事是做好护理工作，采取保持猪圈清洁、干燥、温暖，供给清洁饮水等措施。

十、猪食盐中毒

食盐为畜禽饲料中的组成部分，对维持机体健康起到很大作用，是有机体不可缺少的物质，如饲喂不当或过多，则易发生中毒，以神经症状和消化紊乱为临床特征。猪的食盐摄入量超过每千克体重2.2g，就有引起中毒的危险性。致死量100 ~250g。

（一）病因

（1）食盐中毒多见于猪。猪吃了咸鱼、咸肉、酱油渣、咸菜或其卤水，饲料中食盐过多。

（2）平时不喂盐，突然加喂盐且未加限制，给盐混合不均，给盐后饮水少或不给水。

（3）在使用氯化钠、硫酸钠、丙酸钠、乳酸钠时过量。

（4）喂给劣质咸鱼粉、饭店残剩泔水、菜等。

（二）临床症状

因中毒量不同，症状有轻有重。体温38 ~40℃，因痉挛而升到41℃，也有的仅36℃，食欲减退或消失，渴欲增加喜饮水，尿少或无尿。不断空嚼大量流涎、白沫、呕吐。出现便秘或下痢，粪中有时带血。口腔黏膜潮红肿胀，有的有腹疼。腹部皮肤发紫、发痒，肌肉震颤。心跳每分钟100 ~120次，呼吸加快，发生强直痉挛，后驱不完全麻痹或完全麻痹，大约5 ~6天死亡。最急性，兴奋奔跑，肌肉震颤，继则好卧昏迷，2天内死亡。急性，瞳孔散大，失明耳聋，不注意周围事物，步行不稳，有时向前直冲，遇障碍而止，头朝上向前挣扎，卧下时四肢做游泳动作，偶有角弓反张，有时癫痫发作，或做圆圈运动，或向前奔跑，7 ~20min发作1次。

（三）病理变化

胃黏膜有充血及出血性炎症和溃疡，胃底部更严重。小肠有卡他性炎症，大肠内容物干燥并粘附在肠黏膜上，回肠显著充血、出血，甚至多处溃疡，肝肿大，质脆。心肌松弛，有小出血点，肺水肿，肠系膜淋巴结充血、出血，肾紫红色肿大，包膜易剥离，胆囊膨满，胆汁淡黄，尸僵不全，血液凝固不全成糊状。脑充血、水肿、可见灰质软化。

(四) 诊断

了解病史，结合临床症状、病理变化、实验室检查胃肠内容物中氯的含量(健康猪胃内容物氯含量为0.31%，小肠为0.16%，盲肠为0.10%，肝脏氯化钠为0.17%～0.28%)。同时在临床诊断中注意与癫痫、猪传染性脑脊髓炎、猪乙型脑炎及某些中毒性疾病鉴别。

(五) 防治

注意饲料中的盐含量。每千克饲料，仔猪不超过0.4%，育肥猪不超过0.21%，母猪不超过0.35%。并保证充足的饮水。用酱渣、酱油渣、腌菜水、咸鱼及鱼粉等东西喂猪要控制数量，最好避免用上述东西饲喂。在治疗中用氯化钠、碳酸钠、乳酸钠等药品时应严格掌握用量，以免发生中毒。猪发生食盐中毒后，查明原因，及时治疗。

(1) 多次给予限量新鲜饮水，不要无限制地1次大量饮水，也不要强迫喂水。

(2) 用0.5%～1%鞣酸溶液洗胃或内服1%硫酸铜50～100mL催吐，再内服白糖150～200g或面粉糊、牛奶、植物油等保护胃肠黏膜。5%葡萄糖500～1 000mL、樟脑磺酸钠5～10mL、25%维生素C，2～4mL静脉注射，必要时8～12h再注1次，小猪减量。

(3) 病程稍长，脑有水肿可能，用甘露醇100mL(25kg体重) 加5%葡萄糖100～200mL静注。

(4) 抑制狂燥兴奋不安，用氯丙嗪每千克体重1～3mg或25%硫酸镁20～40mL肌内注射，或用巴比妥、水合氯醛、静松灵、溴化钠等药。如排尿液少或无尿用10%葡萄糖250mL与速尿40mL混合静注，每日2次，连用3～5天，排出尿液时停用。如病猪出现牙关紧闭不能进食，用0.5%的普鲁卡因10mL两侧牙关、锁口穴封闭注射。

(5) 醋200mL加水或生豆浆1 000mL，或甘草50～100g加绿豆200～300g煎服。

(6) 生石膏25g、天花粉25g、鲜芦根35g、绿豆40g，煎汤候温内服(15kg左右体重猪用量)。

第八章 猪场建设

第一节 场址的选择

猪场选址，应根据猪场的经营方式、规模、生产特点（种猪场或商品猪场）、工厂化程度等基本特点，从猪场的位置、占地面积、地形地势、土质、水源以及气候特点等方面进行全面的考虑。正确的选择场址和科学合理布局，是建设猪场的关键，它既可方便生产管理，又可为规范的疫病预防控制打下基础。

一、地理位置

猪场与城市之间应有一个适宜的距离。从生物安全的角度来说，养殖场离城市的距离越远，越有利于防疫体系的构筑和控制，有助于生物安全体系的建立。但从交通和交易的角度考虑，养殖场离城市太远又不利于发展。因此，应具体情况具体考虑，在有效防疫和发展之间寻找一个合适的距离。一般来说，场地既要与主要交通干线有一定的距离（最好在1 000m 以上），以利于防疫，又要能满足运输的需要。原种场、种猪场应远离市区，而且要为城市居民服务的肉、商品猪场则可设在近郊，相距 10 ~ 50km，小规模养猪场与附近居民点的距离一般需 500m 以上，大型猪场 1 500m 以上。

猪场与其他畜禽场之间的距离越远越好。从疫病的控制考虑，畜禽场之间的距离原则上也是越远越好，一般不少于 500m，大型畜禽场之间要求更高。

二、地势要求

场地应选地势高燥、平坦、易于排水排污、通风向阳、地面要平坦而稍有坡度，以便排水。平原地区选址应稍高于四周，靠近河流湖泊的地区应选较高处，山区宜选择向阳缓坡，场区坡度在 25°以下，建筑区坡度在 20°以下。要向阳避风以保持场区小气候温热状况的相对稳定，减少冬春风雪的侵袭，特别要避开西北方向的山口和长形谷地。低洼潮湿的场地，空气相对湿度较高，不利于猪体的体热调节，而有利于病原微生物和寄生虫的生存，严重影响养猪场建筑物的使用寿命；沼泽地区常是鸡只体内外寄生虫和蚊蝇生存聚集的场所，这类地形都不宜作猪场场址之用。

三、地形要求

地形要开阔整齐，地形整齐便于猪场内各种建筑物的合理布置。场地过于狭长或边角太多会影响场区的合理布局，拉长生产作业线，使场区的卫生防疫和生产联系不便。同时也增加了场区卫生防护设施的投资，会有很多卫生死角。

四、土壤要求

养猪场的场地选择在砂壤土地区较为理想。由于客观条件的限制，选择理想的土壤是不容易的。这就需要在猪舍的设计、施工、使用和其他日常管理上，设法弥补当地土壤的缺陷。

五、水源要求

猪场正常生产必须有可靠的水源作为保证。选择水源，首先要能满足场内的生产、生活用水，并考虑到防火和未来发展的需要。灌溉用水则应根据场区绿化、饲料种植情况而定。其次要求水质良好，须符合饮用水标准。

第三是水源周围的环境卫生条件应较好，以保证水源水质经常处于良好状态。以地面水作水源时，取水点应设在工矿企业的上游。

六、面积规划

建场土地的面积要根据所饲养猪的种类、饲养管理方式、规模、猪舍建筑类型和排列方位、场地具体情况等因素确定。此外，根据养猪场今后的发展规划，应留有一定的空间以便将来发展。

第二节　场区建设布局

一、总体布局要求

规模养猪场总体规划与布局上，应从有利于生产，方便生活等方面来考虑。一般分为：管理区、生产区和卫生防疫隔离 3 个功能区。各功能区要求界限分明，布局科学。建筑物应相对集中，排列整齐。小规模养殖场（500 头以下），功能区之间应有不少于 50m 的防疫隔离带，并带有围墙；1 000头以上中大猪场，管理区与生产区之间距离应在 200 ~ 300m；生产区与疫病隔离区要保持 300m 以上距离。

（一）管理区

管理区应位于生产区常年主导风向的上风向及地势较高处，管理区内包括工作人员的生活设施、办公设施、与外界接触密切的生产辅助设施（饲料库、车库等）和门卫值班室、厕所、围墙大门等。

（二）生产区

生产区位于场区全年主导风向下风向或侧风向处。生产区内的配种公猪舍、空怀母猪舍、妊娠母猪舍、分娩哺乳猪舍、仔猪保育舍、育成猪舍、育肥猪舍，要划分为不同的小区或车间。并按地势由高到低或全年主风向，按上述顺序依次排列，最大限度减少配种、仔猪断奶、育肥转圈等造成的应激反应。

（三）防疫隔离区

防疫隔离区应位于生产区下风向及地势较低处。隔离区设施包括：兽医室、病猪隔离舍、病（死）猪焚烧处理、粪便污水处理等设施。

（四）附属设施

（1）生产区大门出入口应设值班室、人员更衣消毒室、车辆消毒通道和装卸猪台。

（2）生产区内净道、污道分开。场内道路应为混凝土硬化路面，净道宽 4 ~ 8m；污道宽 3 ~6m。净道、污道不能交叉。

（3）生产区的污水及自然降水排放要分开，用暗沟或管道，其中污水必须排入无害化处理设施。

二、主体建筑与配套设施

（一）猪舍建筑形式

猪舍的建筑形式应根据当地自然气候条件，因地制宜地采用半开敞式或有窗（单层或多层）、封闭式猪舍。猪舍的屋顶形式应采用双坡式屋顶，净高度不低于 2.5 ~2.7m，跨度以 9 ~15m 为宜。猪舍内猪栏可根据生产需要布置为单列式、双列式或多列式。

（二）猪舍布局

猪舍朝向一般为坐北向南，南北向偏东或偏西角度不超过 15°，保持猪舍纵向轴线与当地常年主导风向呈 30° ~60°，横向成排，竖向成列。

猪舍的排列形式有单列式、双列式和多列式 3 种。单列式适合于猪舍数量在 4 栋以下的小型养猪场，双列式适合于猪舍数量较多的中型养猪场，多列式适合于大型养猪场。

在单列式排列中，猪舍两边的道路分别是运送饲料的净道和运输粪便等的污道；双列式布置通道常将净道设置在中间，两边的道路为污道；多列式布置可根据实际情况设置净、污道。

猪舍间距通常为猪舍高度（一般按檐高计算）的3~5倍，即7~12m。猪舍排列按照当地主导风向和抗病力大小排序，顺序依次为配种猪舍、妊娠猪舍、分娩哺乳猪舍、培育猪舍、育成猪舍和肥育猪舍。

（三）猪舍建筑面积

封闭式猪舍长度以40~60m为宜，敞开式猪舍长度以30~40m为宜。在适宜的饲养密度下，各类猪群所需猪栏面积为：

种公猪5.5~7.5m^2/头；

空怀、妊娠母猪1.8~2.5m^2/头；

分娩哺乳母猪3.7~4.2m^2/头；

后备母猪1.0~1.5m^2/头；

保育猪0.3~0.4m^2/头；

生长猪0.5~0.7m^2/头；

育肥猪0.7~1.0m^2/头。

（四）养猪设备

主要包括猪栏、消毒、称重、通风、取暖、供水、供电、饲喂、废污处理和运输设备等。各生产环节设施化率应达到80%以上。其中，母猪高床产仔、网上育仔和自动饮水设施化率应达到100%。猪舍温度、通风自动控制等设施化率应达到80%以上。猪舍应配套高压喷雾消毒设施。

猪场环境污染物来源和无害化处理措施

第一节　猪场环境污染物的来源及危害

一、猪场臭气—污染空气

猪排泄物中含有机酸、醇类、酮类、醛类、酚、杂环族、氨及硫化物等，而酸和酮这些物质在厌氧的环境条件下，可分解释放出带酸味、臭蛋味、鱼腥味、烂白菜味等带刺激性的特殊气味。除此之外还有猪运动过程产生的粉尘、孢子（Spore）、呼出的二氧化碳（CO_2）、排出的甲烷等气体。臭气浓度与猪只体重、通风率、季节、管理方式、饲养密度、湿度及温度有关。当畜舍内温度超过25℃则臭气浓度增加，湿度提高亦会提高臭气飘散，经水冲洗的猪舍较未冲洗的猪舍，臭气浓度低，若臭气浓度不大、量少，可由大气释稀扩散到上空，不会引起公害问题。若臭气量大且长期高浓度的臭气存在，会使人有厌恶感，给人们带来精神不愉快，影响人体健康。

根据测算一般情况下，1 头育肥猪从出生到出栏，排粪量 850 ~ 1 050kg，排尿 1 200 ~ 1 300kg。1 个 1 000 头猪场每年排放纯粪尿 3 000t 左右，再加上生产中冲洗圈舍的污水，每年可排放粪尿及污水 6 000 ~ 7 000t 左右。若以生物耗氧量（BOD）来折算，则 1 头猪 1 天所排粪尿的 BOD 相当于 10 口人。

二、粪便、废水—污染土壤、水源

猪粪尿中含有大量的氮、磷、微生物和药物以及饲料添加剂的残留物，它们是污染土壤、水源的主要有害成分。1 头育肥猪平均每 1 天产生的废物为 5. 46L，1 年排泄的总氮量达 9. 534kg，磷达 6. 5kg。1 个千头猪场年可排放 10 ~ 16t 氮和 2 ~ 3t 磷，并且 1g 猪粪污中还含有 83 万个大肠杆菌、69 万个肠球菌以及一定量的寄生虫卵等。大量有机物的排放使猪场污物中的 BOD（生化需氧量）和 COD（化学需氧量）值急剧上升。据报道，我国某些地区猪场的 BOD 高达 1 000 ~

3 000mg/L，COD 高达 2 000～3 000mg/L，严重超出国家规定的污水排放标准（BOD 为 6～80mg/L，COD 为 150～200mg/L）。在生产中用于治疗和预防疾病的药物残留、微量元素添加剂的超量部分也随猪粪尿排出体外；规模化猪场用于清洗消毒的化学消毒剂则直接进入污水。这些有害物如果得不到有效处理，将会对土壤和水源构成严重的污染。

如果将高浓度畜禽养殖废水排入农田后，可使土壤因营养过剩而使植物生长旺盛发生倒伏；使土壤中氧供应不足而抑制生物活动。此外，长期大量使用养殖污水灌溉农田可堵塞土壤毛细管而使土壤透气、透水性下降及板结，易造成土壤理化性状恶化。传播病菌患病或隐性带病的畜禽会排出各种致病菌和寄生虫卵。据有关报道，畜禽场排放的每升污水中蛔虫卵和毛线虫卵分别高达 200 个和 100 个。沉淀池每升污水中蛔虫卵和毛首线虫分别高达 199.3 个和 106 个，如不进行有效处理还会造成大量蚊蝇孳生，加剧了传染病的传播和蔓延。

第二节　造成养殖场环境污染的原因

一、养殖场布局不合理

养殖场（户）为了节约畜禽圈舍建设成本，方便饲养管理或由于养殖建设用地不足等诸多因素，养殖场大多建在自家庭院、公路旁或水源地附近，不符合标准化科学布局。

二、养殖户对环境污染的认识不足

养殖户的环保意识淡薄，重养殖、轻环保，缺乏必要的畜禽粪便及污水处理设施，畜禽粪便长期随意堆放在圈舍周围，污水随意流淌，给周围的环境造成了严重危害。

三、环境污染监管治理力度不够

有些地方政府对环境治理认识不足，认为环境治理是养殖场的职责，环境治理计划的制订和资金投入力度不大，环境监管部门督查不力；还有随着城市化进程的不断推进和国家退耕还林草工程实施，人均占有耕地逐年减少，加之一些种植户不重视农家肥的使用等诸多因素导致畜禽粪便不能还田，只能堆积在圈舍周围或道路旁边造成污染。

第三节 养殖场环境污染的防治措施

养殖场环境污染治理工作是一项系统综合工程，是生态环境保护的具体体现，是坚持可持续发展战略，确保规模化畜禽养殖业健康发展的一项重要工作。因此要充分应用现代生物生态技术，切实落实各种防治措施和各种环境法规，走依法治理养殖场环境污染之路。

一、广泛宣传《中华人民共和国环境保护法》提高治污认识

养殖企业要树立环保法制观念，广泛宣传畜禽养殖业污染问题的严重性，增强环保部门对畜禽养殖业污染防治工作的紧迫感、责任感，把养殖环境污染治理工作摆上重要议事日程，切实把规模化畜禽养殖污染防治工作落到实处。下达规模化畜禽养殖场限期治理计划，严格按照《中华人民共和国环境保护法》执行。要动员规模化养殖场针对各自实际，围绕综合利用这个核心，积极、主动寻找和制定切实可行的污染防治措施。

二、坚持“谁污染谁治理”的原则

以养殖场自筹为主，向有关部门争取扶持资金，对大、中型规模化畜禽养殖的污染治理，可以申请政府的资金补贴；农业、畜牧业主管部门给予必要的资金扶持，环保部门从业主缴纳的排污费中给予适当补助；争取金融部门在治理资金贷款上给予倾斜。通过多渠道筹资和资金的有效使用，加快畜禽养殖业污染防治工作进程。

三、坚持综合利用走生态养殖之路

养殖场要统一规划，合理布局。结合新农村建设，农牧业部门要和当地国土部门一起共同协作，为规模养殖场解决养殖用地，根据当地的地理环境和人口居住情况，对养殖场建设科学合理布局：

一是应用生态工程技术发展生态畜牧业。养殖场周围要有足够的农田、鱼塘、果园以便实行种养结合，有效利用畜禽粪便。即将养殖场污染综合防治与生态建设和无公害食品基地、绿色食品基地和有机食品基地建设紧密结合。积极引导农村发展农牧、鱼牧、果牧相结合的牧—沼—果、牧—沼—鱼、牧—沼—菜等种养模式，实现对有机营养物质进行多层次的利用，达到减少对环境污染的目的。引导农业生产者科学利用有机肥料和农村可再生能源技术。

二是养殖场粪便进行干、湿分离，实现零排放：要在规模化畜禽养殖场推广粪便

干、湿分离，尽可能把干粪回收生产有机肥，少量粪便随废水进入沼气池产生沼气回收利用，沼液（渣）进行生化处理或进入氧化塘、调节池后最终返回农田、菜地、果园综合利用，使畜禽粪便和污水最终上山、下田、变废为宝，实现零排放。

三是利用人工湿地实现养殖场污水的治理：常规的污水处理方法是沉淀、过滤和消毒。但在集约化畜牧场污水排放量大，经过沉淀、酸化水解等一级处理后，出水中 COD 和 SS 含量仍然较高，尚需进行二级处理方可达到排放标准。人工湿地的应用将有效地解决这一问题。人工湿地由碎石构成碎石床，在碎石床上栽种耐有机物污水的高等植物，植物本身能够吸收人工湿地碎石床上的营养物质，这在一定程度上使污水得以净化。同时，当污水渗流石床后，在一定时间内碎石床会生长出生物膜，在近根区有氧情况下，生物膜上的大量微生物把有机物氧化分解成 CO_2 和 H_2O，通过氨化、硝化作用把含氮有机物转化为含氮无机物。在缺氧区，通过反硝化作用脱氮。所以人工湿地碎石床既是植物的土壤，又是一种高效化的生物滤床，是一种理想的全方位生态净化方法。

四、利用环保饲料降低粪便中的氮污染

提高畜禽的饲料利用率，尤其应提高饲料中氮的利用率，降低畜禽粪便中氮污染，是消除畜牧环境污染的“治本”之举。为了达到这一目的，除了采用培育优良品种，科学饲养，科学配料，应用高效促生长添加剂，应用高新技术改变饲料品质及物理形态（如用生物制剂处理、饲料颗粒化、饲料膨化或热喷技术）等手段外，应用生态营养原理开发环保饲料，均收到了良好效果。如美国设计的饲料配方，使肉鸡的肉料比已达到了 1∶1.7 至 1∶1.8，猪的肉料比达到 1∶2.5 至1∶2.9，这在一定程度上降低了排泄物中氮的含量。

五、利用除臭技术减少养殖场空气污染

为了减轻畜禽排泄物及其气味的污染，从预防的角度出发，可在饲料中或畜舍垫料中添加各类除臭剂。如应用丝兰属植物提取物、天然沸石为主的偏硅酸盐矿石（海泡石、膨润土、凹凸棒石、蛭石、硅藻石等）、绿矾（硫酸亚铁）等，来吸附、抑制、分解、转化排泄物中的有毒有害成分，将氨变成硝酸盐，将硫化氢变成硫酸，从而减轻或消除污染。EM 制剂是一种由微生物复合培养而成的有效微生物群，不仅能增重、防病、改善畜产品品质，而且具有除臭效果。在猪、鸡饲料中加入 EM 制剂，舍内的氨气浓度下降，臭味降低。

附录一：中国饲料成分及营养价值（摘要）

附录二：生猪饲养允许使用的抗寄生虫药和抗菌药及使用规定

中国饲料成分及营养价值（摘要）

附表 2.1－1　中国饲料成分及营养价值（摘要）

饲料号	饲料名称	饲料描述	干物质（%）	粗蛋白质（%）	粗脂肪（%）	粗纤维（%）	无氮浸出（%）	粗灰分（%）	钙（%）	总磷（%）	非植酸磷（%）	消化能（MJ/kg）
4-07-0280	玉米	成熟，GB/T 17890—1999 2 级	86.0	7.8	3.5	1.6	71.8	1.3	0.02	0.27	0.12	14.18
4-07-0272	高粱	成熟，NY/T1 级	86.0	9.0	3.4	1.4	70.4	1.8	0.13	0.36	0.17	13.18
4-07-0270	小麦	混合小麦，成熟 NY/T2 级	87.0	13.9	1.7	1.9	67.6	1.9	0.17	0.41	0.13	14.18
4-07-0274	大麦（裸）	裸大麦，成熟 NY/T2 级	87.0	13.0	2.1	2.0	67.7	2.2	0.04	0.39	0.21	13.56
4-07-0277	大麦（皮）	皮大麦，成熟 NY/T1 级	87.0	11.0	1.7	4.8	67.1	2.4	0.09	0.33	0.17	12.64
4-07-0281	黑麦	籽粒，进口	88.0	11.0	1.5	2.2	71.5	1.8	0.05	0.30	0.11	13.85
4-07-0273	稻谷	成熟晒干 NY/T2 级	86.0	7.8	1.6	8.2	63.8	4.6	0.03	0.36	0.20	11.25
4-07-0276	糙米	良，成熟，未去米糠	87.0	8.8	2.0	0.7	74.2	1.3	0.03	0.35	0.15	14.39
4-07-0275	碎米	良，加工精米后的副产品	88.0	10.4	2.2	1.1	72.7	1.6	0.06	0.35	0.15	15.06
4-04-0067	木薯干	木薯干片，晒干 NY/T 合格	87.0	2.5	0.7	2.5	79.4	1.9	0.27	0.09	-	13.10
4-04-0068	甘薯干	甘薯干片，晒干 NY/T 合格	87.0	4.0	0.8	2.8	76.4	3.0	0.19	0.02	-	11.80
4-08-0105	次粉	黑面，黄粉，下满 NY/T2 级	87.0	13.6	2.1	2.8	66.7	1.8	0.08	0.48	0.14	13.43
4-08-0070	小麦麸	传统制粉工艺 NY/T2 级	87.0	14.3	4.0	6.8	57.1	4.8	0.10	0.93	0.24	9.33
4-08-0041	米糠	新鲜，不脱脂 NY/T2 级	87.0	12.8	16.5	5.7	44.5	7.5	0.07	1.43	1.10	12.64

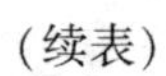
（续表）

饲料号	饲料名称	饲料描述	干物质（%）	粗蛋白质（%）	粗脂肪（%）	粗纤维（%）	无氮浸出（%）	粗灰分（%）	钙（%）	总磷（%）	非植酸磷（%）	消化能（MJ/kg）
4-10-0025	米糠饼	未脱脂，机榨 NY/T1 级	88.0	14.7	9.0	7.4	48.2	8.7	0.14	1.69	0.22	12.51
4-10-0018	米糠粕	浸提或预压浸提 NY/T1 级	87.0	15.1	2.0	7.5	53.6	8.8	0.15	1.82	0.24	11.55
5-09-0128	全脂大豆	湿法膨化，生大豆 NY/T2 级	88.0	35.5	18.7	4.6	25.2	4.0	0.32	0.40	0.25	17.74
5-10-0241	大豆饼	机榨 NY/T2 级	89.0	41.8	5.8	4.8	30.7	5.9	0.31	0.50	0.25	14.39
5-10-0103	大豆粕	去皮，浸提或预压浸提 NY/T1 级	89.0	47.9	1.0	4.0	31.2	4.9	0.34	0.65	0.19	15.06
5-10-0118	棉籽饼	机榨 NY/T2 级	88.0	36.3	7.4	12.5	26.1	5.7	0.21	0.83	0.28	9.92
5-10-0119	棉籽粕	浸提或预压浸提 NY/T1 级	90.0	47.0	0.5	10.2	26.3	6.0	0.25	1.10	0.38	9.41
5-10-0183	菜籽饼	机榨 NY/T2 级	88.0	35.7	7.4	11.4	26.3	7.2	0.59	0.96	0.33	12.05
5-10-0116	花生仁饼	机榨 NY/T2 级	88.0	44.7	7.2	5.9	25.1	5.1	0.25	0.53	0.31	12.89
1-10-0031	向日葵仁饼	壳仁比为 35：65NY/T3 级	88.0	29.0	2.9	20.4	31.0	4.7	0.24	0.87	0.13	7.91
5-10-0119	亚麻仁饼	机榨 NY/T2 级	88.0	32.2	7.8	7.8	34.0	6.2	0.39	0.88	0.38	12.13
5-10-0246	芝麻饼	机榨，CP40%	92.0	39.2	10.3	7.2	24.9	10.4	2.24	1.19	0.00	13.39
5-11-0002	玉米蛋白粉	同上，中等蛋白产品，CP50%	91.2	51.3	7.8	2.1	28.0	2.0	0.06	0.42	0.16	15.61
5-11-0003	玉米蛋白饲料	玉米去胚芽去淀粉后的含皮残渣	88.0	19.3	7.5	7.8	48.0	5.4	0.15	0.70	—	10.38
4-10-0026	玉米胚芽饼	玉米湿磨后的胚芽，机榨	90.0	16.7	9.6	6.3	50.8	6.6	0.04	1.45	–	14.69
5-11-0007	DDGS	玉米啤酒糟及溶物，脱水	90.0	28.3	13.7	7.1	36.8	4.1	0.20	0.74	0.42	14.35
5-11-0009	蚕豆粉浆蛋白粉	蚕豆去皮制粉丝后的浆液，脱水	88.0	66.3	4.7	4.1	10.3	2.6	–	0.59	–	13.5
5-11-0004	麦芽根	大麦副产品，干燥	89.7	28.3	1.4	12.5	41.4	6.1	0.22	0.73	–	9.67
5-13-0044	鱼粉（CP 64.5%）	7 样平均值	90.0	64.5	5.6	0.5	8.0	11.4	3.81	2.83	2.83	13.18
5-13-0045	鱼粉（CP 62.5%）	8 样平均值	90.0	62.5	4.0	0.5	10.0	12.3	3.96	3.05	3.05	12.97
5-13-0046	鱼粉（CP 60.2%）	沿海产的海鱼粉，脱脂，12 样平均值	90.0	60.2	4.9	0.5	11.6	12.8	4.04	2.90	2.90	12.55

（续表）

饲料号	饲料名称	饲料描述	干物质（%）	粗蛋白质（%）	粗脂肪（%）	粗纤维（%）	无氮浸出（%）	粗灰分（%）	钙（%）	总磷（%）	非植酸磷（%）	消化能（MJ/kg）
5-13-0077	鱼粉（CP 53.5%）	沿海产的海鱼粉，脱脂，11 样平均值	90.0	53.5	10.0	0.8	4.9	20.8	5.88	3.20	3.20	12.93
5-13-0036	血粉	鲜猪血喷雾干燥	88.0	82.8	0.4	0.0	1.6	3.2	0.29	0.31	0.31	11.42
5-13-0037	羽毛粉	纯净羽毛，水解	88.0	77.9	2.2	0.7	1.4	5.8	0.20	0.68	0.68	11.59
5-13-0038	皮革粉	废牛皮，水解	88.0	74.7	0.8	1.6	—	10.9	4.40	0.15	0.15	11.51
5-13-0047	肉骨粉	屠宰下脚料，带骨干燥粉碎	93.0	50.0	8.5	2.8	—	31.7	9.20	4.70	4.70	11.84
5-13-0048	肉粉（CP 62.5%）	脱脂	94.0	54.0	12.0	1.4	—	—	7.69	3.88	—	11.30
1-05-0075	苜蓿草粉（CP 17%）	一茬，盛花期，烘干，NY/T2 级	87.0	17.2	2.6	25.6	33.3	8.3	1.52	0.22	0.22	6.11
1-05-0076	苜蓿草粉（CP14% ~ 15%）	NY/T3 级	87.0	14.3	2.1	29.8	33.8	10.0	1.34	0.19	0.19	6.23
5-11-0005	啤酒糟	大麦酿造副产品	88.0	24.3	5.3	13.4	40.8	4.2	0.32	0.42	0.14	9.41
7-15-0001	啤酒哮母	啤酒哮母菌粉，QB/T 1940—1994	91.7	52.4	0.4	0.6	33.6	4.7	0.16	1.02	—	14.81
4-13-0075	乳清粉	乳清，脱水，低乳糖含量	94.0	12.0	0.7	0.0	71.6	9.7	0.87	0.79	0.79	14.39
5-01-0162	酪蛋白	脱水	91.0	88.7	0.8	—	—	—	0.63	1.01	0.82	17.27
4-06-0076	牛奶乳糖	进口，含乳糖 80% 以上	96.0	4.0	0.5	0.0	83.5	8.0	0.52	0.62	0.62	14.10
4-06-0077	乳糖		96.0	0.3	—	—	95.7	—	—	—	—	14.77
4-06-0078	葡萄糖		90.0	0.3	—	—	89.7	—	—	—	—	14.06
4-06-0079	蔗糖		99.0	0.0	0.0	—	—	—	0.04	0.01	0.01	15.90
4-17-0001	牛脂		100.0	0.0	≥99	0.0	—	—	0.0	0.0	0.0	33.47
4-17-0005	菜籽油		100.0	0.0	≥99	0.0	—	—	0.0	0.0	0.0	36.65
4-17-0008	棉籽油		100.0	0.0	≥99	0.0	—	—	0.0	0.0	0.0	35.98
4-17-0010	花生油		100.0	0.0	≥99	0.0	—	—	0.0	0.0	0.0	36.53
4-17-0012	大豆油	粗制	100.0	0.0	≥99	0.0	—	—	0.0	0.0	0.0	36.61

*说明：资料引自《中国饲料成分及营养价值表》（2008 年第 19 版）

附表 2.1－2　无机来源的微量元素和估测的生物学利用率

微量元素与来源		化学分子式	元素含量（%）	相对生物学利用率（%）
铁 Fe	一水硫酸亚铁	$FeSO_4 \cdot H_2O$	30.0	100
	七水硫酸亚铁	$FeSO_4 \cdot 7H_2O$	20.0	100
	碳酸亚铁	$FeCO_3$	38.0	15～18
铜 Cu	五水硫酸铜	$CuSO_4 \cdot 5H_2O$	25.2	100
	氯化铜	$Cu(OH)_3Cl$	58.0	100
	一水碳酸铜	$CuCO_3 \cdot Cu(OH)_2\ H_2O$	50.0～55.0	60～100
	无水硫酸铜	$CuSO_4$	39.9	100
锰 Mn	一水硫酸锰	$MnSO_4 \cdot H_2O$	29.5	100
	四水氯化锰	$MnCl_2 \cdot 4H_2O$	27.5	100
锌 Zn	一水硫酸锌	$ZnSO_4 \cdot H_2O$	35.5	100
	七水硫酸锌	$ZnSO_4 \cdot 7H_2O$	22.3	100
	碳酸锌	$ZnCO_3$	56.0	100
	氯化锌	$ZnCl_2$	48.0	100
碘 I	乙二胺氢碘化物	$C_2H_8N_22HI$	79.5	100
	碘酸钙	$Ca(IO_3)_2$	63.5	100
	碘化钾	KI	68.8	100
硒 Se	亚硒酸钠	Na_2SeO_3	45.0	100
	十水硒酸钠	$Na_2SeO_4 \cdot 10H_2O$	21.4	100
钴 Co	六水氯化钴	$CoCl_2 \cdot 6H_2O$	24.3	100
	七水硫酸钴	$CoSO_4 \cdot 7H_2O$	21.0	100
	一水硫酸钴	$CoSO_4 \cdot H_2O$	34.1	100
	一水氯化钴	$CoCl_2 \cdot H_2O$	39.9	100

＊说明：表中数据来源于《中国饲料学》（2000，张子仪主编）及《猪营养需要》（NRC，1998）中相关数据

无公害食品生猪饲养允许使用的抗寄生虫药、抗菌药及使用规定

附表 2.2-1　无公害食品生猪饲养允许使用的抗寄生虫药、抗菌药及使用规定

类别	名称	制剂	用法与用量	休药期（天）
抗寄生虫药	阿苯达唑	片剂	内服，1 次量，5～10mg	
	双甲脒	溶液	药浴、喷洒、涂擦、配成 0.025%～0.05% 溶液	7
	硫双二氯酚	片剂	内服，1 次量，70～100mg/kg 体重	
	非班太尔	片剂	内服，1 次量，5mg/kg 体重	14
	芬苯达唑	粉、片剂	内服，1 次量，7～7.5mg/kg 体重	0
	氰戊菊酯	溶液	喷雾，加水以 1：（1 000～2 000）倍稀释	
	氟苯咪唑	预混剂	混饲，每天 1 000kg 饲料添加 30g 连用 5～10 天	14
	伊维菌素	注射液	皮下注射，1 次量，0.3mg/kg 体重	18
		预混剂	混饲，每天 1 000kg 饲料添加 330g 连用 7 天	5
	盐酸左旋咪唑	片剂	内服，1 次量，7.5mg/kg 体重	3
		注射液	皮下、肌内注射，内服，1 次量 7.5mg/kg 体重	28
	奥芬达唑	片剂	内服，1 次量，4mg/kg 体重	
	丙氧苯咪唑	片剂	内服，1 次量，10mg/kg 体重	14
	枸橼酸哌嗪	片剂	内服，1 次量，0.25～0.3mg/kg 体重	21
	磷酸哌嗪	片剂	内服，1 次量，0.2～0.25mg/kg 体重	21
	吡喹酮	片剂	内服，1 次量，10～35mg/kg 体重	
	盐酸噻咪唑	片剂	内服，1 次量，10～15mg/kg 体重	3

（续表）

类别	名称	制剂	用法与用量	休药期（天）
抗菌药	氨苄西林钠	注射用粉剂	肌内注射或静脉注射，1次量10～20mg/kg体重，1日2～3次，连用2～3天	
		注射液	皮下或肌内注射，1次量10～20mg/kg体重	15
	硫酸安普（阿普拉）霉素	预混剂	混饲，每1 000kg饲料添加80～100g，连用7天	21
		可溶性粉	混饮，每1L水，12.5mg/kg体重，连用7天	21
	阿美拉霉素	预混剂	混饲，每1 000kg饲料，0～4月龄，20～40g，4～6月龄，10～20g	0
	杆菌肽锌	预混剂	混饲，每1 000kg饲料，4月龄以下，4～40g	0
	杆菌肽锌、硫酸黏杆菌素	预混剂	混饲，每1 000kg饲料，4月龄以下，2～20g，2月龄以下，2～40g	7
	变星青霉素	注射用粉剂	肌内注射，1次量，每1kg体重3万～4万IU	
	青霉素钠（钾）	注射用粉剂	肌内注射，1次量，每1kg体重2万～3万IU	
	硫酸小柴碱	注射液	肌内注射，1次量，50～100mg	
	头炮噻呋钠	注射用粉剂	肌内注射，1次量，3～5mg/kg体重，1日1次，连用3天	
	硫酸黏杆菌素	预混剂	混饲，每1 000kg饲料，仔猪2～20g	7
		可溶性粉	混饮，每1L水40～200mg	7
	甲磺酸达氟沙星	注射剂	混饲，每1 000kg饲料，仔猪2～20g	25
	越霉素A	预混剂	混饲，每1 000kg饲料，5～10g	15
	盐酸二氟沙星	注射液	肌内注射，1次量，5mg/kg体重，1日2次，连用3天	45
	盐酸多西环素	片剂	内服，1次量，3～5mg，1日1次，连用3～5天	
	恩诺沙星	注射液	肌内注射，1次量，2.5mg/kg体重，1日1～2次，连用2～3天	10
	恩拉霉素	预混剂	混饲，每1 000kg饲料，2.5～20g	7
	乳糖酸红霉素	注射用粉剂	静脉注射，1次量20mg/kg体重，每隔48h1次，连用2次	
	黄霉素	预混剂	混饲，每1 000kg饲料，生长肥育猪，仔猪5～25g	0
	氟苯尼考	注射剂	肌内注射，1次量，20mg/kg体重，每隔48h1次，连用2次	30
		粉剂	内服，20～30mg/kg体重，1日2次，连用3～5天	30

（续表）

类别	名称	制剂	用法与用量	休药期（天）
抗菌药	氟甲喹	可溶性粉剂	内服，1次量，5～10mg/kg体重，首次量加倍，1日2次，连用3～4天	
	硫酸庆大霉素	注射液	肌内注射，1次量，2～4mg/kg体重	40
	硫酸庆大-小诺霉素	注射液	肌内注射，1次量，1～2mg/kg体重，1日2次	
	潮霉素B	预混剂	混饲，每1 000kg饲料，10～13g，连用8周	15
	硫酸卡那霉素	注射用粉剂	肌内注射，1次量，10～15mg，1日2次，连用2～3天	
	北里霉素	片剂	内服，1次量，20～30mg/kg体重，1日2～3次	
		预混剂	混饲，每1 000kg饲料，防止，80～330g，促生长，5～55g	7
	酒石酸北里霉素	可溶性粉剂	混饮，每1L水，100～200mg，连用1～5天	7
	盐酸林可霉素	片剂	内服，1次量，10～15mg/kg体重，1日1～2次	1
		注射剂	肌内注射，1次量，10mg/kg体重，1日2次，连用3～5天	2
		预混剂	混饲，每1 000kg饲料44～77g，连用7～21天	5
	盐酸林可霉素、硫酸壮观霉素	可溶性粉剂	混饮，每1L水，10mg/kg体重	5
		预混剂	混饲，每1 000kg饲料44g，连用7～21天	5
	博落回	注射液	肌内注射，1次量，体重10kg以下，10～25mg；体重10～50kg，25～50mg，1日2～3次	
	乙酰甲喹	片剂	内服，1次量，5～10mg/kg体重	
	硫酸新霉素	预混剂	混饲，每1 000kg饲料77～154g，连用3～5天	3
	硫酸新霉素、甲溴东莨菪碱	溶液剂	内服，1次量，体重7kg以下，1mL；体重7～10kg，2mL	3
	呋喃妥因	片剂	内服，1次量，12～15mg/kg体重，分2～3次	
	喹乙醇	预混剂	混饲，每1 000kg饲料1 000～2 000g，体重超过35kg禁用	35
	牛至油	溶液剂	内服，预防，2～3日龄，每头50mg，8h后重复给药1次；治疗，10kg以下每头50mg；10kg以上，每头100mg，用药后7～8h腹泻仍未停止时，重复给药一次	
		预混剂	混饲，每1 000kg饲料，预防，1.25～1.75g；治疗，2.5～3.25g	

（续表）

类别	名称	制剂	用法与用量	休药期（天）
抗菌药	苯唑西林钠	注射用粉剂	内服，1次量，10～15mg/kg体重，1日2～3次，连用2～3天	
	土霉素	片剂	内服，1次量，10～25mg/kg体重，1日2～3次，连用3～5天	5
		注射液（长效）	肌内注射，1次量，10～20mg/kg体重	28
	盐酸土霉素	注射用粉剂	静脉注射，1次量，10mg/kg体重，1日2次，连用3～5天	26
	普鲁卡因青霉素	注射用粉剂	肌内注射，1次量，2万～3万单位，1日1次，连用2～3天	6
		注射液	同上	6
	盐霉素钠	预混剂	混饲，每1 000kg饲料25～75g	5
	盐酸沙拉沙星	注射液	肌内注射，1次量，2.5～5mg/kg体重，1日2次，连用3～5天	
	塞地卡霉素	预混剂	混饲，每1 000kg饲料75g，连用15天	1
	硫酸链霉素	注射用粉剂	肌内注射，1次量，10～15mg/kg体重，1日2次，连用2～3天	
	磺胺二甲嘧啶钠	注射液	静脉注射，1次量，50～100mg/kg体重，1日1～2次，连用2～3天	7
	复方磺胺甲恶唑片	片剂	内服，1次量，首次量20～25mg/kg体重（以磺胺甲恶唑计），1日2次，连用2～3天	
	磺胺对甲氧嘧啶	片剂	内服，1次量，首次量50～100mg，维持，25～50mg。1日1～2次，连用3～5天	
	磺胺对甲氧嘧啶、二甲氧苄氨嘧啶片	片剂	内服，1次量，20～25mg/kg体重（以磺胺对甲氧嘧啶计），每12h1次	
	复方磺胺对甲氧嘧啶片	片剂	内服，1次量，20～25mg（以磺胺对甲氧嘧啶计），1日1～2次，连用3～5天	
	复方磺胺对甲氧嘧啶钠注射液	注射液	肌内注射，1次量，15～20mg/kg体重（以磺胺对甲氧嘧啶钠计），1日1～2次，连用2～3天	
	磺胺间甲氧嘧啶胺	片剂	内服，1次量，首次量50～100mg；维持量25～50mg。1日1～2次，连用3～5天	
	磺胺间甲氧嘧啶胺	注射液	静脉注射，1次量，首次量50mg/kg体重，1日1～2次，连用2～3天	
	磺胺脒	片剂	内服，1次量，0.1～0.2mg/kg体重，1日2次，连用3～5天	

（续表）

类别	名称	制剂	用法与用量	休药期（天）
抗菌药	磺胺嘧啶	片剂	内服，1次量，首次量0.14～0.2g/kg体重；维持量0.07～0.1g/kg体重。1日1～2次，连用2～3天	
		注射剂	静脉注射，1次量，0.05～0.1g/kg体重，1日1～2次，连用2～3天	
	复方磺胺嘧啶钠注射液	注射液	肌内注射，1次量，20～30mg/kg体重（以磺胺嘧啶计），1日1～2次，连用2～3天	
	复方磺胺嘧啶预混剂	预混剂	混饲，1次量，15～30mg/kg体重，1日2次，连用5天	5
	磺胺噻唑	片剂	内服，1次量，首次量0.14～0.2mg；维持量0.07～0.1mg/kg体重。1日2～3次，连用3～5天	
	磺胺噻唑钠	注射液	静脉注射，1次量，0.05～0.1g/kg体重，1日2～3次，连用3～5天	
	复方磺胺氯哒嗪钠粉	粉剂	内服，1次量，20mg/kg体重（以磺胺哒嗪钠计），连用5～10天	7
	盐酸四环素	注射用粉剂	静脉注射，1次量，5～10g/kg体重，1日2次，连用2～3天	
	甲砜霉素	片剂	内服，1次量，5～10mg/kg体重。1日2次，连用2～3天	
	延胡索酸泰妙菌素	可溶性粉剂	混饮，每1L水，45～60mg，连用5天	7
		预混剂	混饲，每1 000kg饲料，40～100g，连用5～10天	5
	磷酸替米考星	预混剂	混饲，每1 000kg饲料，400g，连用15天	14
	泰乐菌素	注射剂	肌内注射，1次量，5～13mg/kg体重，1日2次，连用7天	14
	磷酸泰乐菌素、磺胺二甲嘧啶预混剂	预混剂	混饲，每1 000kg饲料，200g（100g泰乐菌素+100g磺胺二甲嘧啶），连用15天	15
	维吉尼亚霉素	预混剂	混饲，每1 000kg饲料，10～25g	1

参考文献

[1] 邹文武 . 2014. 养鸡新技术［M］. 呼和浩特：内蒙古人民出版社 .
[2] 邹斌 . 2009. 鸡饲料科学配制与应用［M］. 呼和浩特：内蒙古人民出版社 .
[3] 樊新忠 . 2014. 土杂鸡养殖技术［M］. 北京：金盾出版社 .
[4] 黄炎坤 . 2014. 现代实用养鸡全书［M］. 郑州：河南科学技术出版社 .
[5] 王瑜 . 王伟华 . 刘燕 . 2012. 农村现代养殖综合配套技术［M］. 银川：阳光出版社 .
[6] 孙卫东 . 孙久建 . 2014. 鸡病快速诊断与防治技术［M］. 北京：机械工业出版社 .
[7] 单崇浩 . 陈淑勤 . 1987. 畜牧学［M］. 北京：农业出版社 .
[8] 邹斌 . 2009. 养猪新技术［M］. 呼和浩特：内蒙古人民出版社 .
[9] 肖传禄 . 2012. 猪无公害高效养殖［M］. 北京：金盾出版社 .
[10] 苏振环，等 . 2013. 科学养殖［M］. 北京：金盾出版社 .
[11] 丁角立 . 朱玉琴 . 1986. 家畜饲养学［M］. 北京：农业出版社 .